JN423882

| 최신 개정판 |

NUTRITION THROUGH THE LIFE CYCLE

생애주기 영양학

김서현 · 유경옥 · 김정미 · 박수진 공저

이 책을 펴내면서

인간의 행복을 위한 여러 가지 조건 중에서 건강만큼 중요한 것은 없다. 인간에게는 삶을 이어가는 모든 순간에 시기별로 각각 다른 생리적 변화가 발생하며 이에 효과적으로 적응하기 위한 생리적, 임상적, 영양적 관리가 매우 중요하다. 이에 바탕을 두고 발전한 학문이 생애주기 영양학으로 인간의 건강을 전 생애에 걸쳐 효과적으로 유지하고 증진시키기 위하여 각 단계별 필요한 이론을 학문적으로 정리하고 실생활에 적용 가능한 실천적 문제들을 다루고 있다.

인간은 수정이 시작되는 순간부터 영유아기, 아동기, 청소년기를 거치며 발달과 성장을 계속하는 동안 지속적인 영양소의 공급을 필요로 한다. 인간 성숙이 완료되는 성인기에도 건강한 신체의 유지를 위하여 좋은 영양소의 공급이 매우 중요하며 이러한 영양소들의 적절한 공급이 이루어지지 않을 때 인간은 생명을 다하게 된다. 잘못된 영양소 섭취를 이어가는 경우 만성퇴행성질환 등의 발병률이 높아져 개인 의료비 부담이 증가하고 국가적으로도 국민복지 관리에 어려움이 커지게 된다. 최근에는 과학과 의료기술의 발달로 인간의 수명이 연장되면서 우리나라에서도 노인인구가 증가하게 되었고 건강하게 노후를 보내며 삶의 질을 향상하기 위한 다양한 방법의 한가지로 적절한 식이섭취 관리가 중요한 문제로 떠오르고 있다.

본 교재는 식품영양학을 전공하는 학생들과 생애주기 영양문제를 학습하는 보건계열 전공 학생들의 교재로 활용되기에 적합한 내용으로 구성되어 있으며 관련 분야의 직업에 종사하는 분들에게 좋은 참고서가 될 수 있도록 준비되었다. "제1장 생애주기 영양학의 개요"는 생애주기 영양학 과목의 의의를 설명하고 전 생애 단계별 특징과 영양목표를 정의해 두었다. "제2장 임신기 영양"은 임신의 성립, 수정부터 태아로 발달하기까지의 과정, 임신기에 중요

한 영양소, 임신부를 위한 건강 문제 등을 포괄적으로 다루었다. “제3장 수유기 영양”에서는 신생아기 초유 공급의 중요성, 영아 발달에 필요한 모유의 주요 성분, 수유부를 위한 식생활 관리 등을 강조하여 기술하였다. “제4장 영아기 영양”은 인간의 제 1급성장기인 영아기에 필요한 필수 영양소들과 고형식으로 이행하면서 실천할 수 있는 이유단계 식단관리의 실천적 사항들을 중점적으로 다루었으며, “제5장 유아기 영양”은 생리적 발달의 특징과 바른 식습관 형성에 필요한 지침들을 강조해 두었다. “제6장 아동기 영양”은 성장에 필요한 필수 영양소들의 의미를 심도있게 다루고 아동기에 나타날 수 있는 영양관련 문제와 실천적 대처 방안 등을 제시하였다. “제7장 청소년기 영양”은 제2차 성징이 나타나면서 관찰되는 생리적 변화, 성적성숙을 위해 필요한 영양소와 섭취기준 등을 중심으로 강조하였다. “제8장 성인기 영양”은 성인기 건강문제와 직결되어 있는 만성퇴행성질환의 예방을 위한 실천적 식단관리 지침들을 위주로 설명해 두었다. “제9장 노인기 영양”은 노인의 신체적 변화를 설명하고 실천 가능한 식생활 관리 지침을 제시하였다. 마지막, “제10장 운동과 영양”은 운동지속시간에 따라 달라지는 에너지 영양소의 특징과 운동 전후에 필요한 실제적 영양지침들을 강조하였다.

이 책이 나오기까지 지원해 주신 도서출판 효일의 직원분들에게 감사의 인사를 전하며 본 교재를 활용하시는 모든 분들에게 실천적 지침이 되는 교재로 도움이 되기를 바란다.

저자 일동 올림

생애주기 영양학 Contents

CHAPTER 03 수유기 영양 • 75

CHAPTER 04 영아기 영양 • 95

CHAPTER 05 유아기 영양 • 137

생애주기 영양학 Contents

CHAPTER 06 아동기 영양 • 161

CHAPTER 07 청소년기 영양 • 187

CHAPTER 08 성인기 영양 • 209

생애주기 영양학

CHAPTER

01

생애주기 영양학의 개요

01 생애주기 영양학의 의의

02 인체 성장과 발달의 특징

03 생애주기별 영양 목표

1. 생애주기 영양학의 의의

생애주기 영양학은 인간의 생애 전반에 걸쳐 달라지는 신체 조성, 영양대사, 영양소의 종류 및 필요량 등 생리적 특성을 단계별로 세분화하여 적절한 영양관리가 이루어질 수 있도록 체계화한 학문이다. 기본적으로 인간은 생애주기별로 성장의 속도가 다르므로 시기별 특성에 따라 세분화된 영양학적 접근이 필요하다.

(1) 생애주기의 구분

인간의 생애는 영아기부터 노인기까지 시기별로 구분하며, 출생 전 태아기의 적절한 성장을 위해 임신부, 수유부를 위한 별도의 영양학적 접근도 필요하다. 다음의 표는 인간의 생애주기를 단계별로 구분한 것이다[표 1-1].

표 1-1 생애주기의 구분

구분		시기
배아기(임신기)		수정~8주
태아기(임신기)		9~40주
영아기(수유기)	신생아기	생후 1개월 미만
	영아기	생후 12개월 미만
유아기		1~5세(1~2세, 3~5세)
아동기		6~11세(6~8세, 9~11세)
청소년기		12~18세(12~14세, 15~18세)
성인기		19~64세(19~29세, 30~49세, 50~64세)
노인기		65세 이상(65~74세, 75세 이상)

(2) 생애주기별 인구구성

우리나라는 1960년대 이후 전쟁이 끝나고 경제적으로 성장하고 안정화된 사회적 환경이 조성되면서 두 차례의 베이비붐(baby boom)을 겪게 되었고 자연적인 출생률 증가로 폭발적인 인구증가 현상을 보였다. 그러나 당시의 사회, 경제적 기반으로는 지속적으로 증가하는 인구를 수용하기 어려워지면서 정부가 적극적으로 산아제한정책을 펼치게 되었고, 급격한 인구증가를 차단하기 위한 다양한 국가정책을 실시하였다. 이후 35년간 지속된 정부의 산아제한정책과 각 가정의 양육비 및 교육비 부담 증가, 임산부를 배려하는 사회적 인식의 부재, 부부중심 가정생활의 확대 등 의식 변화가 겹치면서 우리나라는 심각한 저출산 시대를 맞이하게 되었고 정부는 1998년도에 산아제한정책을 폐지하였다.

우리나라의 사회를 구성하는 인구 중 65세 이상 노령인구 비율이 2000년도에 이미 7%를 넘어서는 고령화사회(aging-society)가 시작되었으며 2025년도에는 전 인구 대비 노인 인구가 20% 이상에 이르는 초고령사회(post-aged society)의 도래를 목전에 두고 있다. 노령인구 비율의 증가는 사회, 경제적 기반을 지탱할 젊은 노동인구의 감소를 의미하며 이로 인해 발생할 문제들을 해소하기 위하여 최근 국가와 사회전반의 분위기는 다자녀 가정을 배려하고 출산을 장려하는 정책의 확대에 주력하고 있다.

생산가능인구인 15~64세 인구는 2016년 3,704만 명을 기점으로 점차 감소할 것으로 예상되며, 0~14세 유소년 인구의 수는 2010년 798만 명 수준에서 2016년에 690만명 수준으로 급격히 감소한 것으로 나타났다. 그러나 65세 이상 고령인구는 2010년 545만 명에서 2030년 무렵에는 2.3배에 이르는 1,269만 명에 달할 것으로 보고되었다. 고령인구의 인구구성은 2017년도에 이미 유소년 인구를 초과하고 지속적으로 그 수가 증가할 것으로 예측된다. 생산가능인구 100명당 부양인구는 2012년 37명에서 2060년 기준 101명으로 부양인구가 더 많아지면서 사회전반의 인구를 구성하는 모든 인구 층에서 삶의 질 저하가 우려되고, 건강한 식생활 유지에 어려움이 있어 영양관련 건강문제가 증가할 것으로 예상된다.

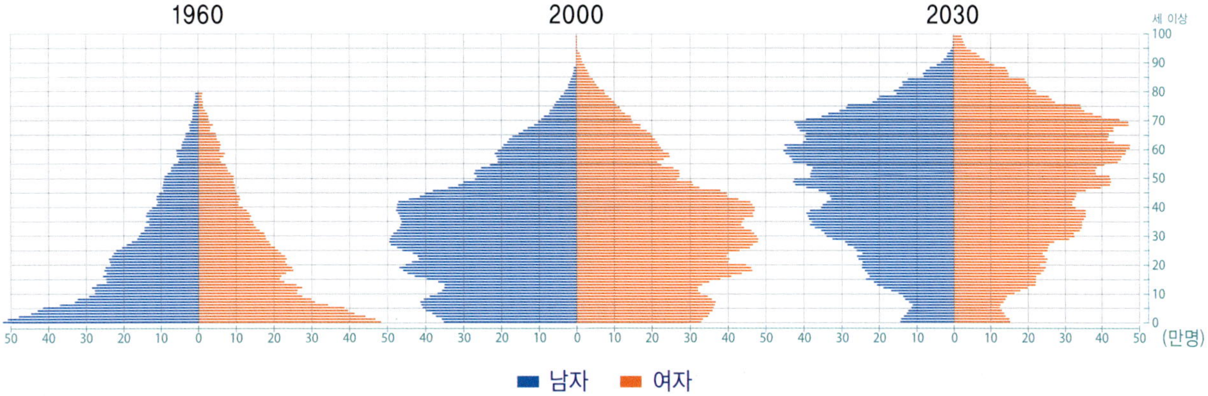

[그림 1-1] 대한민국 인구피라미드 변화

2. 인체 성장과 발달의 특징

(1) 성장과 발달의 정의

성장(growth)은 생물학적으로 양적 증가가 나타나는 상태이며 이는 신체의 전반적인 성장은 물론 특정 부분의 성장을 포함한다. 발달(development)은 기능적 발전을 의미하며 세포의 분화, 지적능력의 발전 등이 포함된다. 그러나 인체의 성장과 발달은 별도의 과정이 아니며 두 가지가 동시에 발생하는 경우가 대부분이다.

(2) 세포의 성장단계

성장은 세포 수의 증가와 크기의 증가를 모두 포함하는 개념이지만 성장 시기에 따라 세포 수 증가가 주로 이루어지는 시기와 세포 크기의 증가가 주로 이루어지는 시기, 그리고 수와 크기 증가가 동시에 발생하는 시기로 나누어질 수 있다[그림 1-2].

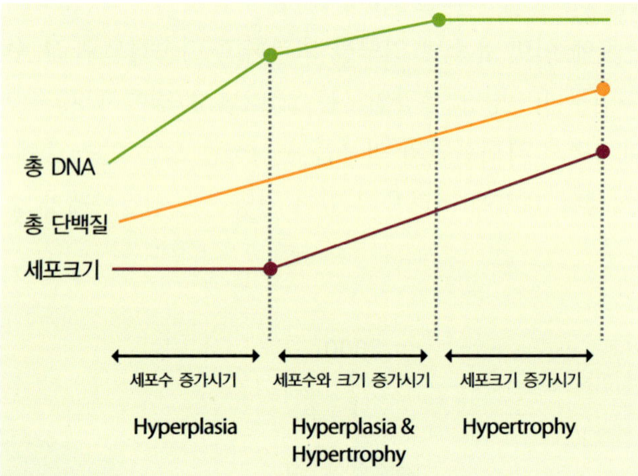

[그림 1-2] **세포의 성장단계**

세포가 증식성 성장을 하는 시기에 발생한 영양결핍은 영구적 손상을 일으키게 되고, 세포가 비대성 성장을 하는 시기에 발생한 영양결핍은 이후의 적절한 영양처방을 통해 어느 정도 느려진 세포 성장 속도를 따라잡을 수 있다. 이를 '따라잡기 성장(catch-up growth)' 이라고 하며 영양부족으로 발생한 성장패턴을 어느 정도 회복할 수 있다.

Tip 세포 성장의 3가지 기전

- **세포의 증식성 성장(hyperplasia)**
  세포분열이 활발하여 세포 수가 증가하는 결정적 성장 시기, DNA도 증가
- **세포의 증식성 성장과 비대성 성장(hyperplasia & hypertrophy)**
  세포분열로 세포 수가 증가하고, 세포 크기 증가도 있는 시기
- **세포의 비대성 성장(hypertrophy)**
  세포 크기만 증가하고 DNA 증가는 없는 시기

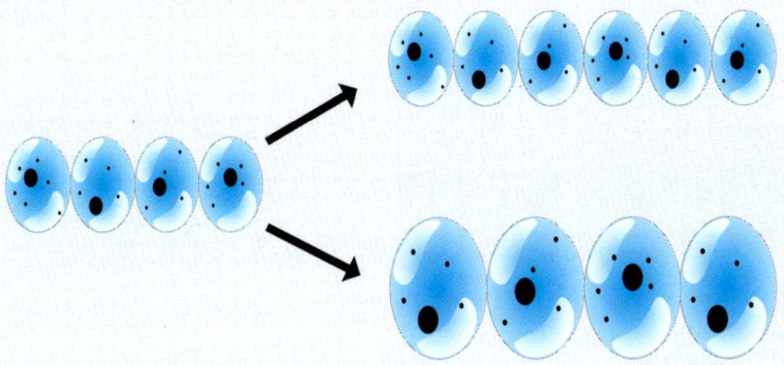

- **증식 · 비대성 비만 vs 비대성 비만**
  지방세포 수와 크기가 증가하는 것은 증식 · 비대성 비만, 지방세포구의 크기가 증가하는 것은 비대성 비만이라 한다. 성장기에 나타나는 비만이 증식 · 비대성 비만으로 성인기에 나타나는 비대성 비만과 달리 지방세포 수 증가로 인해 비만 치료에 어려움을 겪게 된다.

(3) 조직기관별 성장패턴

인체의 성장이란 정자와 난자가 만나 수정란을 형성하고 조직과 기관으로 분화하여 약 60조 개의 세포로 구성된 인체를 형성하는 과정이다. 성장 초기 세포분열이 가장 활발한 시기는 수정란에서 태아기에 이르는 시기이며 출생 후에도 기관과 장기의 발달을 위해 세포분열이 활발하게 이어진다. 수정 후 2일차에 4개의 세포로 분열하고 4일 차에 세포수가 크게 증가하며 23일 차에는 인체 기능 수행을 위한 머리, 심장, 신경관, 장 등의 특화된 기관으로 자라기 시작한다[그림 1-3].

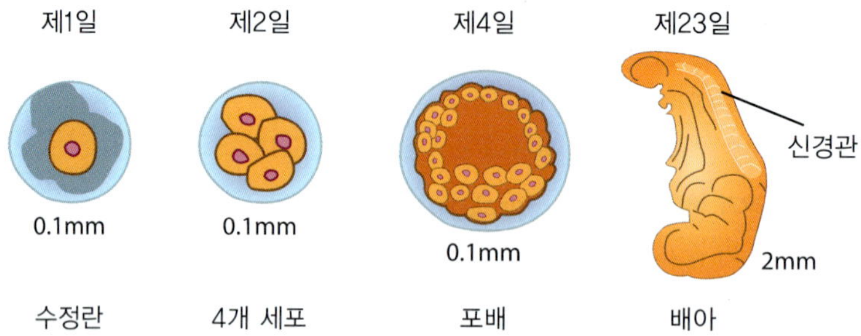

[그림 1-3] 수정란의 세포분열과정

조직기관별로 발달이 정점에 이르는 시기가 다르므로 이에 맞춘 시기별 영양공급이 필수적이다. '스캐먼(Scammon)의 성장발달곡선'은 조직기관별로 다르게 나타나는 성장의 특징을 보여주는데 일반형, 림프형, 신경형, 생식기형으로 구분한다.

일반형 발육에 해당하는 키, 체중, 심장, 신장, 폐 등의 성장은 S자형 성장곡선의 특징을 나타내는데, 출생 직후부터 생후 1년까지는 급성장단계이고 유아기 이후 만 12세경까지는 비교적 완만한 성장곡선을 보여주다가 다시 사춘기인 청소년 시기에 급격하게 증가하는 성장곡선으로 나타난다. 근육조직의 경우 남자는 10세 이후에 급격하게 발달하기 시작하여 사춘기가 끝나는 시기까지 근육발달이 지속된다. 그러나 여자의 경우는 11세 이후에는 남자에 비해 근육발달 속도가 현저히 느려지므로 이에 따른 시기별, 성별로 차별화된 영양공급을 고려해야 한다.

림프형 성장을 나타내는 기관은 흉선, 편도선, 림프절 등으로 아동기인 10~12세경에 절정에 다다라 성인의 2배에 가까운 발육패턴을 보여주고 그 후 감소한다. 그렇기 때문에 이 시기에는 가벼운 감염성 질환에도 쉽게 편도선이 붓는 질환에 걸리는 경우가 많다.

신경계형 성장 곡선은 뇌, 척추, 시신경 등 신경조직의 성장에 나타나며 생후 6개월경엔 두뇌 세포수의 발달이 최고에 달하고 2~3년까지 급격한 성장을 보이며, 4세경이 되면 거의 90% 이상 발달이 완성된다. 따라서 인체 특정 기관이 자라는 시기에 영양소가 부족하게 되면 돌이킬 수 없는 장애가 발생할 수도 있다. 특히 인체 장기 중 두뇌의 성장이 급격한 생후 2~3년까지 두뇌발달을 위한 영양공급이 매우 중요하며 이 시기에 영양결핍이 심한 경우 비가역적 뇌기능 저하와 발달지연이 발생한다.

생식기형 성장 패턴은 고환, 전립선, 난소, 자궁 등의 성장과 발달에 나타나며 사춘기 이전까지는 발달이 거의 없다가 12세 이후 사춘기에 급격히 성장하여 16~18세 사이에 성인의 수준에 다다르게 된다[그림 1-4].

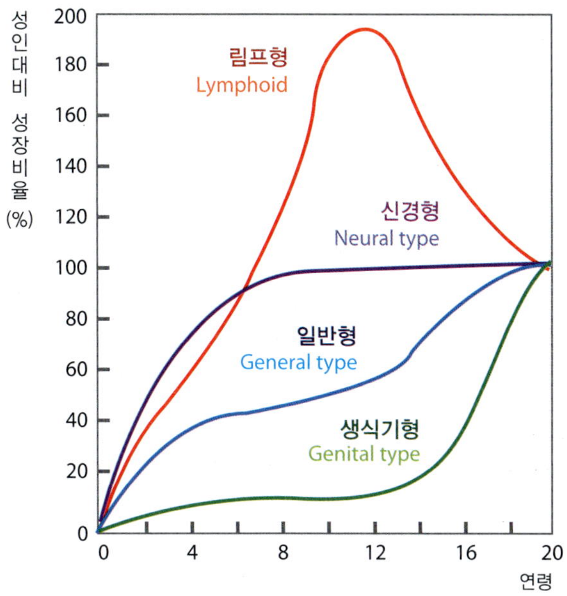

[그림 1-4] 스캐먼(Scammon)의 성장발달곡선

갓 태어난 신생아 시기와 비교하면 성인에 있어 기관의 크기는 많이 증가하게 되지만 각 기관이 차지하는 비율은 체중에 비례하여 일정하게 증가하지 않으며 뇌, 간, 심장, 신장 등이 차지하는 비율은 신생아기에 비해 감소하게 된다[표 1-2].

표 1-2 신생아와 성인 기관의 크기 비교 (단위: g)

	신생아	성인
체중	3,400	70,000
근육	850	28,000
피하지방	500	15,000
골격	440	10,000
피부	510	4,900
간	170	1,800
뇌	440	1,400
심장	17	330
신장	34	310

(4) 생애주기별 성장패턴

인간은 성장하면서 체중과 신장에 변화가 생긴다. 영아기에 해당하는 생후 12개월 무렵까지는 일생에서 가장 왕성하게 성장 및 발달을 하다가 그 후 12세 무렵까지는 직선적인 발육 패턴을 보이며, 청소년기인 사춘기 무렵에 다시 한번 급격한 성장기를 맞는다. 특히 아동기와 청소년 전기 무렵에는 여자아이의 체위 증가가 먼저 나타나지만 청소년기 후반에는 남자아이의 성장 정도가 더 우세하게 나타난다.

남녀 모두 성장발육은 20세를 넘기면서 끝나고 20대 중반에는 발육상태를 완성하고 일생을 보내게 된다. 20대 중 · 후반부터는 각 기관과 조직별로 일정기간을 두고 노쇠현상이 나타나기 시작하며 65세부터는 본격적으로 노인기를 맞게 된다.

생애주기별 영양소 섭취기준을 설정하기 위하여 체위기준을 필요로 하는데 1960년대의 자료와 2000년대 이후의 자료를 비교하면 특히, 성장기의 체위기준이 상당히 향상되었음을 볼 수 있다. 매해 보고되는 교육부 교육 통계 연감에 따르면 1963년도 기준 15세 남아의 평균 신장과 체중은 158㎝과 49㎏이었으나 1997년도에는 각각 169.6㎝, 60.1㎏으로 향상되었고, 15세 여아의 평균 신장과 체중은 153.9㎝, 46.8㎏에서 159.2㎝, 53.2㎏으로 개선되었다. 이는 선천적인 조건보다 경제적 환경 향상, 영양개선 프로그램 등의 영향으로 후천적인 영양 공급 상태가 상당히 좋아졌음을 나타낸다. 성인의 경우에도 시대가 변화하면서 체위기준이 향상되고 있어 우리나라 전반의 경제적, 사회적 향상이 체위 변화에도 영향을 주는 것을 알 수 있다.

연령별 체위 표준치는 [표 1-3]과 같다. 아동기가 시작되는 6세 이후부터 남녀의 차이가 두드러지므로 성별차이를 두었고, 시대가 변하면서 향상되는 체위를 반영하여 2010년부터는 청소년기의 시작을 13세에서 12세로, 성인기의 시작도 20세에서 19세로 각각 1세씩 낮추었다.

연령에 따라 인체의 체형 비율이 변화하는데 태아기에는 두부의 크기가 신체비율의 대부분을 차지하며 출생 직후에는 4등신이 되고, 생후 6세에는 6등신 비율로 변화하다가 사춘기를 지나면서 8등신의 성인 신체 비율로 자리 잡게 된다[그림 1-5].

표 1-3 한국인 영양소 섭취기준 제정을 위한 체위 기준(2020)

연령	2020 체위기준					
	신장(cm)		체중(kg)		BMI(kg/m²)	
0~5(개월)	58.3		5.5		16.2	
6~11	70.3		8.4		17.0	
1~2(세)	85.8		11.7		15.9	
3~5	105.4		17.6		15.8	
	남자	여자	남자	여자	남자	여자
6~8(세)	124.6	123.5	25.6	25.0	16.7	16.4
9~11	141.7	142.1	37.4	36.6	18.7	18.1
12~14	161.2	156.6	52.7	48.7	20.5	20.0
15~18	172.4	160.3	64.5	53.8	21.9	21.0
19~29	174.6	161.4	68.9	55.9	22.6	21.4
30~49	173.2	159.8	67.8	54.7	22.6	21.4
50~64	168.9	156.6	64.5	52.5	22.6	21.4
65~74	166.2	152.9	62.4	50.0	22.6	21.4
75이상	163.1	146.7	60.1	46.1	22.6	21.4

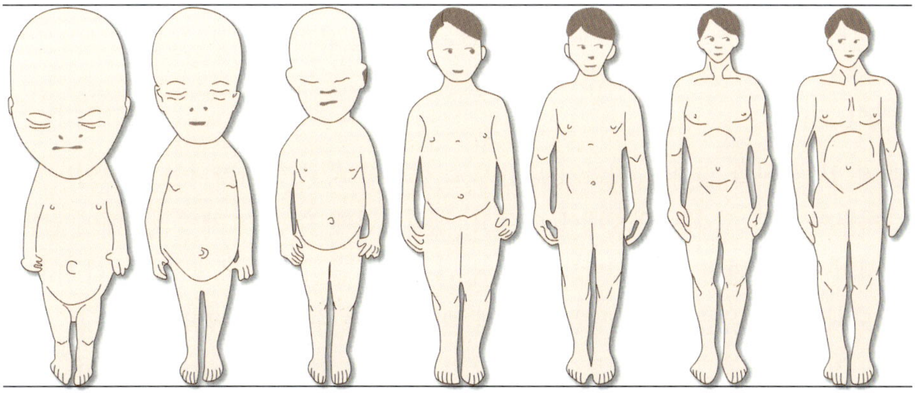

[그림 1-5] 생애주기별 체형 비율의 변화

연령이 증가하며 인체의 체성분 조성에도 큰 변화가 생긴다. 수분의 비율은 연령의 증가와 함께 현저하게 감소하고 반대로 지방의 양은 상승한다. 지방의 경우 남녀 간의 차이가 뚜렷해지는데 유아 후반기부터 여자 아이의 체지방 비율이 남자 아이의 체지방 비율보다 높게 나타난다. 단백질과 무기질의 양도 연령이 증가하면서 상승한다[그림 1-6].

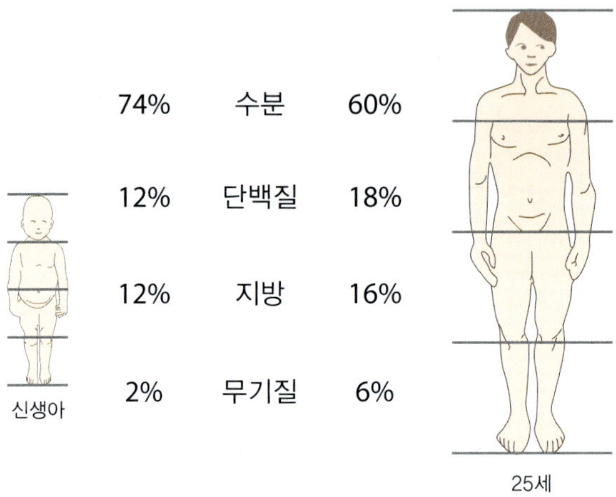

[그림 1-6] 생애주기별 체성분 비율의 변화

1) 태아기

생애주기의 전 기간 중 성장속도가 가장 빠른 시기로 수정란 형성 후 2~8주차까지는 배아기, 9~40주차까지는 태아기라 한다. 배아기는 필수 조직기관이 형성되는 시기로 모체의 영양상태에 따른 영양결핍으로 인해 태아에게 후천적인 이상이 나타나거나 돌이킬 수 없는 신체적 장애가 생길 수 있으므로 각별한 주의가 필요하다.

2) 영아기

출생 후 1년까지를 말하며 태아기 다음으로 성장이 빠르게 나타나는 시기이다. 체중은 생후 3개월째 출생 시 체중의 2배에 이르고, 생후 1년째 출생 시 체중의 3배에 달하게 된다. 이 시기에는 일반적 신체 발달과 더불어 뇌신경 발달이 중요하게 일어난다. 영아 전반기에는 모체로부터 유즙을 공급받는 시기에 해당하므로 수유부의 영양을 별도로 관리하여 영아에게 적절한 영양공급이 이루어질 수 있도록 한다. 영아기 후반에 이유식을 시작하게 되면 이유식을 준비하는 부모의 지식에 의해 영아 건강상태가 크게 좌우되므로 이 시기의 영아 특징에 대한 부모의 이해가 매우 중요해진다.

3) 유아기

생후 1~5세까지의 시기로, 두뇌발달은 영아기에 이어 지속되고 인지능력도 발달하게 되는 시기이다. 신체적 활동량이 증가하고 영양소 요구량에도 변화가 생긴다. 근육이 서서히 증가하면서 체지방량은 감소하고 체형 비율도 성인에 근접하게 변화한다. 자아발달이 시작되면서 음식에 대한 기호가 생기고 평생의 식품선택 기준이 성립되는 시기이다.

4) 아동기

6세에서 사춘기 직전까지의 시기로 이후에 다가오는 2차 성징기를 준비하는 시기이기도 하다. 최근에는 사춘기가 빨리 시작되는 경우가 늘어나 초등학교 3, 4학년에 초경을 시작하거나 몽정을 하는 아동이 많아지고 있다. 이 시기에는 또래 집단으로부터 받는 영향력이 커지면서 식품 선택 시에 과식, 편식, 불량식품 섭취 등의 여러 가지 문제가 발생하게 된다. 이 시기부터 아동을 대상으로 하는 영양교육이 가능해진다.

5) 청소년기

12~18세까지로 사춘기 이후 성인이 되기 전까지의 시기이다. 여아가 남아에 비해 2~3년 정도 성장시기가 빨리 나타나고 성장의 완료시점도 빠르다. 간은 사춘기 시기까지 지속적으로 발달하고 폐는 이보다 늦게 성장이 완료된다. 따라서 간과 폐의 성장이 완료되지 않은 청소년기의 음주와 흡연은 성인에 비해 더 심한 조직기관 세포의 손상을 유발하게 된다. 또한, 2차 성징으로 인한 호르몬 변화로 신체적, 정신적 변화의 폭이 크다.

6) 성인기

신체 발달의 대부분이 완성된 시기이지만 일부 기관은 20대 중반까지도 지속적으로 발달한다. 특히 골밀도의 완성은 30대 중반까지도 이어지므로 골격 발달 측면의 영양소 섭취를 소홀히 할 수 없는 시기이다. 성인기부터는 발달이 완성된 조직은 서서히 퇴화되는 시기이기도 하다. 근육조직은 남녀 모두 20세 이후부터 서서히 감소하기 시작한다. 이러한 생애주기별 성장패턴의 차이는 인체에서 분비되는 호르몬들에 의해 주로 조절된다. 근육은 성장호르몬, 갑상샘호르몬, 성호르몬 등에 의해 그 양이 서서히 증가하게 되며 성장호르몬 등이 감소하는 시기가 되면 근육도 그에 비례하여 감소하게 된다.

7) 노인기

65세 이후부터 노인기가 시작되며 인체 여러 조직기관의 생리적 기능 저하와 질병발생이 큰 문제가 되는 시기이다. 장기 중 췌장, 흉선 등의 감소가 두드러지고, 간, 신장, 골격근, 뇌 등 기관의 중량도 감소한다. 체구성 비율의 변화가 커서 체단백질 감소, 세포 내 수분 감소, 체지방의 증가 등이 관찰된다. 증가된 체지방은 인슐린의 민감성을 감소시켜 혈당조절에 어려움을 겪게 되기도 한다. 소화기 기능도 퇴행하고 감각기능은 위축된다.

3. 생애주기별 영양 목표

생애주기 영양학의 목표는 생애주기에 따른 단계별 생리적 특성과 영양상 필요한 주요 사항을 파악하여 인간의 전 생애에 걸쳐 건강한 영양관리가 가능하도록 수행하는 것이다. 또한 운동선수 등의 특수한 환경에 따른 영양관리의 특성과 차이점을 이해하고 실제 건강관리에 적용하는 것을 포함한다.

(1) 임신기

임신부의 영양은 새로운 생명의 건강한 탄생을 위해 매우 중요하며 식이 섭취를 통한 영양적 특성에 대한 이해와 함께 임신, 분만, 산욕 등에 관한 기본지식 습득이 필요하다. 임신기 영양관리의 기본적인 목표는 임신부의 새로운 조직 형성과 태아의 성장에 필요한 열량영양소와 조절영양소의 적절한 섭취와 공급이다. 또한 임신에 따른 대사장애를 극복할 수 있도록 건강관리 지도를 병행하는 것이 중요하다.

(2) 수유기

수유기는 분만 후 산욕기를 거치면서 산부 자신의 산후 건강 회복과 신생아를 위한 수유에 필요한 영양소들을 충분히 섭취해야 하는 시기이다. 수유부의 건강상태는 모유 수유를 통해 신생아 성장과 발달에 직접적 영향을 주게 되고, 특히 수유부가 섭취하는 영양소의 질에 따라 영아기 두뇌발달에 필요한 영양소 공급의 질이 달라지므로 양질의 모유를 분비하기 위한 각별한 영양관리가 필요하다.

(3) 영아기

영아의 생리적 특성은 성인과 매우 다르므로 발육에 필요한 영양소의 종류와 필요량 등의 내용도 크게 달라진다. 특히, 이 시기에는 합성할 수 있는 아미노산의 종류가 한정되어 있으므로 영아기에 필수로 공급해야 할 아미노산의 종류는 성인기보다 많으며 성장에 필요한 단백질의 공급량에도 주의가 필요하다. 체중 당 체표면적의 넓이도 성인에 비해 크므로 불감수분 손실량이 많게 되고 수분 공급이 부족할 경우 탈수증상이 쉽게 나타나기도 한다. 영아기는 일생에서 가장 빠르게 성장과 발달이 이루어지는 시기이므로 충분하고도 균형 잡힌 영양의 공급이 이루어지지 않을 경우 되돌릴 수 없는 성장장애 문제가 발생하기도 한다. 특히 고형식으로 이행하는 이유시기에 필수 영양소의 공급이 부족하지 않도록 영양관리에 주의한다.

(4) 유아기

신체활동이 증가하면서 영양 요구량은 많아지지만, 영아기에 비해 성장 속도가 감소하면서 식욕 저하가 나타나기도 하므로 영양 필요량을 공급할 수 있는 식사 계획이 요구된다. 위의 용량도 작으므로 정규 식사에 다 공급하지 못하는 에너지 필요량을 공급하기 위해 간식을 식사 계획에 포함시키도록 한다. 또래 집단의 영향을 받아 새로운 식습관을 형성하기도 하고 가족의 식사 습관을 모방하여 편식장애 등이 발생할 수도 있으므로 가정에서부터 바람직한 식습관 정립이 필요한 시기이다.

(5) 아동기

자존감이 커지고 개인의 취향을 드러내며, 좋고 싫음의 의사표현이 분명해지는 시기이므로 바른 식습관을 형성하도록 지도하여 평생 이어질 영양소 섭취에 대한 올바른 식습관을 갖도록 한다. 성장 발육에 필요한 영양소에 대해 알게 하고 향후 바른 식생활 정립을 스스로 할 수 있도록 영양 지식 교육이 가능한 시기이다.

(6) 청소년기

아동기에서 성인기로 이행하는 시기로 영아기 이후 가장 큰 성장 발달을 보이는 제2의 급성장기이다. 남녀 간 외형의 성장 차이가 더욱 두드러지게 나타나고 신체 구성 조직의 차이가 커지면서 필요로 하는 영양소의 공급량에도 차이가 나타나게 된다. 2차 성징이 나타나면서 성적성숙과 발달이 이루어지는 시기이므로 심리적 안정 못지않게 균형 있는 영양 공급이 중요하다. 이 시기에는 사회가 투영하는 신체상에 크게 영향을 받으므로 자칫 거식증이나 폭식증으로 인해 신체 발달에 필요한 적절한 영양공급을 받지 못하게 되는 경우가 많아 이런 경우에는 심리 치료를 병행하기도 한다.

(7) 성인기

연령 증가와 함께 신체기관의 성숙기를 거쳐 퇴행성 변화가 시작되는 시기이다. 에너지 섭취와 소비의 균형에 유의하고 동맥경화, 고혈압, 당뇨, 비만 등 만성퇴행성 질환 예방을 위한 식단 계획이 필요한 시기이다. 건강에 좋은 식단 실천과 함께 알코올 남용을 피하고 효율적으로 스트레스 관리를 병행하여 심장과 위장관의 건강을 지키도록 한다. 폐경기 여성의 경우 에스트로겐 감소로 인한 골밀도 저하, 심혈관계 질환의 급격한 증가 등에 대비한 영양관리가 중요하다.

(8) 노인기

에너지 필요량이 감소하는 시기로 영양밀도가 높은 식품위주로 공급한다. 노인기의 만성적 영양불량은 질환 악화와 뇌 기능 감퇴를 가속화하므로 균형 있는 영양소 공급을 강조한다. 혈관성 치매의 경우 식이 조절과 혈전증 감소로 어느 정도 예방 효과를 볼 수 있다. 소화기관의 기능 퇴화로 음식물의 소화관 내 체류시간이 길어져 변비가 나타나기도 하므로 충분한 식이섬유와 수분의 섭취를 강조하고 미각의 퇴화로 맛에 대한 역치가 증가하여 과도한 식염이나 설탕 섭취가 나타날 수 있으므로 주의하도록 한다.

(9) 운동 영양

운동은 수행 목적에 따라 건강 증진을 위한 일상생활 속의 운동과 전문 스포츠 선수들의 경기력 향상 목적의 운동으로 나눌 수 있다. 두 경우 모두 운동의 강도, 종류, 운동시간, 영양공급 방법 등에 따라 다양한 영양관리 방법이 필요하다. 운동에 따른 영양장애로 저혈당이나 탈수가 나타나기 쉬우며 특히 과격한 운동을 수행하는 경우 스포츠성 빈혈이 나타나기도 하므로 충분한 철분 섭취 등의 대책이 필요하다.

CHAPTER

02

임신기 영양

임신부(임부)는 '아이를 밴 여자'를 이르는 말이고, 임산부는 '임부'와 아이를 갓 낳은 '산부'의 의미를 모두 포함하고 있다. 임신 준비기, 임신기, 분만기에 걸친 모체의 건강상태가 태아의 올바른 성장과 발육에 직결되므로 임산부를 대상으로 한 충분한 영양공급과 올바른 건강관리가 매우 중요하다.

임신 기간 동안 여성에게는 아기의 성장 및 분만에 대비해 많은 변화가 일어난다. 성공적인 임신기 건강관리를 위해서 임신 전·후 여성에게 일어나는 생리적 변화와 태아 발달에 미치는 영향에 대한 올바른 이해가 필요하다. 또한 임신장애 요인들을 파악하여 대비하고, 생활습관 및 환경적 요인이 임신에 미치는 영향에 대해서도 알아 두어야 한다.

1. 임신기 특징

태아발달과 모체건강은 밀접한 관련이 있으므로 모체의 생리적 변화, 임신부의 영양섭취실태, 식생활 변화 등을 모두 살펴 태아의 유산, 조산, 기형 등을 방지하여야 한다.

(1) 주요 호르몬

여성의 월경주기와 임신으로 발생하는 모체의 변화는 주로 성호르몬에 의해 나타나며 난소에서 분비되는 에스트로겐과 황체 세포에서 분비되는 프로게스테론 등이 관여한다.

1) 생식선자극방출호르몬

시상하부에서 분비되는 생식선자극방출호르몬(gonadotropin releasing hormone, GnRH)에는 난포자극호르몬방출호르몬과 황체형성호르몬방출호르몬 두 가지가 있다. 뇌하수체 전엽에서 생식선자극호르몬을 방출하도록 유도한다[그림 2-1].

2) 생식선자극호르몬

뇌하수체 전엽에서 분비되는 생식선자극호르몬(gonadotropic hormone)에는 난포(follicle)의 성숙을 유도하는 난포자극호르몬(follicle stimulating hormone, FSH)과 황체발달을 주도하는 황체형성호르몬(luteinizing hormone, LH), 그리고 유선 발육에 기여하는 프로락틴(prolactin) 등이 있다.

난포자극호르몬과 황체형성호르몬은 생식선자극방출호르몬(GnRH)의 자극으로 뇌하수체 전엽에서 분비된다. 난포자극호르몬(여포자극호르몬)은 여성의 난소에 작용하여 난포의 성숙을 촉진하며 배란, 자궁 발육 등을 유도한다. 남성에게는 정자 형성에 관여하는 호르몬이다.

황체형성호르몬은 성숙한 난포를 자극하여 난자를 배출하고 배란을 일으킨다. 난포(여포)는 난세포(난자)와 이를 둘러싼 난포 상피세포로 이루어진 복합체로 난자가 배출된 뒤 남은 상피세포가 황체로 발달한다. 또한 황체형성호르몬은 황체를 자극하여 프로게스테론이 분비되도록 한다.

프로락틴도 생식선자극호르몬의 일종으로 뇌하수체 전엽에서 분비되며 시상하부의 프로락틴방출인자에 의해 조절된다. 프로락틴은 유즙분비자극호르몬, 유선자극호르몬, 유선발육호르몬, 락토겐 등으로 불리며, 포유류의 유선 발육, 유즙분비, 전립선 발육 촉진 등에 관여한다. 과다분비 시 월경불순 등을 유발하기도 한다. 임신부의 경우 임신하지 않은 경우에 비해 10배 정도 프로락틴 분비가 증가하다가 분만 후 수유를 지속하면 2~3개월에 걸쳐 분비량이 감소한다. 수유를 하지 않는 경우에는 2~3주 내에 임신 전 수준으로 급격하게 저하된다. 프로락틴은 난자 형성을 방해하여 월경 지연효과가 있다.

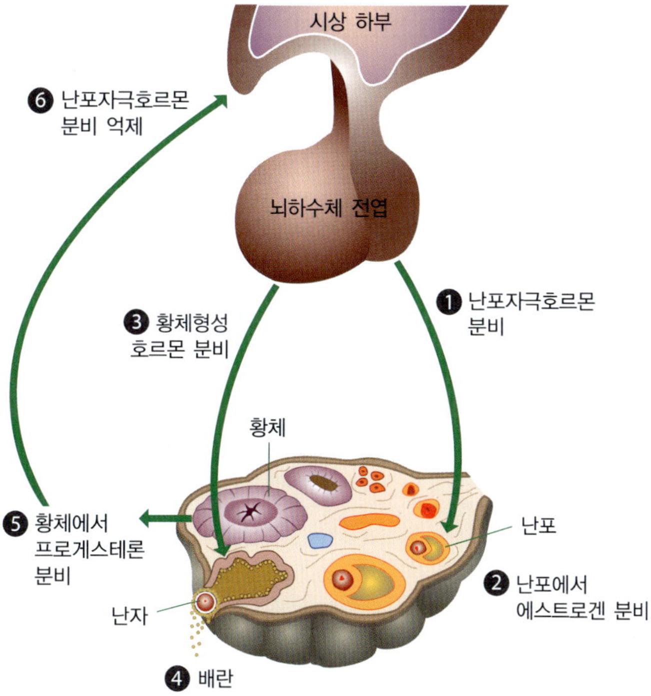

[그림 2-1] 생식선자극호르몬

3) 에스트로겐

에스트로겐(estrogen)은 난포와 황체에서 주로 분비되고 태아를 둘러싼 태반에서도 분비되는 스테로이드계 호르몬으로 콜레스테롤로부터 합성된다. 황체형성호르몬은 난소에서 에스트로겐 합성을 자극하며, 난포자극호르몬은 난포와 황체에서 분비되는 에스트로겐 양을 조절한다. 지방세포에서도 에스트로겐이 합성되는데 과체중 또는 저체중 여성이 불임이 되는 것은 이러한 이유 때문이다. 남성의 정소에서도 분비되므로 여성에게만 존재하는 호르몬은 아니다.

에스트론, 에스트라디올, 에스트리올의 3종이 있으며 여성의 가슴발달과 사춘기 이후의 2차 성징 발현, 성 활동 등에 영향을 미친다. 에스트로겐은 자궁내막의 비후를 촉진하며 혈중 농도가 일정 수준 이상이 되면 뇌하수체 전엽에서 난포자극호르몬 분비를 억제하여 월경주기조절에도 관여한다.

4) 프로게스테론

프로게스테론(progesterone)은 포유동물의 임신 성립과 유지에 필수불가결한 호르몬으로 임신호르몬이라고도 한다. 에스트로겐과 함께 작용하여 자궁내막의 발육 비후와 자궁선의 발달을 촉진하고 수정란의 착상을 돕는다. 프로게스테론에 의해 자궁벽이 두터워지고 자궁 민무늬근의 수축성을 억제하여 수정란의 착상을 용이하게 한다. 임신이 지속되는 동안 황체는 퇴화하지 않고 유지되어 프로게스테론을 계속 분비하여 임신 유지를 돕는다. 황체가 없어진 이후에는 태반에서 프로게스테론이 분비된다.

황체형성호르몬에 의해 프로게스테론 분비가 조절되며 임신하지 않은 동안에는 난포자극호르몬분비를 억제함으로써 에스트로겐 분비를 감소시켜 월경주기를 다시 시작하도록 유도한다. 프로게스테론의 대사산물에는 발열작용으로 인한 체온상승 효과가 있어 분비가 급증가하는 배란일에는 체온도 상승하게 되므로 임신가능 배란일 예측을 위한 기초체온법의 원리로 활용되기도 한다.

(2) 월경주기와 배란

사춘기 여성의 자궁내막은 주기적으로 분비되는 호르몬들에 의하여 비후와 탈락이 반복되는 월경을 겪게 된다. 12세 전후로 초경이 시작되고 50세 전후로 폐경을 겪는다.

월경주기는 월경기, 난포기, 황체기로 나뉘며 보통 28일간의 주기로 일어난다. 난포기에는 생식선자극호르몬 중의 하나인 난포자극호르몬의 영향으로 원시난포세포가 성숙난포세포로 발달한다. 난포의 성숙은 격월로 좌측과 우측의 난소에서 번갈아 일어난다. 난포에서 분비되는 에스트로겐은 자궁내막을 두텁게 만들기 시작한다.

혈중 에스트로겐 농도가 증가하면 뇌하수체 전엽에서 난포자극호르몬의 분비가 저하되고 황체형성호르몬이 분비되어 난자 배출을 유도해 배란이 일어나게 한다. 즉, 난포기에서 황체기로 넘어가는 시기인 14일경이 배란일이 된다. 배란일 이후에는 황체에서 프로게스테론이 분비되어 자궁내막의 분화와 증식을 도와 수정란의 착상을 돕게 된다. 그러나 임신이 되지 않은 경우에는 황체가 퇴화되어 프로게스테론 분비가 감소하면서 자궁내막의 수축이 일어나게 되고 28일경 자궁내막이 탈락되면서 월경이 시작된다.

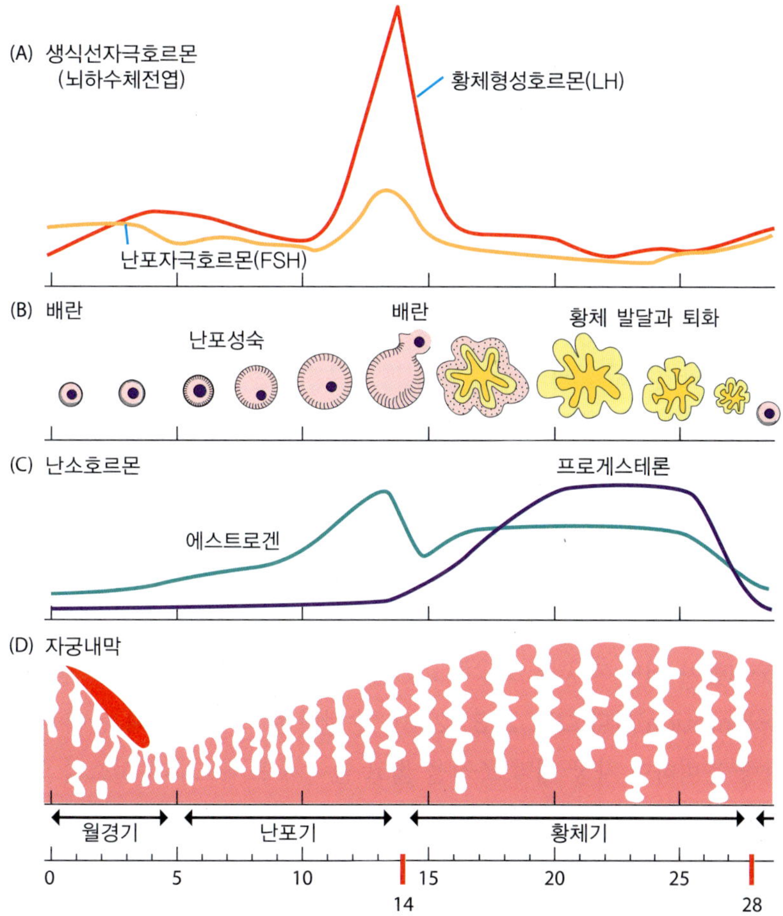

[그림 2-2] **월경주기와 배란**

이러한 호르몬들의 급격한 변화에 따라 여성들은 편두통, 복부팽만, 부종, 식욕변화, 유방통, 자궁 수축에 의한 하복부 통증 등을 겪게 되며 생리 1주일 전후에 시작되어 월경 시작과 함께 사라지는 이러한 증상들을 통칭하여 월경전 증후군(premenstrual syndrome, PMS)이라 한다. 월경주기는 21~35일 사이인 경우가 대부분이고 보통 월경일은 3~5일간 지속되며 2~7일까지 정상이다. 월경기간동안 평균 35㎖의 생리혈을 배출하며, 적게는 10㎖에서 많게는 80㎖까지는 정상범주에 속한다.

(3) 수정과 착상

임신은 수정란이 자궁 내벽에 착상하여 모체로부터 영양을 공급받으며 태아로 성장하는 과정으로 임신기간은 일반적으로 약 280일(40주)이다. 난소에서 배란된 난자가 수란관 상부에서 정자와 만나 수정란(접합자, zygote)이 형성되는 것을 수정(fertilization, conception)이라 한다. 난자는 배란 후 24시간 정도, 정자는 자궁 내에서 3일 정도(최대 7일) 생존하며 이 기간에 수정이 가능하다.

정자는 분당 3㎜ 정도를 이동하므로 1시간 이내에 수란관에 도달할 수 있다. 사정된 약 5억 마리의 정자 중 수란관에 도달하는 것은 2,000마리 정도에 불과하며 난자는 하나의 정자와 수정한다. 수란관의 중간 구부러진 부위의 가장 넓은 부분인 팽대부에서 수정이 일어나고 수란관 내벽의 섬모운동과 연동운동에 의해 수정란은 천천히 자궁 쪽으로 이동한다.

수정란은 이동하는 동안 난할(세포 수 증가, 세포 크기 감소) 되어 30시간 정도 후에 2개로 세포분열하고 40시간 후에는 4개, 50시간 후에는 8개로 분열을 진행한다. 수정 후 4일차에는 아직 할강이 발달하지 않은 오디열매 모양의 상실배(16~32세포기)를 형성하고, 이후 세포 사이에 액체가 고이면서 주머니 모양 할강을 형성하는 초기포배가 된다. 포배는 더는 난할하지 않고 외배엽 부분이 후에 태반조직을 형성하여 속세포덩이가 배아로 발달한다.

수정 후 5~6일이 되면 자궁에 도달하고 8일 차 무렵에는 후기포배를 형성하여 자궁벽에 착상(implantation)한다[그림 2-3, 2-4]. 수정란은 착상을 위해 단백질 분해 효소인 트립신을 다량 분비하여 자궁 내막 조직을 뚫고 들어가 모체로부터 산소와 영양분을 공급받는다. 수정란이 자궁몸통의 내강에 착상하지 않고 난소, 수란관, 자궁입구 등에 착상하는 경우 이를 자궁외임신이라 한다. 특히, 난관에 자리 잡은 경우 태아 성장과 함께 파열되면서 과다출혈로 모체가 위험해지기도 한다.

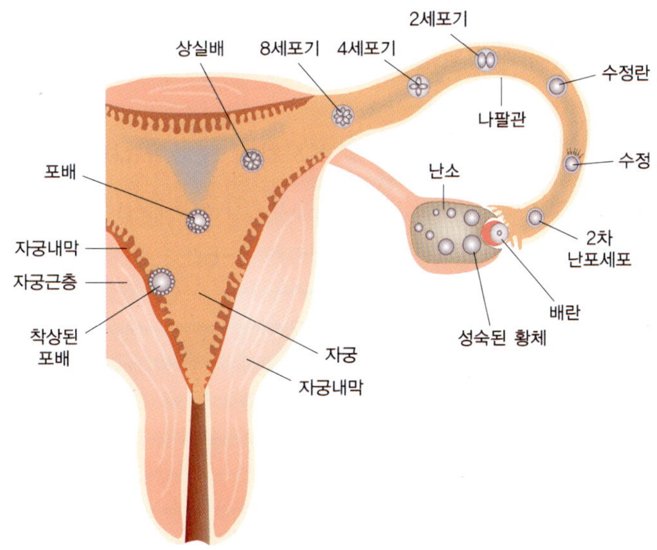

[그림 2-3] 수정과 착상

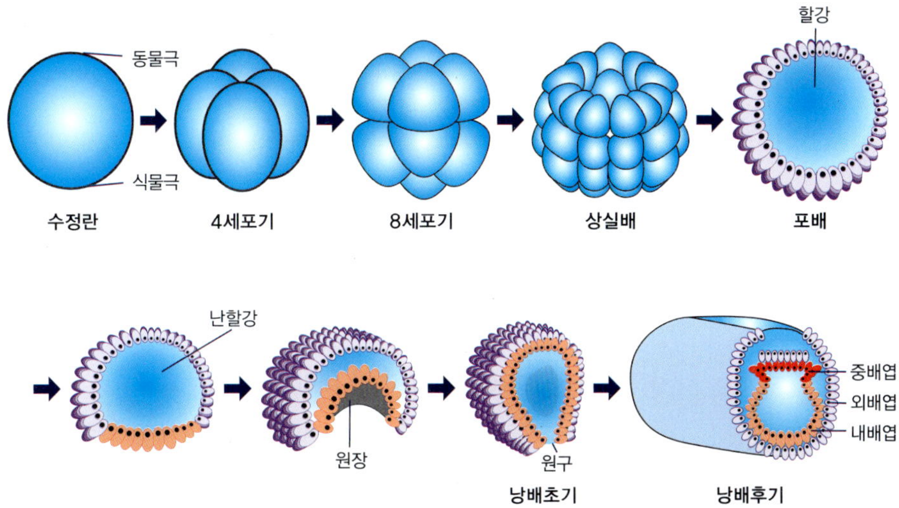

[그림 2-4] 수정란의 난할과 포배형성

(4) 임신기간 태아의 발달

임신기간은 보통 9개월인 40주 정도이며 일반적으로 삼분기(trimester)로 나뉘어 첫 번째 3개월(1~13주)을 1삼분기, 두 번째 3개월(14~26주)은 2삼분기, 세 번째 3개월(27~40

주)은 3삼분기라 한다. 임신주수는 마지막 월경의 시작일을 기준으로 하여 계산하며 통상적으로 14일째 배란이 되어 수정되는 것으로 간주한다. 정상적인 경우 배란 24시간 이내에 수정이 된다.

수정주수는 수정이 성립된 날을 기준으로 계산하며 태아의 나이에 해당한다. 수정일로부터 8주간은 배아기(embryo period)에 해당하고, 이후 9주차(또는 임신 11주차)부터 출생 때까지는 태아기(fetus period)로 구분한다[그림 2-5].

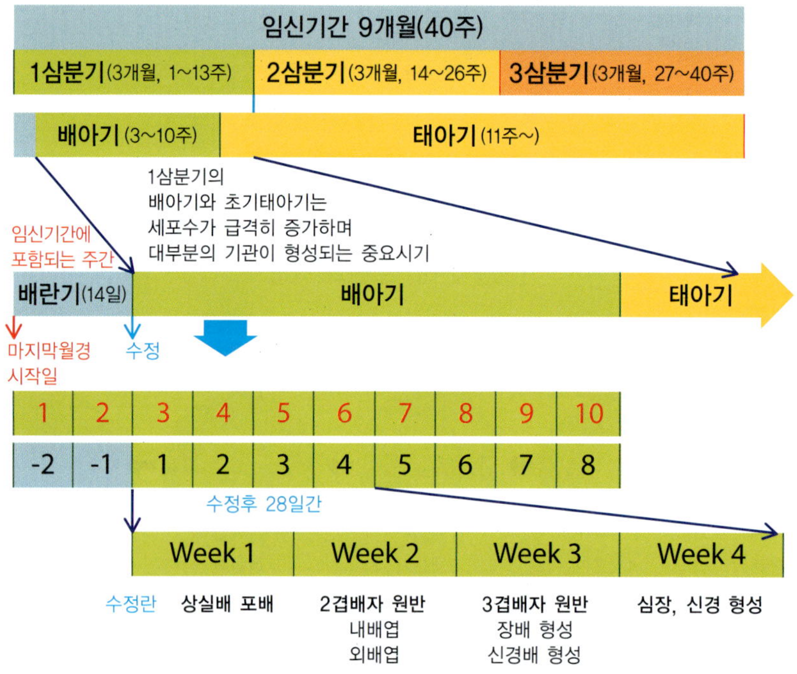

[그림 2-5] 임신기간과 초기 태아발달

1) 1삼분기(초기: 임신 1~13주)

배란기, 배아기, 초기 태아기를 포함하는 기간이다. 모체의 마지막 월경일로부터 14일(2주)째인 배란일까지는 배란기에 해당한다. 배란일 이후 난자와 정자가 접합자를 형성하여 수정이 되면 약 8일에 걸쳐 상실배와 포배 형성 시기를 거치면서 자궁 쪽으로 이동하여 자궁 내벽에 착상한다. 아직 사람의 형태는 갖추지 못한 단계로 착상이 유지되지 않고 실패하여 유실되기 쉬운 시기며 임신을 모르고 지나치기 쉬워 자칫 음주, 흡연, 약물복용 등으로 인해 태아의 성장에 위해가 가해지기 쉬운 시기이므로 주의가 필요하다.

착상 이후는 형태발생 시기로 머리, 외배엽, 내배엽 등이 나타난다. 배아기는 주요 신체 기관과 신경계가 모두 형성되는 중요한 시기이다. 배아기에 들어선 수정란은 외배엽·중배엽·내배엽의 세 개 층으로 분리되어 외배엽은 감각세포·신경계로, 중배엽은 근육·골격·순환기관·배설기관으로, 내배엽은 소화기관·호흡기관으로 발달한다. 수정 후 3주 차에는 심장이 박동하기 시작하고 척추와 신경계가 형성되며 간, 신장, 소화기관의 형태도 만들어진다.

수정 4주 차에는 크기가 수정란의 만 배로 커진 상태이고 5주 차에는 눈, 손, 다리가 생성되기 시작한다. 6주 무렵엔 두뇌의 뇌파가 감지되고, 입술이 생겨나며, 손톱이 형성되기 시작한다. 7주 차에는 눈꺼풀, 발가락, 코의 모양이 분명해진다. 발로 차기 시작하여 미약한 태동을 느낄 수 있으며 양수 안에서 자유롭게 움직이기 시작한다[그림 2-6].

배아기 끝 무렵인 수정 8주 차에는 크기는 약 3㎝이고 무게는 4g 정도이다. 사람의 얼굴 모습을 갖추어 눈·코·입술이 명확히 보이고 내장 형태가 갖추어지며, 지문도 형성된다. 8주가 끝나갈 무렵엔 소리도 듣기 시작한다. 신체의 여러 기관이 형성되는 배아기에는 모체의 영양상태, 약물 섭취, 질병 여부가 태아 발달에 민감하게 영향을 주게 되므로 지속적인 주의가 필요하다.

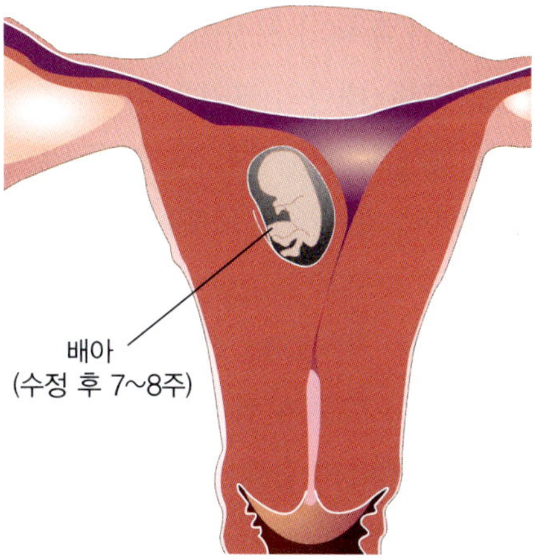

[그림 2-6] **수정 7~8주차의 배아**

수정 9주(임신 11주)를 지나면서 배아기가 끝나고 태아기가 시작된다. 머리부터 둔부까지 약 4㎝이고 무게는 7g 정도이며, 머리 크기가 태아 전체 크기의 절반 정도를 차지한다[그림 2-7]. 수정 10주 차의 태아는 뼈 조직 형성이 시작되어 손가락과 발가락 구별이 가능해지고,

외부 생식기가 나타나기 시작한다. 치아 형성이 시작되고 손톱은 성장하며, 고개를 돌리거나 딸꾹질도 한다. 10~11주에는 양수를 흡입하고 소변도 보기 시작한다. 11주에는 골격, 신경계, 순환계를 갖추어 기능하며 손에 잡히는 것을 잡으려 한다.

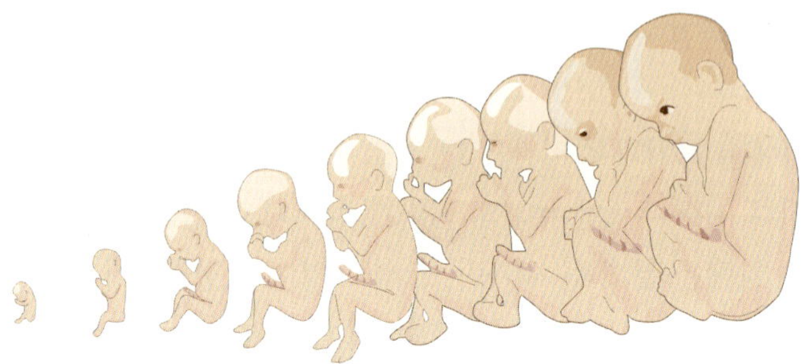

주	9	12	16	20	24	28	32	36	40
신장 (mm)	50	90	140	190	230	270	300	340	380

[그림 2-7] **배아기에서 태아기로의 성장(기간: 수정일 기준)**

2) 2삼분기(중기: 임신 14~26주)

수정 12주(임신 14주)에는 신경과 두뇌의 시상이 형성되어 고통을 느낄 수 있게 되고 성대가 완성된다. 수정 15주(임신 17주) 태아의 크기는 약 13㎝, 몸무게는 약 170g 정도이며 성감별이 가능해지는 시기이다. 임신 4개월(임신 14~17주) 무렵엔 골수도 형성된다. 임신 5~6개월에는 피지분비선과 땀샘이 기능하고 모체는 태아의 움직임을 분명하게 느낄 수 있게 된다.

임신 20주 정도의 태아의 몸무게는 약 300g 정도이고, 두피에 머리카락이 생기기 시작하며 모체의 목소리를 인식한다. 10~12주 무렵엔 느낄 수 없었던 태동도 20주 무렵엔 확실히 느낄 수 있게 된다. 이 무렵, 태아의 움직임이 활발해지면서 드물게 탯줄이 꼬여 영양소와 산소 공급이 차단되거나 태아의 목에 감기는 경우가 발생할 수 있으므로 태동을 느끼지 못할 경우 병원을 방문하여 검진을 받도록 해야 한다. 임신 24주 무렵 태아의 몸무게는 약 600g이고 지방이 축적되기 시작한다. 이 시기 출생 시 생존율은 50% 정도이다.

3) 3삼분기(후기: 임신 27~40주)

임신 7~9개월에 해당하며 모체의 기분에 반응하고 시각, 청각, 미각, 촉감 기능을 사용하게 되는 시기이다. 투명하던 태아의 피부가 두꺼워지기 시작하고 지방을 합성하여 피하지방층에 저장한다. 출산 후를 대비하여 자체적으로 면역체도 생성한다.

임신 28주 무렵 몸무게는 약 1kg이고, 이 시기 이후에 출생하면 약 90%의 생존율을 보인다. 임신 32주경 태아의 몸무게는 약 1.7kg이고 이때 출생하면 거의 생존한다. 출산 1주일 전엔 성장이 거의 멈추고 활동성도 줄어들며 머리의 위치는 아래 골반강으로 향한다. 이 시기에 모체는 태동을 거의 느끼지 못하게 된다. 임신 40주경 태아의 신장은 약 50㎝, 몸무게는 약 3.4kg으로 성장이 완료단계에 이른다[그림 2-8].

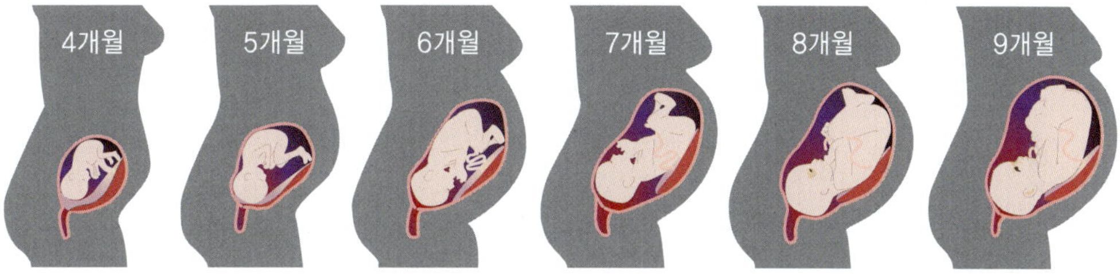

[그림 2-8] **월령별 태아 발달**

4) 태반과 태아 부속물

착상이 완료된 수정란은 모체의 자궁벽 세포조직과 결합하며 태반(placenta)을 형성한다. 태반은 태아와 모체의 자궁벽 사이를 연결하여 태아의 생존과 성장에 필요한 물질을 교환 및 매개하는 구조물로 영양공급, 가스교환, 노폐물 배출, 호르몬 분비 등의 기능을 담당한다. 수정란이 자궁에 착상한 후 양막을 형성하면 이것이 장막으로 바뀌는데, 이 장막의 일부가 모체의 자궁내벽과 합쳐져 태반을 형성하게 된다. 태반은 임신 3개월 초기부터 형성되기 시작하여 4개월이 지나면 완성된다. 따라서 태반이 완전히 형성되지 않은 임신 초기의 3~4개월 무렵까지는 유산의 위험이 높으므로 주의가 필요하다.

태반은 혈관이 많이 분포되어 있는 해면 모양의 둥근 조직으로서, 임신 말기에 이른 태반의 무게는 약 500g, 직경 15~20㎝, 두께 2~3㎝ 정도이다. 태반의 융모막 표면에 존재하는 무수한 융모는 나뭇가지처럼 뻗어 있는데 표면적 증가의 효과가 있어 모체와 태아 사이에 물질 교환의 효율을 높여준다. 처음 자궁내벽에 자리잡은 태반 융모에는 혈관이 없지만 3~4주가 지나면서 태아의 혈관계통이 융모 속에 들어가 자리를 잡는다. 태반은 탯줄을 통해 태아와 연결되어 있지만 모체의 혈관과 태아의 혈관은 물질 교환을 위해 맞닿아 있을 뿐 혈액이 직접 섞이지는 않는다.

태반은 모체의 자궁 내벽에 붙어 있고 태아와는 탯줄로 연결되어 있다. 탯줄은 배아에게 영양분을 공급하던 난황낭과 호흡과 배출 기능을 하던 요막으로부터 형성된다. 수정 후 5주 무렵에 탯줄이 형성되기 시작하여 태아와 함께 성장한다. 길이는 태아의 크기(머리에서 둔부까지의 길이)와 비슷하며 완전히 성숙한 태아의 탯줄은 길이 약 50㎝, 지름 약 2㎝ 정도이다. 두 개의 동맥과 한 개의 정맥으로 이루어져 있으며 동맥의 형성속도가 빨라 정맥 주위를 구불구불한 모양으로 감은 형태를 하고 있다. 탯줄 안에 있는 혈액을 제대혈이라 한다. 모체에서 공급되는 영양분과 산소는 탯줄의 정맥을 통해 태아의 간으로 향하고 이곳에서 두 갈래로 갈라져 한쪽은 간에 영양분을 공급하고 또 다른 쪽은 심장으로 향한다. 체순환을 끝낸 혈액은 마지막으로 방광을 거쳐 두 개의 탯줄동맥을 통해 태반으로 노폐물을 전달한다[그림 2-9].

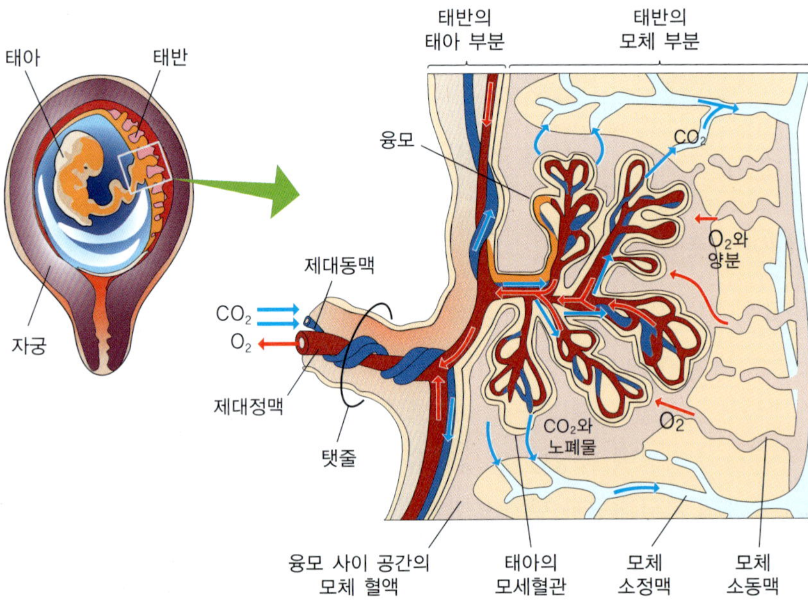

[그림 2-9] **태반의 구조**

태반의 위치는 자궁 내 어느 곳에도 위치할 수 있으나 자칫 자궁 입구를 완전히 막거나 근접하여 위치하는 전치 태반이 되는 경우 자궁 출구가 열리면서 혈관 파열로 인한 조산의 위험성이 높아지고 분만 시 과다출혈이 동반되기도 한다.

태반은 태아와 모체 사이에 물질을 교환하는 것이 기본 기능이며 특히, 호흡을 담당하는 폐의 기능이 있어 산소와 이산화탄소의 교환을 돕는다. 모체가 공급하는 영양분과 산소가 태반, 탯줄을 거쳐 태아에 전달되고 태아가 배출하는 이산화탄소는 모체로 운반되어 처리

된다. 방광에 모인 노폐물도 탯줄을 거쳐 태반으로 전달되어 처리된다. 태반은 간의 기능을 대신하기도 해 포도당을 글리코겐으로 저장하거나 필요시 다시 포도당으로 전환할 수 있다. 모체에서 대량의 영양소가 전달되는 경우 태반에 일시 저장하여 태아에게 전달되는 양을 조절하거나 영양소가 부족한 경우에는 합성하기도 한다. 태반이 태아를 대신하여 폐, 신장, 간, 소화기의 기능을 대신하는 셈이다. 태반에는 면역 유지 기능도 있어 모체의 항체가 태반에 전달되면 출생 전까지 스스로 항체를 생성하지 못하는 태아의 면역력 유지에 중요하게 작용한다.

태반은 태아에게 성장에 필요한 영양소와 산소를 공급하지만 동시에 임신 유지와 태아 발육에 관련된 중요호르몬들을 분비하는 내분비기관의 역할도 하며, 사람의 융모성 성선자극호르몬(human chorionic gonadotropin, HCG), 프로게스테론, 에스트로겐, 태반락토겐(placental lactogen, PL), 융모성 갑상샘자극호르몬(human chorionic thyroid stimulating hormone) 등이 있다.

사람의 융모성 성선자극호르몬은 태반에서 생산되어 모체 쪽으로 분비되는 당단백호르몬으로 황체를 자극하여 에스트로겐과 프로게스테론이 분비되도록 하여 초기 임신 유지에 기여하고 자궁내막의 성장도 돕는다. HCG는 황체형성호르몬 LH와 유사한 기능이 있어 배란 유발과 황체형성 유도의 기능도 있으므로 불임 치료용으로도 널리 사용된다. 임신 초기에 혈중과 요중에 고농도로 존재하는 HCG는 임신 진단을 위해 활용되기도 한다. 그러나 임신 초기에 급증하던 HCG의 농도는 임신 진행과 함께 급격히 감소한다.

임신 초기에 난소에서 분비되던 프로게스테론과 에스트로겐은 임신 중기 이후에는 태반에서 주로 분비되어 임신 유지에 관여한다. 에스트로겐은 자궁근육의 발달을 촉진하고, 프로게스테론은 자궁근육의 수축을 억제시켜 착상이 유지되도록 돕는다. 임신 말기에는 에스트로겐이 프로게스테론 분비량보다 많아지면서 자궁근이 수축하도록 하여 분만을 용이하게 한다[그림 2-10].

태반락토겐은 유즙분비 기능이 있는 프로락틴과 유사한 기능을 하고 약간의 성장호르몬 작용도 한다. 또한 모체의 에너지로 지방질을 사용하게 하고 태아의 에너지로는 탄수화물을 이용하게 하며 인슐린 저항성을 증가시킴으로써 자칫 임신성 당뇨 유발요인이 되기도 한다. 태반 중량에 비례하여 관측되므로 태반락토겐의 혈중 농도를 측정하여 태반기능 평가의 지표로 활용하기도 한다.

태반 이외에 자궁 내에는 태아 보호를 위해 양막, 양수 등이 발달되어 있다. 양막은 강하고 투명한 막으로 처음에는 태아를 덮고 있지만 임신 4~5주를 지나면서 안에 양수가 차기 시작하여 계속 증가하다가 임신 후기에는 약 600~1,000㎖에 이르게 된다. 임신 초기의 양수는 무색투명하지만 분만이 가까워지는 임신 말기에는 태아의 분비물들과 섞여 혼탁해진다. 양수는 완충작용을 하여 외부 충격으로부터 태아를 보호하며, 세균 감염을 막아 주고 태아의 체온 조절에도 기여한다. 또한 태아의 움직임을 자유롭게 해주어 사지 발육에 도움을 주고 분만 시에는 자궁의 입구가 쉽게 열리도록 하여 태아의 산도 통과를 용이하게 돕는 기능도 있다. 따라서 분만 전에 양수가 터져버리면 태아의 세균 감염 위험도가 높아지고 자궁문도 쉽게 열리지 않아 난산이 되기 쉽다.

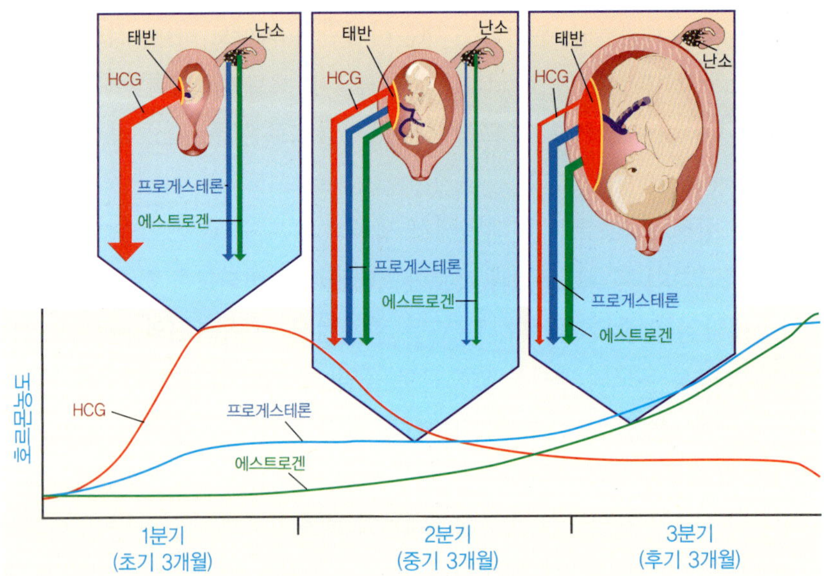

[그림 2-10] **임신기간 중 태반과 난소의 호르몬 변화**

(5) 임신기간별 모체의 변화

임신 시기별로 모체에는 다양한 변화가 나타나며 이러한 변화들은 모체에 필요한 영양소를 공급하고 태아의 정상적인 성장과 발육을 돕기 위해 자연적으로 발생하는 경우가 많다. 모체는 내부에서 자라기 시작하는 태아를 모체와 다른 물질이 자라는 것으로 인식하여 거부반응을 일으킬 수 있으므로 모체의 면역 반응이 약해지고 이로 인해 외부 감염에 대응하는 모체의 능력이 취약해지는 단점이 있다. 따라서 어떠한 생리적 변화가 나타나는지 이해하고 대비하면 모체의 건강을 보호하면서 태아의 성장에도 최적의 환경을 제공하여 성공적인 임신 기간을 보낼 수 있다[표 2-1].

표 2-1 임신기간 태아 성장과 모체 변화

	임신 초기(1삼분기) 1~13주	임신 중기(2삼분기) 14~26주	임신후기(3삼분기) 27~40주
태아 성장	• 뇌세포 대부분 완성 • 근육조직 형태 완성 • 내장 형태 완성 • 얼굴 윤곽 확실해짐 • 13주 차 무게 23g, 크기 7.3㎝	• 청각 발달 • 모체 목소리 인지 가능 • 망막발달로 빛 감지 • 머리카락, 속눈썹 성장 • 폐 기능 향상 • 26주 차 무게 900g, 크기 36㎝	• 감각기관 완전히 발달 • 머리가 골반으로 향함 • 간헐적 횡격막 호흡 • 피하지방 축적 • 40주 차 무게 3.4㎏, 크기 50㎝
모체 변화	• 입덧 • 속 쓰림 • 변비, 치질 • 탈수 • 급격한 호르몬 변화 • 자궁: 주먹크기	• 입덧, 빈뇨증상 사라짐 • 소화불량, 변비, 요통 • 정맥류, 손발 저림, 부종 • 유선발달로 유방 커짐 • 태동 감지, 임신선 등장 • 체중: 5~6㎏ 증가 • 하복부의 크기 증가가 관찰되는 시기	• 위장 압박, 속 쓰림 증상 • 심장 압박, 가슴이 답답함 • 폐가 눌려 호흡이 짧아짐 • 빈뇨, 수면장애, 두통 • 골반통, 가진통 • 체중: 10㎏ 이상 증가(인종, 개인 차이가 큼) • 자궁이 커지면서 위, 심장, 폐, 방광 압박
주의 사항	• 초기 유산 주의 • 약물복용 주의 • 음주, 흡연 금지 • 태아의 성장(뇌세포 등)에 대비한 충분한 영양섭취 • 엽산제 복용	• 자간전증 주의 • 중기 초음파, 기형아검사 • 임신성 당뇨 검사 • 단백질, 무기질, 비타민의 충분한 섭취 • 염분제한 등의 식이 조절	• 조산 주의 • 급격한 체중증가 주의 • 초음파 검사 등 실시 • 소화가 용이한 음식으로 식단 구성하여 규칙적 식사

1) 임신 초기(임신 1~13주)

임신 초기에는 임신에 대한 자각 증상이 없는 경우가 많다. 다만 월경주기를 거르는 경우 임신진단 시약검사, 병원검진 등을 통해 임신 여부를 확인하게 된다. 임신 8주 무렵의 자궁 크기는 주먹만 해지고 생리혈과 관련 없는 질 출혈이 발생하기도 하지만 임신 초기 소량의 질 출혈은 정상적인 징후에 속한다.

대부분의 임신 관련 증상들은 임신 초기에 나타나며 임신 관련 질환과는 달리 임신으로 인해 정상적으로 나타나는 반응들이다. 가장 대표적인 임신 증세는 입덧(emesis gravidarum, nausea)으로 70~80%의 임신부가 이를 겪게 된다. 임신 6~9주 무렵에 입덧이 발생하고 임신 12주를 지나면 증상이 줄어들고 늦어도 16주가 되면 입덧은 거의 사라진다. 공복 시 구역질, 구토감, 식욕부진, 음식물에 대한 기호 변화 등이 나타나며 특별한 치료 방법 없이 식이요법 등을 통해 증상을 완화시키는 정도이다. 다만 가벼운 구토 증상을 동반하는 입덧과 달리 잦은 구토와 체중감소, 영양장애 증상이 나타나는 중증 입덧은 오조(hyperemesis gravidarum)라고 하며 태아의 성장에 영향을 줄 수 있으므로 약물치료와 영양주사를 병행하기도 한다.

구토와 속 쓰림은 하부식도괄약근이 이완되고 음식물이 위장에 머무는 시간이 길어지기 때문에 나타나는 증상이다. 증상 완화를 위해 소량의 음식을 자주 먹도록 하고 수면 3시간 이내에 음식섭취를 하지 않도록 한다. 증상이 심한 경우 제산제나 위산 분비 억제제를 처방하기도 한다. 증상이 개선되지 않는다면 위-식도 역류 질환(gastroesophageal reflux disease)으로 치료가 필요하다.

치질(hemorrhoids)은 정맥환류에 문제가 발생하거나 변비 등으로 인해 나타나며 임신이 진행되면서 자궁이 커지면 압박에 의해 치질 증상이 더욱 심해지기도 한다. 식이섬유 섭취가 충분하지 않는 경우에도 증세가 악화되며 출혈, 직장탈출, 통증을 수반한다. 출산 이후, 증세가 사라지기도 하지만 많은 경우 출산 이후에도 증세가 계속 된다.

자궁이 골반 안에서 커지기 시작하는 임신 초기에 빈뇨가 나타난다. 바로 앞에 위치한 방광이 눌려 자극을 받기 때문으로 자궁이 골반 위로 올라가는 임신 중기에는 증상이 호전되다가 임신 후기에 태아의 머리가 아래로 향하면서 다시 방광이 눌리게 되면 증상이 재발한다. 따라서 임신기에는 빈뇨로 손실되는 수분을 보충하기 위해 수분 섭취가 매우 중요하지만 이뇨 작용이 있는 카페인이 함유된 커피, 녹차, 콜라 등의 음료는 피하는 것이 좋다. 임신 중에는 소변의 흐름이 나빠져 세균이 감염되기 쉬우므로 요의가 있으면 참지 말고 청결을 유지하여 감염되지 않도록 주의한다. 통증이 동반되거나 혈뇨가 있을 경우 요로 감염일 수 있으므로 검진을 받고 치료하도록 한다.

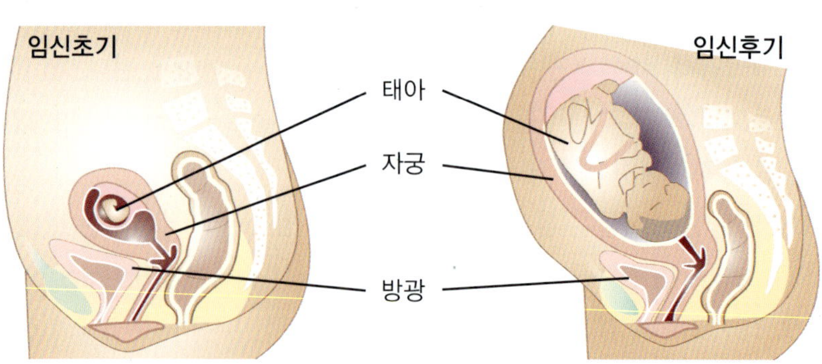

[그림 2-11] 임신 초기와 후기의 자궁 위치

임신 초기에 나타나는 다리 저림(leg cramps)은 때로 큰 통증을 수반하는 경우가 많고 임신부의 절반 이상이 경험하게 된다. 종아리 부위에 주로 나타나고 수 초에서 수 분간 지속된다. 통증 없이 발생하는 불규칙한 자궁수축을 가진통(braxton hicks contractions)이라 하는데 2~3분간 일시적으로 발생하며 배가 당기거나 단단해지는 느낌을 받게 된다. 탈수로 인해 발생하는 자궁근 수축이 원인인 것으로 알려져 있으며 수분섭취를 충분히 하도록 한다. 일부 임신부는 임신 초기에 경험하게 되지만 분만 전까지 가진통을 겪지 않는 경우도 많다.

혈관이 팽창하고 복막강, 흉강 등에 수분이 증가하면서 체수분 필요량의 상대적 증가로 탈수가 일어나기 쉽다. 탈수를 방치하면 항이뇨호르몬(antidiuretic hormone, ADH)에 의한 자궁근 수축이 발생한다. 이는 자궁수축에 관여하는 옥시토신호르몬과 항이뇨호르몬의 구조가 유사하기 때문이다.

프로게스테론 분비가 증가하면서 위장운동이 감소하고 배변기능에도 영향을 미친다. 자궁근 수축을 방지하는 프로게스테론의 기능은 소화기관의 평활근에도 영향을 주어 연동운동은 감소하고 영양소 흡수와 수분 흡수가 증가하게 만든다. 태아를 위해 필요한 영양소 흡수량이 많아지고 장내 수분이 감소하게 되면 변비가 발생한다. 임신 개월 수가 증가하면서 변비 증세는 완화된다. 변비 예방을 위한 식이요법 처방으로 식이섬유가 많이 함유된 채소, 과일의 섭취를 권장한다.

영양 불균형인 경우 이식증(pica, 異食症)이 나타날 수 있는데 특히, 철분 부족인 경우 흔히 이런 증상이 나타나게 된다. 진단을 통해 필요한 영양성분을 공급해주면 증세가 완화된다.

2) 임신 중기(임신 14~26주)

이 시기에 들어서면 입덧이 사라지고, 임신 초기에 느끼던 임신에 의한 불편감도 대부분 많이 감소한다. 태아의 움직임이 활발해지기 시작하는 시기로 임신 20주를 전후하여 확실한 태동을 느낄 수 있게 된다. 겉으로 임신을 알아볼 수 있을 만큼 모체의 복부에 확실한 시각적 변화가 나타나는 시기이다. 유선이 발달해 유방이 커지게 되고 체중도 5~6㎏ 증가한다.

임신 중기의 가장 흔한 증세는 요통이다. 다만 입덧과 달리 임신이 진행될수록 심해지는 경우가 많다. 임신 5개월 무렵부터 나타나며 무게가 증가하는 하복부를 지탱해 줄 자세 교정용 쿠션 등을 활용하면 수면 시 허리와 척추에 가해지는 통증을 완화할 수 있다. 요통으로 인한 허리 결림과 함께 소화불량 증세도 나타난다. 이는 자궁근 수축을 방지하여 유산을 막고자 하는 호르몬의 분비로 나타나는 증상이다. 소화 장기들의 연동운동 저하로 모체에 소화장애가 나타난다.

임신 7개월 무렵엔 배, 유방 등에 임신선(striae gravidarum)이 나타난다. 붉은 기를 띤 가느다란 선으로 임신 개월 수가 증가하면서 팽창하는 피부조직의 혈관이 터져 생겨난다. 배꼽 아래의 치골 부위, 명치 아래, 유방 등에 나타나는 경우가 일반적이고 심한 경우 허벅지, 엉덩이 주위에 생겨나기도 한다. 출산 이후에 옅어지기도 하지만 백색의 자국으로 남는 경우가 많다. 급격한 체중증가로 인해 심해질 수 있으므로 정상범위 이상으로 체중이 늘어나지 않도록 주의한다. 과도한 체중증가를 방치하면 손발 저림, 부종, 정맥류가 나타나기도 한다.

3) 임신 후기(임신 27주~출산)

자궁이 커지면서 위장과 장기를 압박하게 되면 복강내압이 증가하면서 속 쓰림 증상이 더 심해진다. 심장을 압박하는 경우에는 가슴이 답답한 증상도 경험하게 된다. 폐에도 압박감이 가해져 호흡이 점차 짧아지고 수면장애가 발생한다. 자궁의 압박으로 인해 방광이 눌리게 되어 배뇨 횟수가 증가하여 임신 중기에 사라졌던 빈뇨증상이 임신 후기에 다시 나타난다. 골반 통증도 심해지고 가벼운 두통, 현기증 등을 느끼게 된다.

하대정맥과 장골의 정맥혈관이 자궁에 눌려 압박되면 사지 말단에 수분이 저류되어 부종으로 나타난다. 다리를 높게 하거나 몸을 옆으로 돌려 수면을 취하면 부종 증세의 완화에 도움이 된다. 다리를 높게 하고 자는 자세는 하지정맥류 예방에도 좋다. 정맥류란 다리와 하복부 혈관이 굵어지거나 피부 쪽으로 두드러지게 튀어나오는 현상으로 임신 후기에 임신성 당뇨, 임신성 고혈압이 있는 경우 정맥류 현상은 더욱 심해진다. 장시간 서 있거나 한 자세로 오래 앉아 있는 경우, 조이는 의상, 변비, 임신 비만 등에 의해 하지정맥류가 악화된다.

임신 후기에는 분만 시 출산이 용이하도록 뼈의 관절이 느슨해지고 인대가 늘어나게 되는데 자칫 골반통(pelvic girdle pain)이 나타날 수 있다. 자궁 팽창도 골반통의 원인이 되지만 무엇보다 자궁고정인대가 늘어나면서 하복부 통증이 발생하는 요인이 더 크다. 보행과 관련된 인대가 과도하게 늘어나면 걸음걸이에도 변화가 생긴다. 손목인대에 영향을 미칠 경우 손목터널증후군으로 알려진 수근관증후군(carpal tunnel syndrome)이 나타난다. 수근관은 손목 앞쪽 피부조직 밑에 있는 작은 통로로 힘줄과 신경이 지나간다. 이 통로가 좁아지거나 압력이 증가할 경우 손바닥, 손가락에 이상 증상들이 나타난다. 비만이나 당뇨환자들에게 흔히 발생하는 증상이지만 임신 중에도 나타날 수 있다. 임신부에게 이 증상이 나타나는 경우 부종을 동반하는 경우가 많다.

임신 중 체중증가는 11.5~16kg 정도가 바람직하며, 임신 중기에 시작된 체중증가는 후기가 되면 급격한 증가세로 나타난다. 체중증가량은 태아, 태반, 양수, 자궁 무게 등 태아로 인해 발생하는 증가분이 약 40%이고 그 외 체지방, 수분 증가 등 모체 쪽 증가요인이 60% 정도이다[그림 2-12]. 20kg 이상의 체중증가가 있는 경우 거대아 출산, 임신성 고혈압 등의 위험이 있다.

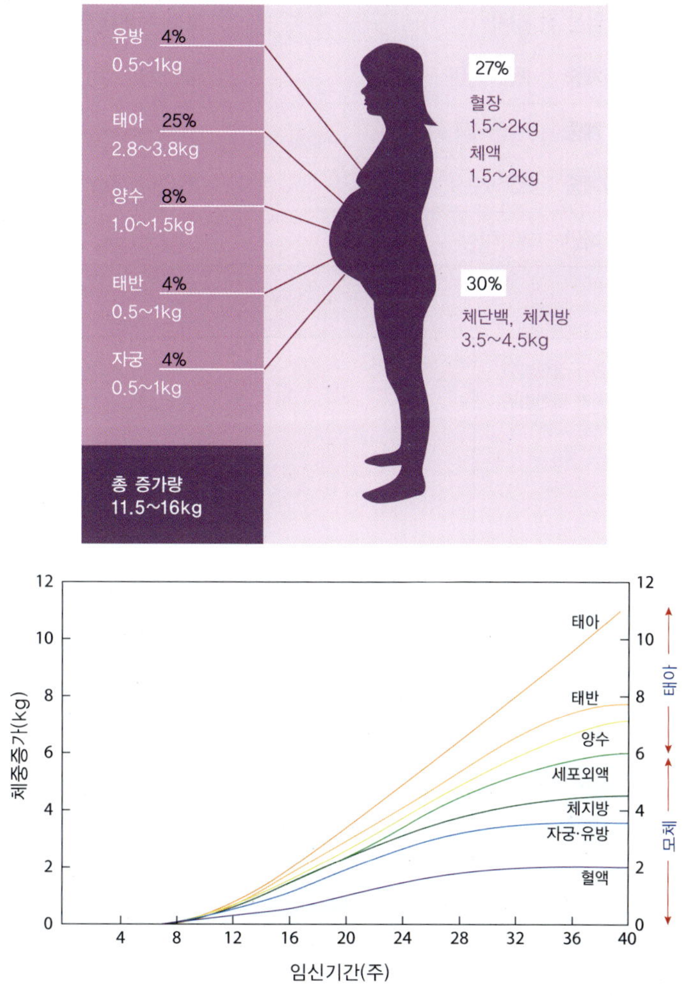

[그림 2-12] 임신 중 체중 증가 요인

Tip 임신기의 바람직한 체중증가

임신기에 과하거나 부족한 체중증가는 모체와 태아 모두에게 바람직하지 않다. 특히, 임신기의 과한 체중증가는 임신 관련 합병증인 자간전증이나 임신성 고혈압의 위험을 높이고 거대아 발생으로 인해 분만 시 난산의 위험도 있다. 과하게 증가된 임신기 체중은 출산 이후에도 정상체중으로 되돌리기 어렵게 만든다. 임신기에 태아와 태반 형성으로 인해 발생하는 체중증가는 일부에 불과하며 상당량의 체중증가는 모체의 순환계에 증가하는 혈장증가분, 태아 성장을 위해 비축된 영양분 저장 등에 의한 것이다. 임신기 체중증가는 대부분 임신 중·후반기에 일어나며 바람직한 체중증가 범위는 임신 전의 체중 상태에 따라 달라진다. 미국 국립의학연구소(institute of medicine, IOM)에 따르면 BMI(body mass index=체중 kg/신장 ㎡) 지수별로 임신 중 권장되는 체중증가 범위는 아래와 같다.

임신 전 BMI		적정 체중증가
저체중	18.5 미만	12.7~18.0kg
정상 체중	18.5~24.9	11.3~15.9kg
과체중	25~29.9	6.8~11.3kg
비만	30 이상	5.0~9.0kg

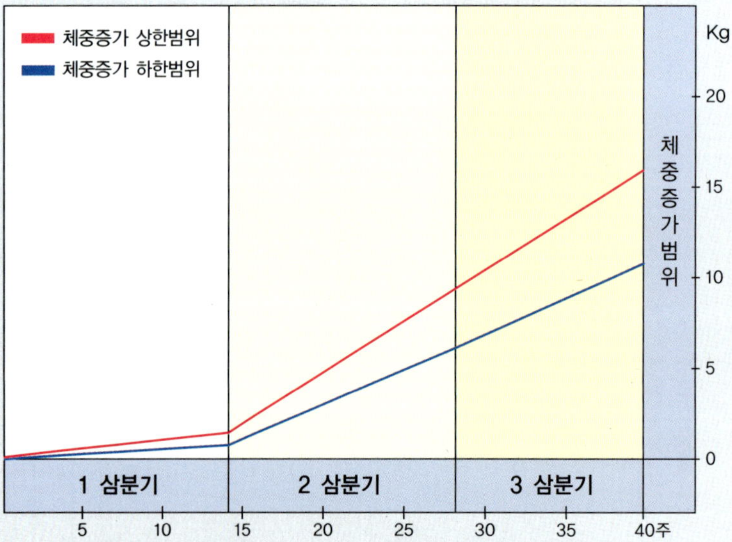

임신기 동안 정상체중 여성의 바람직한 체중증가 범위

4) 분만

분만이란 모체 내에 머무를 필요가 없을 만큼 성장한 태아를 몸 밖으로 내보내는 현상으로, 모체의 산도가 준비되고 태아의 크기와 자세가 적절하며 밖으로 밀어낼 수 있는 적절한 복압의 만출력이 조화를 이루면 정상적인 분만이 가능하다. 이것을 분만의 3요소라 한다. 평균 40주를 임신기간으로 보지만 38~42주까지는 정상범위에 속한다. 37주 이전에 분만하는 경우 조기출산에 해당한다.

출산이 가까워지면 태아가 골반 속으로 내려가기 때문에 가슴과 위에 압박감이 없어지고 불쾌하던 소화장애가 사라지며 식사하기도 한결 수월해진다. 임신 마지막 달이 되면 하루에도 몇 차례씩 가진통을 겪게 되는데 이것은 출산이 가까워져 자궁이 불규칙적으로 수축하기 때문이다. 하복부가 당기는 것 같은 느낌과 등과 허리에 가벼운 통증이 느껴진다.

분만진통은 가진통에 비해 비교적 규칙적이고, 시간이 지나면서 점점 더 통증의 강도가 심해진다. 초산모의 경우 5~10분 간격으로 진통이 느껴지고 강도가 세어진다. 출산일이 다가오면 호르몬의 영향으로 질 분비물이 많아지고 점액들이 산도를 부드럽게 만들어 준다. 분만이 가까워지면 혈액이 섞인 끈적끈적한 점액성 분비물이 생기는데, 이를 이슬이라고 한다. 일반적으로 이슬이 비친 후 24~72시간 이내에 진통이 시작된다. 분만경험이 있는 경산모의 경우 예상보다 분만이 빨라지는 경우가 있으므로 미리 대비하도록 한다. 진통이 시작되면 파수가 진행되는데 파수란, 태아와 양수를 싸고 있는 막이 파열되는 것이다. 양수가 터지면 세균 감염 등의 위험이 커지고 대부분 진통이 뒤따르며 출산이 임박한 것이므로 즉시 병원에 가도록 한다. 진통, 이슬, 양막 파수 등의 출산 징후가 보이면 자궁문이 열리기 시작한다.

태반이 만출되고 대부분의 산모가 출혈을 경험하는데 이는 자궁에 고여 있던 피가 나오는 것으로 최대 500㎖까지는 정상으로 간주하지만 그 이상의 과다출혈이 있는 경우 의료진에게 통보하고 이상이 있는지 추가적으로 관찰해야 한다. 전치 태반의 경우 태반이 자궁의 입구를 가로막고 있는 상태로 대량 출혈로 인한 산모와 태아의 생명이 위험해질 수 있다. 태반 조기 박리의 경우도 자궁으로부터 태반이 일찍 분리되어 태아에게 산소와 영양공급이 제대로 되지 않고 산모에게도 혈액응고장애를 초래하기 때문에 역시 위급한 상태가 된다.

산후에도 강한 진통을 동반하는 경우가 많은데 이는 커졌던 자궁이 제자리로 돌아가기 위한 수축현상으로 약간의 통증을 수반하게 된다. 분만 직후 자궁은 수축하여 배꼽과 치골의 중간 부위에 위치하게 되며 분만 후 2주 내에 골반 속으로 들어가 더 이상 만져지지 않을 정도로 작아진다. 분만 5~6주 후에는 임신 전과 같은 크기와 무게로 돌아온다. 출산 직후 자궁의 무게는 약 1,000g이고 출산 6주 정도가 지나면 60~70g으로 줄어든다.

분만을 위해 10㎝ 정도 열렸던 자궁 경부도 거의 정상으로 돌아오지만 조금 느슨한 상태가 되어 방광의 내압을 감지하는 능력이 감소되고 방광도 과도 팽창되어 있는 경우가 많아 산후 요실금으로 발전하기도 한다. 분만 후에는 임신 기간 동안 증가한 체액의 배출이 일어나 소변량이 많아진다.

Tip 제대혈

제대혈이란 분만 후 아기의 탯줄에서 나온 혈액으로 최근에는 제대혈에 백혈구와 적혈구 · 혈소판 등을 만드는 조혈모세포와 연골과 뼈 · 근육 · 신경 등을 만드는 간엽줄기세포가 풍부하게 들어있어 의료적인 가치로 보존하는 경우가 많다.

Tip 분만 예정일 계산

가장 보편적인 출산일 계산방식은 독일 산부인과 의사 프란츠 칼 네겔(Franz Karl Naegele, 1778~1851)에 의해 창안된 '네겔의 규칙(Naegele's rule)' 이다. 마지막 월경 시작 날짜에 1년을 더한 후 3개월을 빼고, 7일을 더하면 약 280일(40주)에 해당하는 분만 예정일이 계산된다.

예시) 마지막 월경 시작일 2014년 1월 23일
+1년 = 2015년 1월 23일
−3개월 = 2014년 10월 23일
+7일 = 2014년 10월 30일 ▶분만 예정일

이러한 계산방식은 월경주기가 28일이라고 가정했을 때 적용되는 방법이므로 월경주기가 다른 경우에는 '파리크의 공식(parikh's Formula)' 을 적용한다. 마지막 월경 시작날짜에 9개월을 더하고 21일을 뺀 후, 마지막 관찰된 월경주기를 더하면 된다.

예시) 마지막 월경 시작일 2014년 1월 23일, 마지막 월경주기 26일
+9개월 = 2014년 10월 23일
−21일 = 2014년 10월 2일
+26일 = 2014년 10월 28일 ▶분만 예정일

그러나 이러한 분만 예정일 계산은 예측일의 중앙값을 알려줄 뿐이고 계산된 날짜에 ±10일 이내에 출산하는 경우 정상에 속한다.

(6) 임신기 생리적 적응

임신기에는 임신 유지에 관여하는 모체의 호르몬 변화로 인해 다양한 생리적 변화가 일어난다. 이러한 변화들은 태아성장에 최적의 환경을 제공하고, 시기별로 모체가 필요로 하는 영양소를 섭취하도록 유도한다.

1) 임신과 호르몬 변화

임신 기간 동안 모체에는 임신 유지에 관여하는 호르몬 분비의 영향으로 자궁, 심장, 간, 신장, 호흡 활동 등에 모두 큰 변화가 나타난다. 특히, 증가하는 호흡과 심장활동을 위하여 혈당 수준이 상승하고 임신 3개월 이후에는 인슐린 민감성이 저하되어 췌장의 인슐린 분비가 증가하며 심한 경우 임신성 당뇨로 발전하기도 한다.

프로게스테론과 에스트로겐 수치는 임신 기간 동안 꾸준히 상승하며 임신 유지에 기여한다. 두 가지 호르몬 모두 임신 전과 임신 초기에는 난소와 황체에서 분비되지만 태반이 완성되는 4개월 이후에는 태반에서 분비된다. 프로게스테론은 분만 전에 분비량이 감소하면서 출산이 용이하도록 자궁을 변화시킨다. 이와 달리 임신 초기의 에스트로겐 분비량은 적지만 출산이 가까워지면 계속 증가하여 임신 전에 비해 50배 정도로 분비량이 증가한다. 임신에 관여하는 에스트로겐은 유방 발육 촉진, 자궁근 발달, 태반형성 등의 역할을 한다. 또한 에스트로겐은 물에 대한 친화력을 높여주므로 임신 기간 동안 태아를 위해 증가한 모체의 수분 보유를 돕고 출산 시에는 자궁 확장에도 도움을 준다.

부신에서는 알도스테론 분비가 증가하여 체내에 나트륨과 수분을 보유하게 하여 임신 중 증가한 혈액량을 유지할 수 있도록 돕는다. 알도스테론의 염분배설 억제작용으로 인하여 임신부에게 발생하는 부종 현상은 태아에게 공급되는 혈액이 증가하면서 자연스럽게 나타나는 현상으로 고혈압 증상이 없다면 위험하지 않다. 다만 과량의 수분 보유가 자간전증을 일으킬 수 있으므로 주의한다. 부종은 주로 임신부의 얼굴과 손가락 등에 나타나며 심부전으로 인한 심장활동 변화로 다리와 발에 부종이 나타나기도 한다. 그밖에 임신 중에는 갑상샘호르몬 분비량이 증가하여 기초대사항진이 발생하고, 월경주기를 조절하는 시상하부의 기능은 억제되어 임신 기간 동안 월경을 하지 않게 된다. 이외에도 다양한 호르몬들이 모체에 생리적 변화를 일으켜 임신 유지에 기여한다[표 2-2].

표 2-2 임신 유지에 관여하는 호르몬과 관련 작용

호르몬(분비기관)	작용대상	효과
프로게스테론 (임신 전과 초기: 난소의 황체, 태반 완성 후: 태반)	태아(자궁)	• 자궁내막 점막층을 비후시키고 자궁선을 증대시켜 수정란 착상 도움 • 자궁 평활근을 이완시켜 임신 유지하고 유산과 조산 방지 • 태아의 성장에 따라 자궁 확장
	모체	• 모체의 면역반응을 억제시켜 배아의 착상 도움 • 유방 발달을 촉진시켜 출산 후 유즙분비에 대비 • 임신 기간 동안 유즙분비 억제 • 소장운동을 감소시켜 영양소 흡수시간 연장 효과
	기타	• 대장운동 저하로 변비 유발 • 배란기의 기초체온 상승 • 알도스테론 작용을 억제시켜 나트륨 배출 효과
에스트로겐 (임신전과 초기: 난소의 황체, 태반완성 후: 태반)	태아(자궁)	• 자궁 발육 촉진 • 자궁내막 성장 촉진으로 착상 도움 • 수분 보유로 조직 유연성을 향상시켜 자궁 확장에 기여 • 자궁근을 흥분시켜 분만 도움 • 자궁 수축에 관여하는 옥시토신호르몬의 자궁근층 수용체 증가
	모체	• 유선 발육 촉진 • 수분 친화력 향상 • 체내수분 보유량 증가로 혈액량 증가에 기여
	기타	• 얼굴, 손가락, 다리, 발에 부종 유발 • 중성지방 합성 촉진, 피하지방 축적 유도 • 결합단백질 합성 증가 • 조골작용 향상 • 혈액응고 도움 • HDL 증가, LDL 감소 • 대사 촉진 • 대장 운동성 감소
사람의 융모성 성선 자극호르몬(태반)	태아(자궁)	• 황체를 자극하여 프로게스테론과 에스트로겐 분비 촉진, 초기 임신 유지 • 자궁내막 성장 자극
태반락토겐(태반)	모체	• 유즙 분비 • 글리코겐 분해로 혈당 상승
프로락틴 (뇌하수체 전엽)	태아(자궁)	• 자궁수축 억제로 조산 방지
	모체	• 유즙 합성 도움
알도스테론(부신피질)	모체	• 나트륨 저류로 세포외액 증가 유도
갑상샘호르몬(갑상샘)	모체	• 기초대사 항진

2) 소화기관계의 변화

호르몬 영향에 따른 위장관 기능 변화로 식품기호와 미각에도 많은 변화가 발생하여 임신 초기의 입덧, 오조, 식욕부진, 이상 식품 선호 등으로 나타난다. 특히, 프로게스테론에 의한 위장관의 평활근 이완으로 연동운동이 느려져 더부룩함, 트림, 변비 등이 발생한다. 이로 인해 소장에 영양소가 머무는 시간은 길어지고 영양분의 효율적 흡수는 용이해진다. 식도 하부의 괄약근 이완으로 위산 역류가 발생하면 흉부에 통증처럼 느껴지는 가슴앓이인 속 쓰림을 겪게 된다. 임신 후기에는 자궁 크기 증가에 따른 물리적 변화로 인해 위와 장이 압박을 받아 변비가 심해지고 위산 역류에 의한 속 쓰림 현상도 자주 나타나게 된다.

위장관의 평활근 이완으로 인한 위산 역류로 속 쓰림이 발생하는 시기에는 식사 후 바로 눕는 것을 피하고 음식을 소량으로 나눠 자주 섭취하는 것이 좋다. 가스 발생을 유발하는 식품의 섭취는 피하고 변비를 예방하기 위해 식이섬유의 충분한 섭취도 신경 쓰도록 한다.

3) 순환 혈관계와 신장 기능의 변화

임신기에는 태아 성장에 필요한 다량의 영양소와 산소를 공급하고 노폐물의 원활한 배출을 돕기 위해 모체의 혈액량이 급격히 증가하며 이로 인해 순환 혈관계에 부담이 발생하여 부종 등이 나타나게 된다. 증가하는 혈액량에 맞추어 심박출량과 심박동수도 30~50% 증가한다. 혈장량은 약 45%까지 상승하지만 이와 비례하여 적혈구의 증가가 충분하지 않아 헤마토크릿 수치저하에 따른 생리적 빈혈이 나타나게 되고 어지럼증을 자주 느끼는 임신성 빈혈로 발전하기도 한다. 혈액 희석효과로 인해 헤마토크릿 수치뿐만 아니라 총단백질과 알부민 농도의 저하도 일어난다. 임신기에는 혈액 희석이 정상적인 과정이므로 빈혈로 판정되는 기준이 비임신기와는 다르다. 비임신 여성의 빈혈기준은 헤모글로빈 농도로 12g/dℓ 미만이고 임신 여성의 빈혈판정은 10.5~11g/dℓ 미만일 때이다.

태아는 성장에 필요한 에너지의 80%를 포도당으로부터 얻으며 나머지는 아미노산을 분해하여 충당한다. 모체 혈중 포도당의 대부분은 태반을 통해 태아에게 전달되고 일부 아미노산과 당신생 전구물질도 태아에게 전달된다. 과량의 영양소는 태반에 일시 저장되어 대량이동하기 때문에 피해가 가지 않도록 조절된다. 임신부의 식사량이 감소하여 필요 영양소를 충당할 수 없는 경우에는 모체에 저장된 영양소가 활용된다.

임신기 동안 모체는 포도당이 아닌 지방으로부터 에너지의 대부분을 얻게 되면서 혈중 총 콜레스테롤, 중성지방, 유리지방산 수치가 증가한다. 임신기 식단 관리가 적절치 않은 경우 자칫 고지혈증이 발생하기 쉽다. 또한, 모체의 주 에너지원인 지방의 원활한 체내 연소를 돕기 위해 탄수화물 공급에도 유의할 필요가 있다. 포도당 부족으로 지방 불완전 연소물질인 케톤체가 혈중에 급증하는 경우 태아에게도 전달되어 뇌신경 발달에 좋지 않은 영향을 준다[그림 2-13].

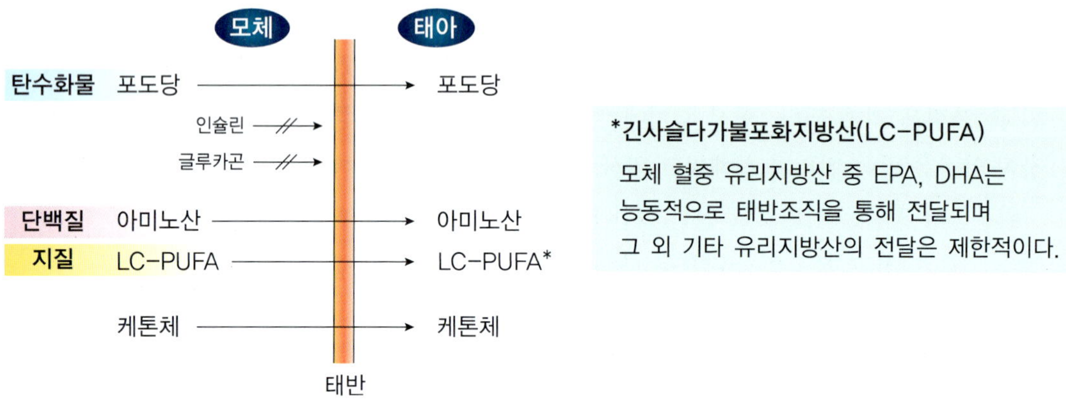

[그림 2-13] **태반을 통한 에너지 영양소의 전달**

임신이 진행될수록 신장은 수분과 나트륨의 재흡수를 촉진하게 되어 혈액량과 세포외액의 증가를 돕는다. 알도스테론 작용에 의해 체내 수분량은 임신 전에 비해 최대 6.5~8.5ℓ 더 증가하게 된다. 혈액의 증가로 인하여 신장을 통과하는 혈류도 늘어나 사구체 여과량이 임신 전에 비해 50% 이상 증가한다. 증가한 혈액량은 모체와 태아로부터 발생하는 대사성 노폐물의 효율적 처리를 돕는다. 임신 초기에는 소변량의 증가가 관찰되고 임신 후기에는 방광의 압박으로 인한 빈뇨 현상이 잦아진다.

임신 중에는 다리와 발목에 부종이 종종 관찰되며 이러한 증상은 에스트로겐과 증가한 혈장액에 기인한다. 에스트로겐은 모체의 결합 조직에 수분을 보유하도록 작용하여 임신 기간에 증가한 수분액의 유지에 기여한다. 동시에 프로게스테론은 소변으로 나트륨이 배출되도록 돕기 때문에 임신 기간 동안 소변내 나트륨 배설량이 증가하게 된다. 따라서 요중 배설로 손실되는 나트륨을 채우기 위해 부종에도 불구하고 나트륨의 섭취는 여전히 필요하다. 지나친 나트륨 제한식을 하는 경우 이런 미묘한 수분균형을 무너뜨려 모체와 태아에 모두 좋지 않은 영향을 미치게 된다. 고혈압을 동반하거나 단백뇨가 심하지 않으면 임신기의 부종은 해로운 것이 아니다.

2. 영양소 섭취기준

임신 전 기간에 걸친 모체의 영양관리는 모체의 건강과 태아의 발육에 영향을 주므로 매우 중요하다. 임신 초기에 영양 공급이 충분치 않거나 모체가 만성적 영양불량일 경우 태어난 아이는 저체중이며 체격장애가 발생하고 지적 발달이 지연되는 경우가 많다. 임신 중기나 말기에 영양불량일 경우에도 신체균형이 비정상적인 성장지연아가 되기 쉽다. 그러므로 임신기 영양은 태아와 모체에게 모두 중요하다.

(1) 에너지

임신 초기에서 7개월까지는 기초대사가 증가하고 이후 9개월 무렵까지는 평형을 유지한다. 분만 후 6주 정도에 걸쳐 기초대사의 감소가 나타난다. 기초대사가 항진되는 이유는 모체의 임신으로 인한 적응성 변화, 태아의 성장, 내분비 변화 등이 수반되기 때문이다. 특히, 갑상샘의 활동이 커지고, 교감신경이 항진되며, 각 기관들의 대사도 활발해진다. 임신부의 에너지 필요 추정량은 기간에 따라 다르게 증가되는데 임신 초기에는 별도로 추가되는 분량이 없고, 중기에 +340㎉/day, 후기에 +450㎉/day를 각각 추가시키도록 하고 있다.

(2) 탄수화물

탄수화물은 모체의 케토시스를 방지하고 태아의 성장을 위한 포도당의 공급원으로 매우 중요하다. 모체는 임신 기간 동안 태아를 위해 포도당이 아닌 지방을 주요 에너지 영양소로 활용한다. 탄수화물 공급이 부족한 경우 자칫 케톤체의 체내 축적에 의한 케토시스가 발생할 수 있고 태반을 통해 태아에게 전달될 수도 있으므로 주의가 필요하다. 임신기의 탄수화물 섭취비율은 비임신기의 성인 여성 기준과 같은 총 에너지의 55~65% 수준을 권장한다. 모체의 혈류에서는 상승한 포도당 농도를 유지하기 위해 인슐린 작용의 민감도가 감소한다. 따라서 자칫 과잉 탄수화물을 섭취할 경우 고혈당 상태에 노출되기 쉬워 임신성 당뇨로 발전하기도 한다. 탄수화물의 과잉섭취가 발생하지 않도록 소량으로 나눠 여러 번 섭취하는 것이 바람직하다. 임신부를 위한 탄수화물 권장섭취량은 1일 +45g이다.

임신기에는 위장관 운동의 저하로 변비가 발생하기 쉽다. 이를 방지하기 위해 식이섬유가 많이 포함된 현미밥과 채소를 활용한 식단을 구성하고, 간식으로 과일을 활용하면 좋다. 임신부에게는 전 기간 동안 1일 +5g의 식이섬유를 증가시켜 총 25g의 식이섬유를 충분섭취량으로 설정해 두었다.

불용성 식이섬유는 수분을 흡수하지는 않지만 변량의 증가로 변비 예방에 탁월한 효과가 있다. 도정이 덜 된 곡류의 외피 부분에 많이 포함되어 있고, 변비로 인해 나타나는 게실염의 예방과 대장관련 질환의 예방에도 좋다.

수용성 식이섬유는 변을 부드럽게 해 주고 변에 점성을 부여한다. 변비 예방과 동시에 설사 방지 효과도 있다. 또한 소장관 내의 콜레스테롤 흡수를 저하시켜 임신기에 발생하기 쉬운 고지혈증의 예방에도 좋으므로 임신부에게는 충분한 섭취를 권장하며 해조류, 과일이 포함된 식단을 활용하면 도움이 된다.

(3) 단백질

세계보건기구(WHO)에서는 임신 중 체내 축적하는 총량만큼 단백질을 더 섭취할 것을 권장하고 있다. 설정 기준은 모체 체중이 임신기 동안 증가하는 양과 출생 시 신생아 체중이 평균 3.4kg 정도인 상태를 고려하였다. 임신 초기에는 체단백 축적이 거의 없으므로 단백질의 추가 설정량은 없고 비임신기 여성과 같은 50~55g/day를 섭취하도록 하였다. 모체의 체중이 크게 증가하고 태아 성장이 본격적으로 시작되는 중기 이후부터 단백질의 권장량이 증가한다. 임신 중기와 후기의 권장섭취량 증가분은 각각 +15g과 +30g이다. 중기에는 최소 65~70g, 후기에는 80~85g 정도의 단백질을 섭취한다. 다태아를 임신한 경우 이보다 더 많은 양의 단백질 섭취를 필요로 한다. 섭취한 단백질들은 태반, 양수, 모체의 조직 증가 등을 위해 활용된다. 특히 모체의 혈류 증가에 따라 혈구 세포와 혈장 단백질의 합성 필요량도 커진다.

태아는 첫 3개월간 독립적으로 아미노산을 합성하지 못하므로 모든 아미노산들이 필수아미노산이 된다. 모체의 혈류에 있는 아미노산들은 태반을 통해 태아에 전달된다. 임신 20주 이상이 지나면 태아의 간 기능을 대신하는 태반에서 일부 아미노산의 합성이 시작된다. 그러나 아직 아르기닌과 시스틴의 합성은 양이 충분하지 않으므로 모체로부터 지속적으로 공급되어야 한다. 태아의 성장을 위해서 모체는 매일 양질의 단백질 식품을 섭취하는 것이 좋으며 육류, 어류, 가금류, 달걀, 두류, 유제품 등을 적극 식단에 활용하도록 한다.

모체의 단백질 섭취가 부족한 경우 체내에 저장된 단백질과 아미노산을 태아에게 보낼 수 있지만 단백질 부족이 장기간 지속될 경우 간 기능 이상에 의한 자간전증이나 부종, 면역력 저하가 임신부에게 생길 수 있고 태아는 발육불량으로 미숙아 또는 저체중아가 될 확률이 높아진다. 대부분의 선진국에서는 임신부의 단백질 섭취 부족이 발생하지 않지만 일부 경제적 환경이 빈곤한 국가에서는 임신부의 단백질 부족 현상이 종종 나타난다. 임신으로 인해 입덧, 오조, 구토가 심한 경우에도 음식물 섭취가 어려워 단백질 부족 현상이 발생할 수 있고, 자간전증으로 인한 단백뇨 현상이 심해 요중 배설이 많아진 경우에도 단백질 부족 현상이 일어난다. 엄격한 채식주의를 실천하는 임신부의 경우 필요한 아미노산의 공급 부족으로 태아의 성장과 발달에 치명적일 수 있으므로 주의가 필요하다. 임신기의 단백질 섭취 부족은 모체의 건강을 해치고 태아 성숙에도 바람직하지 않으며 최근 연구에서는 태아의 두뇌발달을 저해시키는 요인으로 보고되었다.

(4) 지질

임신부를 위한 별도의 지질 섭취기준은 마련되어 있지 않다. 에너지 적정 섭취 비율 중 비임신 성인 여성의 지질 섭취기준인 15~30% 수준에서 섭취하면 된다. 인체가 합성하지 못하는 오메가-3지방산 계열의 알파-리놀렌산과 오메가-6지방산 계열의 리놀레산, 두 가지 필수지방산이 부족하지 않도록 식단을 관리한다. 특히 태아의 두뇌와 망막조직 발달에 중요한 오메가-3계열의 EPA, DHA를 충분히 섭취하도록 권장한다. 리놀레산이 풍부한 식물성 기름과 오메가-3계열이 풍부하게 함유된 등 푸른 생선을 임신부 식단으로 적극 활용한다.

(5) 비타민

비타민 중 몇 종류는 임신기 모체의 대사 변화와 태아 성장을 위해 섭취기준이 증가한다. 비타민은 체내 합성이 불가하고 부족하면 모체와 태아 양쪽에 치명적인 결과를 발생시키므로, 적은 양이지만 섭취가 매우 중요한 영양소이다. 임신으로 인해 섭취기준이 증가하는 지용성 비타민은 비타민 A이다. 수용성 비타민 중 임신기 섭취기준이 증가되는 것은 비오틴을 제외한 티아민, 리보플라빈, 니아신, 판토텐산, 비타민 B_6, 엽산, 비타민 B_{12} 그리고 비타민 C이다. 일부 비타민은 보충제 형태로 섭취를 권장하기도 하지만 비타민의 과잉섭취 부작용으로 기형아 발생 위험이 있으므로 섭취형태와 함량에 특히 주의가 필요하다.

1) 지용성 비타민

① 비타민 A

태아의 정상적인 성장과 발달에 특히 중요한 비타민이다. 일상적인 식이에서는 주로 레티놀이나 베타카로틴 형태로 공급된다. 레티놀은 동물성 식품이 주요공급원으로 동물의 간이나 생선 간유에서 얻을 수 있다. 베타카로틴은 과일과 채소에 포함된 노랑색이나 주황색의 화려한 식물성 색소 성분으로 카로티노이드에 속한다. 비임신 성인 여성을 위한 권장섭취량은 650㎍ RAE/day로 설정되어 있으며 임신기에는 70㎍ RAE이 추가되어 총 720㎍ RAE/day를 섭취하도록 한다.

다만 과잉섭취 시에는 기형아 발생확률이 매우 높으므로 보충제 형태로 섭취하는 경우 반드시 담당의와 사전에 상의하는 것이 바람직하다. 다양한 과일과 채소가 풍부한 식단 구성을 유지하면 비타민 A가 부족하게 되는 경우는 거의 없으므로 보충제 형태의 섭취보다는 일상적인 식이로 섭취하는 것이 좋다. 일부 건강보조식품에 레티놀이 함유된 경우가 많으므로 임신기에는 건강관련 식품 섭취 시 성분의 확인이 필요하다.

② 비타민 D

태아의 효율적인 골격 형성과 모체의 골연화증 예방을 위해 양쪽 모두의 뼈 건강 유지에 매우 중요한 비타민이다. 비타민 D는 식이 섭취한 칼슘의 흡수와 활용을 돕는 영양소로 소장점막에서 칼슘 흡수율을 높이는 칼슘결합 단백질은 비타민 D의 도움으로 합성된다. 비타민 D는 칼슘이 골질로 석회화되는 과정도 돕는다. 또한, 혈중에는 칼슘이 항시 9~11mg/dℓ 정도로 유지되어야 하는데 비타민 D는 칼슘농도 저하 시 작용하여 항상성을 유지해 주는 호르몬처럼 기능한다.

태아가 성장하는 시기에는 특히 모체로부터의 칼슘 공급이 부족하지 않도록 해야 골격과 치아가 원활히 형성된다. 2010 한국인 영양소 섭취기준에서는 임신부를 위해 1일 5㎍을 추가하여 총 10㎍을 섭취하도록 설정하였으나, 2015년과 2020년에 두 차례 개정된 한국인 영양소 섭취기준에서 비임신 성인여성도 10㎍으로 증가되었으므로 임신부도 추가 없이 동일 섭취기준을 적용하였다. 일상생활에서의 자외선 노출을 통해 인체는 필요한 비타민 D를 합성해 자체적으로 공급할 수 있으므로 극한의 식이 섭취 환경이거나 일조량이 제한적인 생활환경이 아니라면 비타민 D 공급이 부족할 일은 거의 없다.

2) 수용성 비타민

① 티아민

임신에 따른 기초대사율의 증가로 에너지대사에 필요한 비타민 요구량이 많아진다. 특히, 탄수화물대사에 필수적인 보조효소인 TPP(thiamin pyrophosphate)의 형성을 위해 티아민의 요구량이 증가한다. 비임신기 성인 여성의 권장섭취기준인 1.1mg/day보다 +0.4mg 증가된 1.5mg/day를 임신기 여성의 티아민 권장섭취량으로 한다.

② 리보플라빈

리보플라빈은 생체 내 여러 가지 산화, 환원반응에 필수적인 영양소이다. 에너지대사에 필요한 FAD(flavin adenine dinucleotide) 보조효소의 형성에도 필요하다. 또한 임신기에 에너지대사가 활발해질수록 더욱 필요성이 커지는 영양소이다. 리보플라빈 결핍 시 유산이나 조산의 위험이 커지므로 임신기 여성은 부족하지 않도록 섭취량에 주의한다. 비임신기 성인 여성의 권장섭취량은 1.2mg/day이고 +0.4mg을 증가시켜 총 1.6mg/day를 임신 여성의 권장섭취기준으로 정하였다.

③ 니아신

에너지대사과정에 필수적인 NAD(nicotinamide adenine dinucleotide)와 다양한 체내 산화, 환원대사 과정에 관여하는 NADP(nicotinamide adenine dinucleotide phosphate) 보조효소의 형성에 필요한 영양소로 니아신 섭취가 부족한 임신부가 구개열을 갖는 기형아를 출산함이 보고되었다. 임신기에 증가되는 권장섭취량은 +4mg NE/day이므로 총 18 mg NE/day를 임신부의 니아신 권장섭취량으로 한다.

④ 판토텐산

판토텐산은 식이 공급원이 다양하여 결핍이나 부족증이 매우 드문 영양소이다. 그러나 에너지대사에서 핵심역할을 하는 보조효소 CoA의 형성에 필수적인 영양소이므로 임신기에는 공급기준을 상향해 두었다. +1mg 증가된 6mg/day를 임신 여성의 판토텐산 충분섭취량으로 하였다.

⑤ 비타민 B_6

단백질과 아미노산대사에 관여하는 보조효소 PLP(pyridoxal phosphate), PMP(pyridoxamine phosphate)의 형성에 필요하다. 조직형성이 활발하거나 단백질 섭취량이 증가하면 비타민 B_6의 필요량도 증가한다. 임신부의 권장섭취량은 +0.8mg 증가된 2.2mg/day이다.

⑥ 엽산

DNA 형성 등에 필요한 THF(tetrahydrofolate) 보조효소를 만드는 데 필요한 비타민이다. 특히, 태아의 세포 분열과 기관 형성이 활발한 임신 초기에 섭취의 중요성이 강조된다. 엽산의 결핍 시 수정 후 28일 이내에 완성되는 태아의 신경관 형성에 결함이 생기게 되므로 무뇌아, 이분척추, 사산 등의 치명적인 결과를 초래한다. 태아 초기 발달의 중요성에 비해 체내저장량이 많은 편이 아니므로 가임기의 여성에겐 상시 섭취가 강조된다. 가임기 여성에겐 1일 400㎍ DFE를 권장섭취기준으로 정해 두고 흡수율이 좋은 보충제 형태로 섭취하도록 권장한다. 임신부에겐 +220㎍ DFE가 추가된 620㎍ DFE/day를 섭취하도록 권장한다. 보충제 형태로 섭취하거나 식품으로 충분히 섭취하거나 또는 두 가지 방식을 병행해도 무방하다. 신선한 푸른 채소에 함량이 높고 감귤류, 엽산 강화 오렌지주스 등을 통해서도 공급되는 영양소이다.

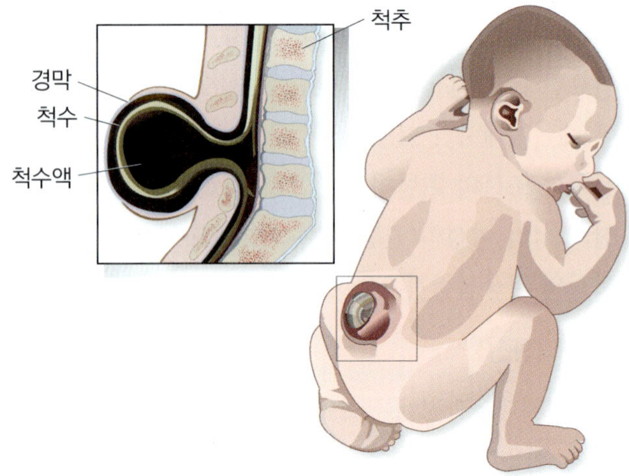

[그림 2-14] **엽산 결핍에 의한 태아의 신경관 손상 (neural tube defects, NTD)**

⑦ 비타민 B_{12}

세포성장과 분열 그리고 신경계 발달을 위해 매우 중요한 비타민이다. 엽산 보조효소인 THF의 활성화에도 기여하므로 DNA 합성 불가로 나타나는 대표적 결핍증인 거대적아구성 빈혈증이 비타민 B_{12}와 엽산의 결핍증으로 관찰된다. 비타민 B_{12}는 식물성 급원엔 함유되어 있지 않고 달걀과 유제품을 포함하는 동물성 식품에만 함유되어 있다. 따라서 채식위주의 식단을 실천하는 임신부라 하더라도 난류와 유제품을 활용하면 비타민 B_{12} 결핍증이 나타나지 않는다. 그러나 이마저도 먹지 않는 엄격한 채식주의 임신부들에겐 결핍증에 노출될 위험이 커져 조산 또는 태아의 중추 신경계 손상이 나타날 수 있다. 때문에 결핍증 예방을 위해 고위험군의 임신부에겐 비타민 B_{12} 보충제를 섭취하도록 권장한다. 비임신성인 여성의 권장섭취량은 2.4㎍/day이고 임신부에게는 +0.2㎍을 추가하여 2.6㎍/day를 설정해 두었다.

⑧ 비타민 C

상처치유와 결합조직 형성, 철 흡수 증진 등의 기능이 있는 비타민으로 채소와 과일을 충분히 섭취하면 결핍증은 잘 나타나지 않는다. 임신기간 동안 비타민 C 고용량을 장기간 섭취한 경우 태아의 비타민 C 의존도가 커져 출생 이후 비타민 C 결핍증인 괴혈병이 나타날 수 있으므로 임신기에는 비타민 C 함유 건강보조식품 등을 과용하지 않도록 주의한다. 비임신 성인 여성의 권장섭취량은 100mg/day이고 임신부에게는 +10mg을 추가하여 1일 110mg으로 권장섭취량을 설정해 두었다.

표 2-3 비타민 영양소 섭취기준

구분	지용성 비타민	수용성 비타민							
	비타민 A (μg RAE)	티아민 (mg)	리보플라빈 (mg)	니아신 (mg NE)	판토텐산 (mg)	비타민 B_6 (mg)	엽산 (μg DFE)	비타민 B_{12} (μg)	비타민 C (mg)
	권장 섭취량	권장 섭취량	권장 섭취량	권장 섭취량	충분 섭취량	권장 섭취량	권장 섭취량	권장 섭취량	권장 섭취량
비임신 19~49(세)	650	1.1	1.2	14	5	1.4	400	2.4	100
임신부	+70	+0.4	+0.4	+4	+1	+0.8	+220	+0.2	+10

(6) 무기질

무기질은 인체의 기능을 수행하는 조절 영양소로 태아의 조직형성과 성장에 필수적으로 요구된다. 몇 종류의 무기질들은 골격 형성을 위한 필수성분물질로 작용하고, 일부는 에너지대사에 보조인자로 기능한다. 임신기에 섭취 기준량이 증가하는 무기질은 다량 무기질 중 마그네슘과 미량무기질 중 철, 아연, 구리, 요오드, 셀레늄, 크롬이다. 섭취가 부족하거나 체내저장량이 고갈되는 경우 모체와 태아 모두에 문제를 일으킬 수 있으므로 식단구성 시 해당 무기질들이 부족하지 않도록 식품선택에 주의하고 필요한 경우 보충제 형태로의 공급도 가능하다. 무기질은 인체가 합성할 수 없는 영양소이므로 모체와 태아의 무기질 영양상태는 섭취한 식사의 질에 의해 크게 영향을 받는다.

1) 다량 무기질

① 칼슘

태아의 골격과 치아 형성 그리고 모체의 다양한 생체 기능 유지와 유즙 생성을 위해 태아와 모체에게 모두 중요한 무기질이다. 모체의 칼슘 저장이 충분하지 않은 상태에서는 태아 성장을 지속시키기 위해 모체의 골격조직으로부터 칼슘을 전달받게 되므로 모체의 골질량 손실이 발생하고 골연화증 유병률이 높아진다. 이를 방지하기 위해 저장칼슘이 고갈되지 않도록 임신기간에는 칼슘이 풍부한 식단을 구성하는 것이 중요하다. 모체 혈중의 칼슘이 항상성을 유지하지 못하고 부족하게 되면 혈액응고, 근육수축, 혈압조절, 수분균형 등에 문제가 나타난다. 칼슘의 흡수와 활용에는 비타민 D의 역할도 매우 중요하므로 두 가지 모두 공급이 부족하지 않도록 주의한다. 임신기간 동안 분비량이 증가한 에스트로겐호르몬은 칼슘의 흡수를 돕고 조골 작용을 활성화시켜 모체의 골손실 방지에 도움이 된다.

임신기의 칼슘 흡수율은 50% 정도로 비임신기의 30%에 비해 칼슘 흡수율이 증가하여 필요량 공급이 가능하므로 추가적인 칼슘 섭취가 필요하지는 않다. 그러나, 칼슘 섭취가 부족한 경우 태아 발달과 모체 골질 유지에 지장을 초래할 수 있으므로 가임기 성인여성에게 요구되는 1일 700mg보다 섭취량이 부족하지 않도록 주의한다.

우유 및 유제품이 가장 효율적인 칼슘급원이고 낙농제품 섭취가 어려운 경우 브로콜리, 아몬드, 칼슘 강화 두유, 해조류 등을 활용하여 식단을 구성하도록 한다. 필요한 칼슘을 보충제로 공급할 때 철과 같이 공급하면 서로간에 흡수를 방해할 수 있으므로 시차를 두고 별도로 공급하는 것이 좋다.

② 마그네슘

임신과 함께 모체의 조직도 증가하는데 일부 근육 조직의 증가가 관찰되며 이로 인해 근육글리코겐대사에 소요되는 마그네슘의 필요량도 증가한다. 임신기간에 모체 내 마그네슘이 부족할 경우 임신성 고혈압, 태아 성장부진 등이 보고되었다. 비임신 성인 여성의 마그네슘 1일 권장섭취량은 280mg으로, 임신기에는 +40mg을 증가시켜 320mg을 섭취하도록 한다.

2) 미량 무기질

① 철

임신은 모체와 태아의 조직이 모두 증가하는 시기이다. 이러한 조직 성장을 돕기 위해 모체의 혈장량과 혈구세포가 증가하며 특히, 적혈구에 포함되어 있는 철은 모체 조직과 자궁 내 태아에 산소를 공급하는 중요한 기능을 한다. 태아는 임신 후기에 자신의 체내에 별도의 철을 저장하여 출생 이후의 철 소요량에 대비하는데, 모체에 저장된 철 저장량의 1/3은 태아에게 전달되어 혈액을 형성하고 일부는 출생 후를 대비하여 저장된다.

임신성 빈혈의 가장 빈번한 원인은 철 부족 때문이다. 빈혈은 모체조직에 필요한 산소전달에도 문제를 일으키지만 태아의 성장에도 장해 요인이 된다. 이를 예방하기 위해 가임기 여성에게 필요한 1일 철 권장섭취량 14mg에 +10mg을 추가한 24mg을 임신기 철 권장섭취량으로 설정하였다. 철은 특히 임신부에게 요구량이 많아지는 무기질이다. 태아에게 철이 저장되는 것은 임신 후기이지만 모체에 저장 가능한 1일 철의 양이 한정적이므로 임신 초기부터 전 기간에 걸쳐 일정하게 철을 섭취하도록 한다.

동물의 간, 콩팥, 붉은 살코기, 달걀은 물론 가금류, 어류 등은 임신부가 섭취할 수 있는 철의 좋은 급원식품이다. 채식을 실천하는 임신부의 경우에는 짙푸른 녹색 채소, 전곡류, 해조류, 두류 제품 등을 활용하여 식단을 구성하는 것이 좋다. 식물성의 비헴철 급원을 활용할 때는 비타민 C를 식단에 같이 구성하면 철 흡수율을 향상시킬 수 있다. 식이 섭취만으로 철분 공급이 충분하지 않다면 보충제 형태로의 철 공급도 고려할 수 있다.

② 아연

DNA의 형성에 필수적인 무기질로 세포성장과 분열에 관여하는 여러 대사에 필요하다. 임신부의 아연 결핍 시 유산, 조산, 기형, 분만지연, 저체중아 등이 나타날 수 있다. 태아의 세포 성장에 필수적인 무기질로 어류, 육류, 가금류가 아연의 좋은 급원식품이다. 채식주의자인 임신부는 전곡류, 두류제품, 견과류 등을 통해 아연을 공급받을 수 있다. 가임기 여성의 1일 권장섭취량은 8mg으로, 임신기에는 +2.5mg을 추가하여 총 10.5mg을 섭취하도록 한다.

③ 구리

구리는 철의 조혈작용을 돕기 때문에 임신성 빈혈의 예방을 위해 철과 함께 유의하여 섭취해야 할 무기질이다. 비임신 성인 여성의 1일 권장섭취량 650㎍에 +130㎍을 추가하여 780㎍을 임신부를 위한 구리 권장섭취량으로 설정하였다.

④ 요오드

요오드는 임신기에 분비량이 증가하는 갑상샘호르몬의 주요 성분이다. 임신기에는 갑상샘호르몬의 증가로 기초대사가 항진되어 에너지 소모가 많아진다. 임신부의 요오드 결핍은 태아에게 크레틴증(cretinism)으로 나타나 신경손상에 의한 지적장애를 일으킨다. 해조류, 어류가 요오드의 가장 좋은 급원이다. 비임신 성인 여성의 1일 권장섭취량 150㎍에 +90㎍을 추가하여 총 240㎍을 임신부를 위한 요오드 권장섭취량으로 설정하였다.

⑤ 셀레늄

항산화 효소계에 참여하는 무기질로 세포의 산화방지기능이 있다. 결핍 시 심근장애, 성장저하를 유발한다. 성인의 1일 권장섭취량은 60㎍으로 여기에 +4㎍을 추가하여 총 64㎍을 임신부를 위한 셀레늄 권장섭취량으로 설정한다.

⑥ 크롬

크롬은 인슐린의 작용을 도와 내당장애 개선 기능이 있는 것으로 알려져 있다. 식후 혈당 상승 시에 분비되는 인슐린 호르몬은 세포 내로 포도당을 유입시키기 위해 세포막 표면의 인슐린 수용체와의 상호작용이 필요하며 이때 크롬결합 저분자단백질이 수용체와의 작용을 향상시킨다. 비임신기에 비해 혈당이 상승하는 임신부의 경우 특히 내당 작용이 중요하다. 2020 한국인 영양소 섭취기준에서는 임신기 체중 증가량을 감안하여 비임신 성인여성의 충분섭취량 20㎍/day에 5㎍/day를 추가 섭취하도록 하여 총 25㎍/day를 설정하였다.

표 2-4 무기질 영양소 섭취기준

구분	다량 무기질	미량 무기질					
	마그네슘 (㎎)	철 (㎎)	아연 (㎎)	구리 (㎍)	요오드 (㎍)	셀레늄 (㎍)	크롬 (㎍)
	권장 섭취량	권장 섭취량	권장 섭취량	권장 섭취량	권장 섭취량	권장 섭취량	충분 섭취량
비임신 19~49(세)	280	14	8	650	150	60	20
임신부	+40	+10	+2.5	+130	+90	+4	+5

(7) 수분

임신기에는 모체의 수분 보유량이 증가하고 태아도 성장을 위해 상당량의 수분을 필요로 한다. 임신에 따라 증가된 체수분은 영양소와 산소의 원활한 전달, 노폐물의 배출, 산도의 조절, 태아 보호를 위한 양수 등의 다양한 기능으로 태아 성장에 기여한다. 수분의 필요량은 개인 차이, 환경온도 차이, 임신여부, 수유여부, 활동정도 등에 따라 크게 달라지지만 가장 중요한 것은 모체에 체수분 부족이 발생하지 않도록 항시 충분한 양의 수분을 섭취하는 것이다.

임신부에게 수분이 부족해지면 피로감이 심해지고, 근육이 약해지며, 심한 경우 혼수를 유발하기도 한다. 또한 수분 부족으로 태아에게 전달되는 영양소가 감소하고, 노폐물 배출이 어려워지며, 자궁 내 온도가 급상승하게 된다. 이러한 탈수 현상은 태아의 성장을 방해하고 심할 경우 조산을 유발한다.

임신부에게는 극심하지 않은 탈수 상태라도 태아성장에는 큰 장해요인이 될 수 있다. 그러므로 평소에 입이 자주 마르고 두통이 있으며 소변색이 짙거나 변비, 구토 증상 등이 있다면 탈수의 가능성이 있으므로 충분한 수분 섭취를 잊지 않도록 유의해야 한다. 일반적으로 여름에 탈수가 많이 발생한다고 알고 있지만 사실은 난방기를 가동하는 겨울철 실내 환경에 장시간 거주할 때도 탈수가 빈번하게 발생한다. 단, 주의할 것은 순수한 물이 아닌 청량음료, 주스 등의 형태로 수분을 섭취하게 되면 칼로리 과다섭취로 인해 체중증가가 나타나 바람직하지 않다. 또한 카페인이 있는 커피, 홍차, 녹차 등의 과도한 섭취도 이뇨작용을 촉발하고 태아의 성장에도 바람직하지 않은 영향을 미치므로 가능한 순수한 물의 형태로 수분필요량을 채우는 것이 좋다. 비임신 성인 여성의 1일 충분섭취량으로 설정된 수분은 2,000~2,100mℓ로 +200mℓ를 추가하여 총 2,200~2,300mℓ를 임신부를 위한 수분 충분섭취량으로 설정한다.

3. 임신기의 식생활 관리

임신기에는 생리적 적응변화와 함께 태아의 성장을 돕기 위한 필수 영양소의 섭취량과 활용과정에도 변화가 발생한다. 영양소 흡수, 대사, 저장 등에 생긴 이러한 변화들은 임신 유지, 태아성장, 수유준비 등을 위해 모체가 적응해야 할 과정들로 영양적으로 균형 잡힌 식단 마련이 매우 중요하다. 임신기에 알맞은 건강한 식단이란 탄수화물, 지방, 단백질을 에너지대사 필요성에 맞추어 균형 있게 준비하고 임신기에 강조되는 필수 미량 영양소들이 부족하지 않도록 갖추어진 식단이다.

(1) 임신 단계별 영양관리기준

임신 초기에는 신맛을 선호하게 되고 특정 식품의 향미에 강한 거부반응을 보이기도 한다. 임신 중기에는 단맛을 선호하게 되므로 임신 후기의 태아 성장에 필요한 에너지 영양소와 포도당의 충분한 섭취가 용이해진다. 그러나 단순당의 섭취가 증가할 수 있으므로 임신 당뇨가 발생하지 않도록 주의해야 한다. 임신 중기와 후기에는 짠맛을 느끼는 역치가 높아져 예민도가 감소하고 필요량보다 많은 나트륨을 섭취하게 되기도 한다. 따라서 임신성 고혈압의 위험에 노출된 임신부의 경우에는 임신 전에 느끼던 짠맛보다 훨씬 더 높은 염분농도의 음식을 선호하게 되므로 담백하게 음식을 섭취하도록 유의한다.

1) 임신 초기

입덧에 대비한 영양관리가 필요하다.

① 메스꺼움을 유발하는 식품과 위를 자극하는 식품은 피하도록 주의한다.
② 입덧 때문에 특정 식품에 편중되지 않도록 영양이 균형 잡힌 식단을 마련한다.
③ 탈수 현상이 있으면 입덧이 심해지므로 수시로 수분을 섭취하도록 한다.
④ 과격한 운동은 입덧을 자극하므로 과격한 활동을 자제한다.
⑤ 공복 상태 위장은 속 쓰림을 악화시키므로 소량의 음식물을 조금씩 자주 먹는다.
⑥ 입덧으로 식욕이 부진해도 태아의 골격과 장기 형성에 필요한 단백질과 칼슘은 부족하지 않도록 충분히 섭취한다.

2) 임신 중기

비만, 임신성 빈혈, 임신성 당뇨, 임신성 고혈압, 변비 등이 발생하지 않도록 예방적 식단을 마련한다.

① 입덧이 사라지고 식욕이 살아나는 시기이므로 급격한 체중증가가 일어나지 않도록 영양소 균형이 잘 잡힌 식단을 구성한다. 같은 영양가의 식품일 경우 칼로리가 적은 음식을 선택한다.
② 철분이 결핍되지 않도록 철의 주요 급원식품을 식단에 적극 활용한다.
③ 인슐린 민감성 저하로 당뇨 현상이 나타날 수 있으므로 과도한 단순당 섭취를 피한다.
④ 모체의 체수분 증가에 맞추어 수분공급이 부족하지 않도록 유의하고 과잉 나트륨을 섭취하여 고혈압을 유발하지 않도록 한다.
⑤ 변비 예방을 위해 식이섬유가 풍부한 식단을 마련한다.

3) 임신 후기

케토시스(ketosis)가 발생하지 않도록 규칙적인 식사를 한다.

① 태반을 통해 태아에게 전달된 케톤체는 뇌기능 손상을 유발할 수 있으므로 특히 임신부는 장기간 기아상태에 놓이지 않도록 주의한다.
② 탄수화물, 지질, 단백질의 공급에너지 균형이 잡힌 식단을 마련한다.
③ 체중증가에 유의하여 적절한 열량을 제공한다.

(2) 임신부의 식생활 지침

임신 중 영양 섭취는 태아의 발달에 직접적인 영향을 주고 임신부의 건강과도 직결되므로 각별히 신경 쓸 필요가 있다. 임신을 했다고 평소에 먹지 않았던 특별한 것을 찾아 먹어야 하는 것은 아니고, 균형 잡힌 영양 섭취를 하는 것이 가장 중요하다. 임신 기간 동안 끼니마다 영양이 고루 안배된 식단을 마련하도록 한다. 칼슘 섭취를 위해 우유는 하루 2잔 이상 마시고 우유를 먹지 못하는 경우에는 치즈, 요구르트 등의 유제품과 두부, 뼈째 먹는 생선 등을 식단에 적극 활용한다. 태아의 신경관 발달을 도와주는 엽산제는 임신 전부터 복용하도록 한다. 보건복지부에서는 임신부의 건강을 위한 식생활 지침을 다음과 같이 마련하였다.

- 우유 제품을 매일 3회 이상 먹자.
- 고기나 생선, 채소, 과일을 매일 먹자.
- 청결한 음식을 알맞은 양으로 먹자.
- 짠 음식을 피하고 싱겁게 먹자.
- 술은 절대로 마시지 말자.
- 활발한 신체활동을 유지하자.

우유 및 유제품에는 단백질(태아의 근육, 장기의 발달에 필요)과 칼슘(태아의 뼈대 형성에 필요)이 많이 들어 있으므로 임신부는 물론 태아를 위해서도 반드시 필요한 식품이다. 자궁을 비롯한 모체조직의 증가, 태반, 양수 등의 태아 부속물, 수유에 대비한 유선의 발달 등에 모두 단백질이 필수적인 영양소이다. 우유, 요구르트, 아이스크림, 치즈 등의 유제품을 다양하게 식단에 활용하고 칼슘이 풍부한 뼈째 먹는 생선도 적극적으로 섭취한다.

임신성 빈혈 예방을 위해 철 함량이 높고 흡수가 잘되는 육류, 가금류 등의 단백질 섭취에 유의하고 변비 예방 등에 효과가 있는 식이섬유가 풍부한 식품 섭취도 매일 하도록 한다.

임신기에는 면역력이 약해지므로 감염성 질환에 걸리지 않도록 주의한다. 특히 상한 음식물이나 위해한 식품을 섭취할 경우 모체의 혈액이 태아에게 전달되어 유산, 조산, 사산 등의 직접적인 피해를 유발할 수 있으므로 주의가 필요하다. 육류, 유제품 등을 섭취할 때는 세균감염이 일어나지 않도록 열처리, 위생 상태 점검 등에 신경 쓰고 익히지 않은 고기는 먹지 않도록 한다.

나트륨은 체내 수분균형에 기여하는 주요 전해질이다. 영양소의 세포막 투과를 돕고 산·염기 균형에도 관여한다. 나트륨은 성인의 충분섭취량으로 1일 1,500mg이 설정되어 있지만 일반적으로 이보다 과도한 양을 섭취하는 경우가 많아 섭취량을 줄이자는 '만성질환위험감소섭취량'이 설정되어 있는 영양소이다. 임신기라고 하여 별도의 추가량이 설정되어 있지는 않다. 임신유지에 기여하는 호르몬들에 의해 조절된 나트륨은 비임신 기간에 비해 체내 농도가 높아져 모체에 증가한 체액을 유지할 수 있도록 돕는다. 자연에 존재하는 나트륨 급원은 매우 한정적이며, 한국인의 식단에서 체내로 유입되는 나트륨의 급원들은 주로 양념류와 가공식품을 통해 섭취된다. 소금의 40%는 나트륨이 차지하며 1티스푼의 식탁염엔 1일 충분섭취량을 초과하는 2,400mg의 나트륨이 포함되어 있다.

눈에 보이는 식탁염의 사용 이외에도 가공식품 속의 첨가물 형태로도 나트륨 유입이 많으므로 평소 고혈압이 있는 경우 무심코 섭취하는 가공식품의 양에도 주목하여야 한다. 인스턴트식품을 삼가고, 천연 재료를 활용한 식단을 마련하는 것이 좋다. 인스턴트식품은 음식을 가공하는 과정에서 영양소가 파괴될 뿐 아니라 지나친 염분, 화학조미료 등이 첨부되어 있어 적은 양일지라도 몸에 좋지 않다.

알코올이 첨가된 식품의 섭취는 절대 하지 않는다. 카페인(커피, 홍차, 녹차, 초콜릿, 코코아, 콜라 등)은 되도록 적게 먹는다. 과량의 카페인은 조산, 유산, 사산을 유발하며 저체중아를 출산할 가능성도 높아진다.

임신 비만이 일어나지 않도록 적당한 운동을 하는 것이 좋으며 산후 회복에도 유리하다. 체중의 과도한 증가는 임신부뿐 아니라 태아에게도 좋지 않은 영향을 미치기 때문에 식사의 양이 아닌 식사의 질을 높이도록 하고, 허기나 공복이 발생하지 않도록 하루 3번 규칙적으로 식사를 한다.

4. 임신기의 영양과 건강문제

임신기에는 기형아 발생, 유산, 조산, 사산을 방지하기 위해 다각적인 노력이 필요하다. 태아에 위해가 가는 요인들을 파악하여 예방하고 모체와 태아 모두 건강하게 임신기간을 보낼 수 있도록 하기 위해 다음과 같이 다양한 임신관련 건강문제들을 미리 알고 대비하는 것이 좋다.

(1) 임신장애 요인

1) 임신부의 영양상태

모체의 저영양상태는 유산, 조산, 사산 등으로 나타나 태아와 모체가 모두 위험해질 수 있다. 모체의 임신 유지와 태아의 성장과 발육에 필요한 영양소를 지원받지 못하면 태아 형성은 물론 태반형성에도 장애가 생겨 임신기간 동안 태아에 정상적인 영양소와 산소를 공급하지 못하고 노폐물 배출도 원활하지 않아 선천성기형으로 이어지기도 한다. 모체에 철분이 부족한 경우 임신성 빈혈을 일으키며 만성적으로 단백질이 부족한 경우 임신성 고혈압, 자간전증 등으로 나타나기도 한다. 모체의 영양상태가 과잉인 경우에도 임신성 고혈압이나 자간전증이 나타나 조산, 사산의 발생률이 높아지고, 임신성 당뇨가 나타나는 경우 과체중아 출산으로 태아와 모체의 위험성이 높아진다. 고단위의 비타민 A 보충제를 과잉섭취하는 경우 태아기형발생률이 높아지고, 비타민 D 과잉 시에도 태아의 골격발달에 이상이 생겨 비정상적 형태가 나타난다. 장기간 비타민 C 과잉섭취상태의 모체에서 태어난 신생아는 선천성 괴혈병을 갖고 태어나는 경우가 많아진다.

2) 알코올 섭취

임신기간의 알코올 섭취는 자연유산, 저체중아, 조산, 기형아 발생률을 높인다. 음주에 의한 기형의 경우 태아는 중추신경계 이상과 형태적 기형을 동시에 갖고 태어나는 경우가 많으며 혈중에 증가한 아세트알데히드가 태아에 전달되어 기형아를 유발하는 것으로 알려져 있다. 태아알코올증후군(fetal alcohol syndrome, FAS)은 안면부의 기형이 공통적으로 보이는데 작은 눈, 밋밋한 인중, 납작한 콧대, 얇은 윗입술, 기형 모양의 귀 등을 갖고 태어나고 정신지체가 있어 평균 지능지수도 매우 낮게 관찰된다[그림 2-15]. 과잉행동장애와 언어, 청각장애 등을 갖고 태어나는 경우도 많으므로 임신부는 임신 기간 동안 음주를 절대 하지 않도록 해야 한다.

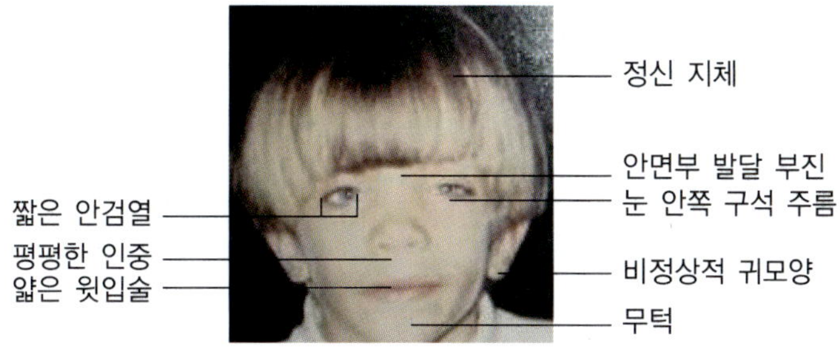

[그림 2-15] **태아알코올증후군**

3) 흡연

임신기의 흡연이 위험한 이유는 모체의 일산화탄소가 저산소증을 유발하고 니코틴이 태아에게 그대로 전달되어 위해 작용을 일으키기 때문이다. 니코틴은 혈관을 수축시켜 태아에 전달되는 산소와 영양소의 공급을 방해하여 성장을 저해하므로 미숙아 출산율이 높아진다. 이 외에도 수천 가지에 달하는 담배의 유해한 화학물질들이 태아의 성장에 방해요인으로 작용한다.

4) 카페인

커피, 차, 초콜릿, 청량음료, 의약품 등에 포함된 카페인은 태반을 통해 태아에게 바로 전달되어 조산, 유산, 성장부진 등을 일으키는 것으로 알려져 있다. 1일 약 30mg의 카페인 섭취만으로도 관련 위험도의 급격한 증가가 관찰되는데 태반으로 가는 혈관을 수축시켜 태아에게 전달되는 산소와 영양소를 감소시킴으로써 저체중아, 유산, 사산, 중추 신경계 발달 저해 등의 위해 작용을 나타낸다[그림 2-16].

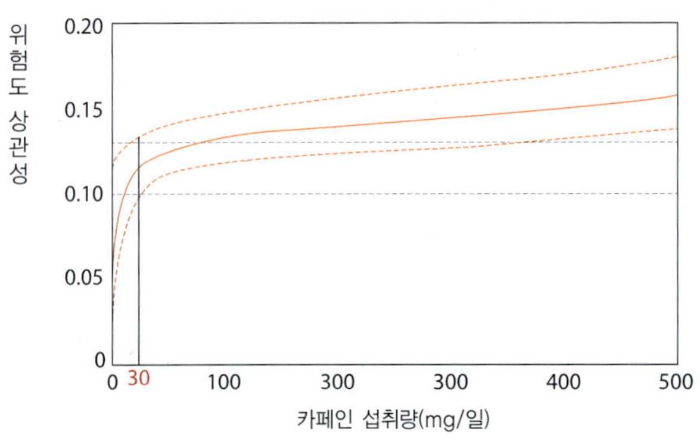

[그림 2-16] **카페인 섭취와 태아 성장 위험도의 상관성**

5) 과도한 운동

과격한 운동을 장시간 하게 되면 신체 온도가 상승하는데 모체의 체온이 39.2℃ 이상 상승하면 태아의 성장부진과 기형 발생률이 높아지는 것으로 알려져 있다. 지나친 운동으로 모체의 혈중 포도당 농도가 감소하게 되면 태아에게 전달될 포도당의 농도가 낮아져 태아의 에너지 부족으로 이어진다. 또한 과격한 운동으로 인해 모체의 혈액 순환량이 증가하면 태반으로 가는 혈류량은 감소하여 태아에 전달되는 산소량이 감소한다.

6) 금지 약물의 사용

마리화나의 사용은 산소운반능력을 저하시켜 미숙아, 저체중아 발생률을 높이고 코카인에 의한 약물 중독은 태아인지장애, 성장부진, 미숙아 발생 위험도를 높이는 것으로 알려져 있다.

7) 감염성 질병

매독은 태반을 통해 전달되어 태아에게도 감염된다. 이로 인해 태아 사망률이 증가하여 유산, 조산, 사산, 신생아 사망률이 높아진다. 풍진(rubella)은 임신 초기에 감염될 경우 태아의 발육부진, 선천성 기형, 청력 상실, 백내장 등으로 나타난다. 후천성 면역 결핍증(AIDS)도 태아에게 감염되어 태아의 신체 기능 손상과 유산 발생률을 높인다.

Tip 선천성 기형

1. 기형의 원인

선천성 기형의 경우 유전적 요인 50%, 환경적 요인 10%, 그리고 원인을 알 수 없는 경우가 약 40% 정도이다. 염색체 이상, 돌연변이 유전자 등에 의한 유전요인이 있는 경우 가족력 등을 파악하여 태아 기형을 예방하도록 하여야 한다. 환경적 요인으로는 전염성 바이러스에 의한 감염, 모체의 만성 질환, 잘못된 약물의 사용, 유해 화학물질에 노출, 방사선 조사 등이 원인이 될 수 있다. 다운증후군의 경우에는 산모의 연령이 높을수록 빈도가 높아져, 45세 이상에서는 46명 당 1명의 비율로 나타난다.

2. 기형 예방을 위한 임신 준비

① 임신 계획에 앞서 임신부 자신에게 특정 질환이 있는지 확인해야 한다. 임신 중에는 임신성 고혈압이나 당뇨가 나타나는 경우가 많은데, 임신 전에 이미 고혈압이나 당뇨 증세가 있던 임신부의 경우 태아 성장과 모체 건강을 위협할 만큼 상태가 심각해질 수도 있다. 특히, 당뇨 조절을 잘 하지 못할 경우, 임신 초기 유산이나 기형의 발생으로 나타날 수 있다.

② 영양부족으로 인한 선천성 기형이 흔히 발생하는 것은 아니지만, 모체의 엽산 결핍 상태에서 임신이 진행될 때 엽산 부족으로 인한 신경관결손(neural tube defects, NTD)이 태아에게 발생할 수 있다. 수정 후 28일 내에 형태가 완성되는 신경관인 뇌와 척수의 보호막에 결손이 나타나 태아 성장에 장애를 주고 척수도 손상되기 쉬운 상태가 되어 태아의 신체 마비, 지능장애, 무뇌증 등으로 이어질 수 있다. 수정 후 한 달 무렵은 본인이 임신한 사실을 모르고 지나치기 쉬운 시기이므로 가임기 여성은 평소에 신선한 엽채류 등을 충분히 섭취하는 것이 좋다. 임신 준비를 하고 있는 경우 예방효과를 극대화하기 위해 1일 400㎍의 엽산보조제 섭취를 권장한다.

③ 임신 초기에 감염될 경우 태아에게 선천성 기형을 유발할 수 있는 전염성 질환들에 대비하여 예방접종을 실시한다. 풍진 바이러스에 의한 감염으로 발생하는 풍진은 태아에게 풍진 증후군으로 나타나 눈, 귀, 심장, 신경계 발달에 이상을 일으키고 청력장애, 소뇌증, 백내장 등을 유발한다. 풍진은 걸릴 경우 림프절 비대, 통증, 발진이 발생하고 미열이 동반되는 전염성이 강한 질환이다.

④ 수두대상포진바이러스(varicella-zostervirus)는 소아에게는 수두로 성인에게는 대상포진으로 나타나는 헤르페스바이러스과에 속한다. 모체가 수두바이러스에 감염된 경우 태아의 지능장애, 하지결손의 기형으로 나타날 수 있다. 사이토메갈로바이러스(cytomegalovirus)도 헤르페스바이러스과에 속하며 모체 감염 시 태아에게 선천성 기형이 발생하여 청력장애, 지능장애 등을 유발한다.

⑤ 선천성 기형의 원인은 매우 다양하고 알려지지 않은 경우가 40% 정도이므로 완벽하게 예방하는 것은 불가능하지만 원인과 예방법이 알려진 경우 임신 전에 이를 숙지하여 실천하도록 하여야 한다. 흡연, 음주, 약물오용 등을 피하고 가족력에 기형이 있는 경우 산전 진단을 통해 예방과 치료가 가능한지 확인해 두도록 한다.

(2) 임신연령

1) 10대 임신

10대 임신의 경우 모체의 성장이 완성된 시기가 아니므로 태아의 성장을 위한 영양적 요구 이외에 모체 자신을 위한 영양적 요구도 커서 필요한 관리를 제대로 받지 못할 경우 임신 합병증에 노출되기 쉽다. 임신부 자신에게 나타나는 임신 관련 질환들을 정상적으로 알리고 치료받지 못해 임신성 빈혈, 임신성 고혈압 등의 유병률이 매우 높게 나타난다. 10대 임신부의 모성 사망률이 높은 이유이기도 하다. 영양소의 공급이 부족한 경우 태아 발육 지연으로, 조산, 미숙아, 저체중아를 출산하는 경우가 많고 태반 조기 박리, 양수 감염 등으로 태아나 신생아 사산율이 높은 편이다.

2) 고령 임신

최근에는 높아진 초혼 평균 연령 및 재혼 증가 등으로 고령 임신 비율이 늘어나고 있다. 35세 이후 임신과 출산하는 경우를 의학적으로 고령 임신 또는 고령 출산이라고 한다. 나이가 들면 내과적 문제가 발생할 가능성이 높기 때문에 각별한 관리가 필요하다. 고령 임신이라 하더라도 나이가 증가함에 따라 필연적으로 따르는 생리적 변화에 의한 문제점만 잘 고려하면 정상 분만도 가능하다.

고령 임신 시 젊은 임산부에 비하여 기형아가 태어날 확률이 약 1.5배 높아진다. 임신 11~13주에는 융모막 검사를 통해서 태아의 염색체 이상을 확인하고, 임신 중기에는 양수 검사 등을 통해서 태아의 염색체 이상 여부를 확인할 수 있다. 또한 초음파 검사를 통하여 태아 이상 여부를 확인하기도 한다. 만 35세 임신부에게 1:200 정도의 확률로 나타나는 염색체 이상 빈도수는 만 45세 임신부에게는 1:15 정도로 나타난다. 특히, 고령 임신의 경우 다운증후군 발생확률이 증가한다. 나이가 많은 임신부일수록 얼굴, 눈, 손, 발 등에 걸쳐 몸이 붓는 현상이 자주 나타나는데 다리 쪽으로 체액이 정체되는 것을 막기 위해 오래 서 있거나 같은 자세로 오래 앉아 있지 않도록 한다. 다리를 소파 같은 높은 곳에 올린 상태로 휴식을 취하면 하지 부종 예방에 어느 정도 도움이 된다.

임신성 고혈압 등 임신 합병증에도 유의하여야 한다. 젊은 임신부에 비해 임신성 고혈압, 임신성 당뇨 등의 발생 비율이 높아져 35세 이후 임산부 10명 중 1명이 고혈압을 동반한다. 이는 35세 미만의 임산부에 비해 2~4배 높은 위험률이다. 또한 임신 중독증과 임신성 당뇨병도 고령 임신일 때 증가하는 것으로 알려져 있다. 짜고 매운 음식을 절제하여 고혈압 등의 합병증을 관리하고, 꾸준한 운동으로 신체의 면역 능력을 키워 두는 것이 좋다.

(3) 다태아 임신

쌍둥이를 의학적으로는 다태 임신이라고 하며 쌍둥이의 99%는 두 쌍둥이이다. 쌍둥이 그 자체는 병이 아니지만, 임신중독증 등의 합병증이 일어나기 쉬우므로 다른 임신부보다 각별한 주의를 기울여야 한다.

쌍둥이는 일란성 쌍둥이와 이란성 쌍둥이가 있는데 일란성은 한 개의 난자와 한 개의 정자가 결합한 수정란이 두 개로 분리되어 성장하므로 생김새 등 각종 특성이 흡사한 경향이 있는 반면 이란성 쌍둥이는 두 개의 난자에 각각 다른 정자가 결합해 생기므로 생김새 등은 물론 성별까지 다를 수 있다.

쌍둥이 임신은 임신 6~8주 무렵에 초음파 검사를 통해 알 수 있고 보통 임신보다 산모와 태아 모두에게 위험률이 높으므로 주기적인 산전 진찰이 꼭 필요하다. 인공수정이나 시험관 아기의 시술 때 배란 유도제를 사용하면 여러 개의 난자가 만들어지는 경우가 대부분이므로 쌍둥이를 낳을 가능성이 높아진다.

다태아를 임신한 경우 임신 5개월이 되면 눈에 띄게 배가 불러 오고 변비나 부종, 요통, 정맥류 등의 임신 증세가 일찍 나타나며 심해지기도 한다. 쌍둥이라고 해서 식사 섭취량을 정상 수준보다 더 증가시킬 필요는 없으며 하루 칼로리 섭취량은 비임신보다 약 600kcal 정도만 높게 잡도록 한다. 단, 보통 임신부보다 빈혈이 생기기 쉬우므로 철분 제제를 복용하도록 권장한다.

(4) 입덧과 오조

입덧(nausea)은 아침에 심한 경우가 많고 오후가 되면 점차 누그러지는 경우가 많아 영어로 'Morning sickness' 라고 불린다. 보통 임신 6주차에 시작되고 임신 12주가 지나면 입덧도 사라지게 된다. 그러나 임신 초기의 입덧이 중증이 되어 극히 완고하고 잦은 구토를 되풀이하고 그 증상이 사라지지 않게 되면 '오조' 라고 한다. 약 1%의 임신부가 오조를 겪는 것으로 알려져 있다. 임신부에게는 이 때문에 체중감소, 체액 및 전해질 평형실조 등의 영양장애가 나타난다. 중증인 경우에는 수액을 통한 영양공급이 필요하다.

입덧의 한 원인은 임신 초기에 증가한 과액의 타액 분비이다. 쓴맛을 동반하는 경우가 많고 밤 동안 위장으로 넘어간 타액이 아침에 역류하면서 입덧 현상을 일으키는 것으로 보기도 한다. 또 다른 요인은 수정란의 착상을 돕기 위해 증가한 프로게스테론이 자궁근의 움직임도 저하시키지만 동시에 위장관을 이완시켜 위식도를 통한 위산 역류를 막지 못해 발생하는 것으로 추정한다.

입덧의 경우 어떤 산모들은 가벼운 오심(토할 것 같은 느낌) 정도에 그치는가 하면, 어떤 산모들은 거의 식사를 하지 못하고 체중까지 감소할 정도로 심한 경우도 있다. 임신 중의 구역질 및 구토는 다음과 같은 식습관 조절로 증상이 어느 정도 호전될 수 있다.

① 입덧을 유발하는 특정 냄새나 음식 섭취를 피한다.
② 적은 양의 식사를 자주 먹되 포만감이 느껴지는 수준은 피한다.
③ 아침에 입덧이 심한 경우 공복감을 크래커 등의 가벼운 스낵으로 달랜다.
④ 식사 후에 즉시 눕지 않는다.
⑤ 자극적인 맛이나 지방이 많은 음식은 줄인다.
⑥ 철분 제제가 포함된 약의 복용을 줄여본다.
⑦ 적당한 수분의 공급이 중요하므로 소량의 물을 자주 마신다.
⑧ 이온 음료, 주스, 차, 레모네이드, 얼음 등으로 음료수 선택에 변화를 준다.

(5) 임신성 빈혈

임신 중에는 혈액의 양이 늘어나는데, 혈장 증가량에 비하여 적혈구의 증가가 충분치 않으므로 혈액 희석효과를 가져와 빈혈이 나타난다. 또 태아의 혈액을 만들기 위해서 필요한 철분을 모체의 혈액으로부터 가져가기 때문에 빈혈이 생기기도 한다. 빈혈과 혈색소 수치와의 관계로 알아보면, 비임신 여성은 12.0mg/dℓ 미만, 임신 여성은 11.0mg/dℓ 미만을 빈혈이라고 판정한다.

빈혈의 증상으로는 현기증, 가슴 두근거림, 수족 냉증, 현기증 등이 있다. 중증의 임신성 빈혈은 모체의 근력 약화로 체력 저하를 유도하고 출산 시의 출혈에 대한 저항력도 낮춘다. 임신부가 빈혈에 걸리면 태아의 발육에도 좋지 않아 생후 2~3개월 후에 유아 빈혈로 발전하기도 한다.

임신성 빈혈의 예방을 위해 임신 초기부터 철분제를 복용하도록 하고 입덧이 심해서 철분제 복용이 어려운 경우라 할지라도 임신 16~20주부터는 반드시 복용하는 것이 좋다. 철분제를 먹기 힘든 경우 주사용 철분 제제를 사용해 볼 수도 있다. 임신 초기, 중기, 후기에 세 차례 정도 혈액 검사를 받고 임신성 빈혈이 진행되고 있는 것이 아닌지 자주 점검해 보는 것이 필요하다.

(6) 임신성 당뇨

임신 중에는 태반에서 분비되는 호르몬에 의해 인슐린 저항성이 생겨 모체 세포가 포도당을 효과적으로 연소하지 못하게 되고 대신 증가한 혈당은 태아에게 전달되어 성장 발달을 위한 주 에너지원으로 활용된다. 주로 태반락토겐, 프로게스테론 등이 인슐린 저항성을 증가시키고, 임신 중 증가한 지방조직, 프로락틴, 코티졸, 에스트라디올도 어느 정도 모체의 인슐린 저항성 증가에 기여한다. 그러나 모체의 과도한 혈당 증가는 당뇨로 발전하기도 하는데 임신성 당뇨란 임신 전에는 당대사장애가 없던 임신부에게 당대사장애가 생기는 경우를 말한다. 전체 임신부의 3~4% 정도가 임신성 당뇨증상을 보인다. 임신과 동반하여 당뇨가 생긴 경우 소변 검사로 당이 나오거나 피로감, 쇠약감을 느끼는 것 이외에 다른 특이한 증상이 없는 경우가 많다. 이 병에 걸렸던 임신부는 출산 후 당뇨병 발병 확률이 50% 이상에 달하므로 조기에 발견하여 대비하여야 한다. 임신성 당뇨의 진단은 경구 당부하 검사로 진행한다. 임신성 당뇨병의 가능성이 많은 임신부는 처음 산전 관리를 받을 때, 그렇지 않은 임신부는 임신 24~28주 정도에 50g 경구 당부하 검사를 실시하여 1시간 후 혈당이 130~140mg/dℓ 이상인 경우, 100g 경구 당부하 검사를 시행하여 임신성 당뇨인지를 확정한다. 100g 포도당 경구 투여 후, 공복에서 95mg/dℓ 이상, 1시간 후 180mg/dℓ 이상, 2시간 후 155mg/dℓ 이상, 3시간 후 140mg/dℓ 이상인 경우가 2가지 이상 나타나면 임신성 당뇨로 진단한다. 당뇨로 확정되면 전문 영양사와 상담 후 식사요법을 시행한다. 식사요법만으로 혈당조절이 잘 되지 않으면 인슐린 투여도 고려한다.

임신성 당뇨병은 태아의 선천성 기형, 거대아, 조기사망률의 증가 등으로 나타나고 산모의 합병증 또는 신생아의 합병증 위험도가 커진다. 태아가 지나치게 크게 성장하여 자연분만이 어려운 경우 당뇨의 진행정도에 따라 제왕절개를 시행하기도 한다. 예전에 임신성 당뇨병을 앓은 경우, 당뇨병을 앓은 가족이 있는 경우, 심한 비만 혹은 거대아를 출산한 적이 있는 경우, 소변 중 당이 보이는 경우를 고 위험군으로 분류하여 임신 초기부터 관리하도록 한다. 급격한 체중증가를 피하고 매일 자가 혈당 측정기를 이용하여 본인의 혈당 수치를 파악한다. 다만 태아의 정상적 성장을 감안하여 적절한 열량 공급 및 영양소 분배가 이루어질 수 있도록 식단 구성에 유의하고 주기적인 소변 케톤체 검사를 통해 케토시스가 진행되고 있지 않은지 체크하여야 한다.

(7) 임신성 고혈압

임신 전부터 고혈압이 있거나 임신 20주 이전에 고혈압이 발견되는 경우는 만성 고혈압이라 하고, 임신 20주 이후에 고혈압이 발견되고 출산 후에 정상화되는 경우 임신성 고혈압이라 한다. 임신성 고혈압은 임신 기간 중에 수축기 혈압이 140mmHg 이상 또는 확장기 혈압이 90mmHg 이상이고 단백뇨를 동반하지 않는 경우로, 분만 후 12주 이내에 정상혈압이 되는 경우를 말한다. 임신성 고혈압은 명확하게 한 가지 원인으로 설명하기는 어렵지만 일반적으로 태반의 혈류장애와 산모의 여러 체질적 요인의 상호작용으로 발병하는 것으로 알려져 있다.

임신중독증(자간전증)과 같이 두통, 상복부 통증, 혈소판 감소증 등을 동반하지만 단백뇨는 관찰되지 않는다. 혈압이 안정적이고 두통, 시야장애, 상복부 통증을 호소하지 않으며 단백뇨가 없는 경우는 대부분 집에서 치료를 받게 된다. 하루 중 대부분의 시간을 앉은 자세로 보내도록 하고 매일 태동을 측정하고 단백뇨 검사를 하도록 교육받으며 최소 주 2회 병원을 방문하도록 한다.

임신성 고혈압의 15~25%에서 단백뇨가 발생하여 임신중독증(자간전증)으로 이행된다. 조기에 발병하거나 전에 유산 경험이 있는 임신성 고혈압의 경우 자간전증으로의 이행이 비교적 높고, 36주 이후 발병한 임신성 고혈압에서는 약 10%만이 자간전증으로 이행한다.

(8) 임신중독증(자간전증)

임신중독증은 최근에는 잘 쓰지 않는 용어로 고혈압과 동반되어 소변에서 단백 성분이 나오면 자간전증이라 하며 이는 질병이 더 진행한 형태이다. 고혈압, 단백뇨, 부종이 대표적인 증상이며 출산 후에는 회복되는 것이 보통이다. 중증이 되면 자간증상이 나타나는데 갑자기 의식이 없어지고, 얼굴에서 손, 몸통, 다리의 순으로 경련이 일어나며 혼수상태에 빠진다.

태반 및 태아로의 혈류공급에 장애가 발생하여 태아의 성장부진이 발생하고 심한 경우 태아 사망의 원인이 되기도 한다. 이 질환의 원인은 착상 이후 발달단계에서 정상적으로 발생하는 영양막 세포가 모체 내로 잘 침투되지 않아 태반으로의 혈류공급에 장애가 생겨 발생한다. 산모와 태아의 혈관이 손상되고 다양한 증상들이 나타난다. 산모가 비만이거나 당뇨나 기타 유전적 요인을 갖고 있는 경우 질환의 상태가 더 나빠지기도 한다.

초기에는 단순히 혈압이 오르는 것으로 나타나므로 정기 검사에서 혈압 상승의 소견이 발견되는 이외에 별다른 증상이 없는 경우가 많다. 그러나 질환이 진행될수록 부종이 심해지고, 소변 양이 감소하며, 두통, 상복부 복통, 시야장애 등 다양한 증상이 발생한다. 임신중독증은 태아의 성장부진을 초래하거나 심한 경우 태아 사망도 일으킨다. 산전 검사를 위해 산부인과를 방문하면 혈압과 소변검사를 시행하는데, 혈압이 상승하거나 소변에서 단백성분이 검출되는 경우에는 입원하여 임신중독증에 대한 평가를 받는 것이 원칙이다.

일반적으로 34주 이후에 발견되는 자간전증의 경우 분만을 하는 것이 원칙이며 분만을 하지 않으면 질환은 악화된다. 34주 이전의 치료는 조산에 대한 위험성과 고혈압 관련 질환의 진행으로 인한 태아와 산모에 미치는 위험성을 고려하여 결정하게 되며, 질환이 많이 진행된 경우 조산 여부와 무관하게 무조건 분만을 진행한다.

임신중독증은 경련성 발작을 예방하기 위한 약물과 혈압을 조절하기 위한 약물로 치료한다. 적절한 치료를 시행하지 않을 경우 산모는 발작성 경련을 일으키기도 하며, 간 파열, 뇌출혈, 실명과 같은 심각한 합병증들이 발생하므로 조기에 진단하고 관리하는 것이 매우 중요하다. 임신중독증은 전체 산모 사망 원인의 15% 정도이고 매해 전 세계적으로는 5만여 명의 산모가 사망하는 심각한 질환이다. 갑작스러운 태아 사망의 원인이며, 치료 자체가 뱃속의 아이를 분만해야 해결되는 것이므로 조산의 큰 원인이 되기도 한다.

일단 질환이 확정 진단되면 입원하여 전문의의 치료에 따르도록 한다. 임신기간 동안의 영양상태 등이 질환의 발병에 영향을 미치기도 하므로 비만, 당뇨 등이 있는 경우 더욱 주의하고 임신 전 균형 잡힌 식습관과 건강의 유지를 최우선으로 한다. 출산 후에도 임신 중 고혈압을 앓았던 환자는 향후 고혈압, 당뇨와 같은 성인병 발생 확률이 크므로 출산 후에도 꾸준한 건강관리 및 정기 검사가 필요하다.

임신중독증이 있으면 태반 조기 박리가 동반되기도 한다. 이는 태아가 아직 자궁 속에 있는데 태반이 자궁벽에서 떨어져 버리는 것으로, 강한 복통을 일으키며 태아는 결국 사망하고 모체도 위험한 상태가 된다. 또 임신중독증을 방치하면 요독증이 될 수 있고, 두통이나 의식장애가 일어나기도 한다. 후유증으로 출산 후에도 장기간 고혈압이나 단백뇨가 계속 나타난다.

임신중독증의 증세는 본인 스스로는 알기 어려우므로 정기적으로 진찰을 받는 것이 중요하다. 중증의 임신중독증인 경우 바로 분만하여야 하지만 경증인 경우는 조산을 방지하기 위하여 일주일에 한 번씩 태아 안전 검사를 시행하도록 한다. 임신중독증을 의심할 수 있는 고혈압, 부종, 단백뇨, 두통, 시력 감퇴, 복부 불편감 등의 증상이 나타나면, 즉시 주치의와 상담하고, 적절한 조치를 받도록 한다.

(9) 임신기 필수 검사

임신은 흔히 소변을 이용한 임신키트로 확인한다. 이 키트는 소변 중의 융모성 성선자극호르몬(HCG)이 일정 농도 이상이면 양성으로 나오는 것이다. 따라서 임신키트가 양성이라는 의미는 임신과 관련한 호르몬이 상승하였다는 의미이며, 정상적인 임신이 이루어졌다는 의미는 아니다. 자궁 외 임신과 같은 질환에서도 키트는 양성이 된다. 따라서 정상적인 임신의 확인을 위해서는 초음파를 통해 아기집이 자궁 내에 정상적으로 자리잡고(약 5주경), 그 속에 태아가 존재하며, 태아의 심음(心音)이 확인되어야(6주 이후) 비로소 정상적인 임신이라고 할 수 있다.

임신 주기별로 필요한 검사들이 있다. 각 검사들은 시기별로 시행되며, 어떤 검사들은 반드시 정해진 기간 내에 시행하여야 하므로 정기적인 병원 방문을 통해 검사가 이루어지는 것이 중요하다. 고령의 임신인 경우에도 검사의 내용은 같으며, 다만 분만예정일을 기준으로 만 35세 이상인 경우는 산모의 혈액을 이용한 기형아 검사를 하지 않고 바로 양수검사나 융모막 검사를 통해 염색체의 이상 유무를 확인하는 것이 원칙이다.

1) 임신 초기

임신 초기에 시행하는 검사로는 초음파 검사와 몇 가지 혈청 검사가 있다. 초음파 검사는 처음에 배아가 정상적으로 자궁 내에 착상이 되었는지를 확인하고, 이후 심박동이 관찰되는지와 태아의 크기가 생리 날짜로 계산한 임신 주수와 일치하는지 본다. 또한 임신 10~14주경 태아의 목덜미 두께를 측정하여 기형아 예측 검사를 시행한다. 그리고 일반혈액검사, 간염이나 후천성 면역 결핍증, 매독에 대한 혈청 검사, 풍진 항체 검사의 피검사를 시행 받는다.

2) 임신 중기

15주에서 18주 사이에 산모 혈액을 이용한 기형아 검사(트리플 테스트, 쿼드 테스트)를 시행하여 태아의 개방 신경관 결손과 염색체의 이상에 대한 선별 검사를 시행하며, 다운 증후군과 같은 염색체 이상의 위험도가 높은 산모를 선별하여 양수 검사를 시행할 수 있도록 한다. 임신 20주경에는 태아의 전반적인 구조적 이상 여부를 초음파를 통해 정밀하게 검사하며, 임신 24~28주 사이에는 임신성 당뇨 검사를 시행한다.

3) 임신 후기

36주까지는 2주에 한 번, 그 이후에는 매주 정기적으로 병원을 방문하여 산모의 건강과 태아의 성장을 평가한다. 빈혈이 발생할 수 있고, 임신 기간 중 철분 요구량이 가장 많은 시기이므로 철분제를 복용하고 28주에서 32주에 혈색소치를 검사하여 빈혈 수치를 확인한다.

생애주기 영양학

CHAPTER

03 수유기 영양

01 수유기 특징

02 영양소 섭취기준

03 수유기의 식생활 관리

04 수유기의 영양과 건강문제

수유기는 신생아, 영아에게는 시기에 맞는 적절한 영양을 제공해 주고, 모체에게는 산후 회복 기간이 되는 중요한 시기이다. 건강한 모체로부터 건강한 유즙이 생성되고 이는 영아의 정신적, 신체적 발달에도 직접적인 영향을 미치는 요소이므로 산후 모체의 건강관리가 매우 중요하다. 분유 수유에 비해 여러 가지 장점을 갖고 있는 모유 수유율을 높이기 위해선 출산 이후의 신체적 회복을 위한 시간적, 환경적 배려는 물론 가사활동이나 직장으로의 복귀 스트레스로부터 자유로울 수 있는 사회적 환경 등이 조성되어야 한다.

모유는 엄마의 몸에서 자연적으로 생성되어 아기를 위해 제공할 수 있는 최상의 식품이다. 모체의 건강이 보장된다면 항상 무균 상태로 신선한 효율적 영양공급원이 될 수 있다. 또한 영아기의 발달에 따라 필요한 성분이 변화하는 장점도 있다. 미숙아를 낳은 모체의 모유 성분에는 고단백질 성분이 많아 성장이 모자란 아기에게 집중적으로 영양을 공급할 수 있고 아기가 성장해 갈수록 자연스레 더 많은 열량을 필요로 하게 되면 이때는 모유의 열량도 함께 높아진다. 모유 성분은 기후에 따라서도 조금씩 달라지는데 더운 지방에서는 수분 함량이 높은 모유를 생산하고, 추운 지방에서는 지방 함량이 높은 모유를 생산한다.

1. 수유기 특징

수유란 신생아, 영아에게 모유나 인공유 형태로 필요한 영양을 주고 성장 발달을 도모하는 것으로 수유 개시는 출생 후 10시간 전후에 한다. 영아기에는 영양공급으로서 중요한 의미를 지닐 뿐 아니라 심리적인 요구를 충족시키고 식습관 기초를 마련하는 의미도 갖는다.

(1) 유방과 유즙분비

여성의 유방은 사춘기가 되어 2차 성징이 시작되면서 발달하기 시작한다. 호르몬 작용으로 유선이 발달하면 부피가 커지고 반구형의 유방 모습을 갖추게 된다. 온전한 유방의 모습은 대개 2~4년에 걸쳐서 발달한다. 유방의 모양과 크기는 월경주기, 임신 여부에 따라 달라지기도 한다.

1) 유방의 구조

유방은 림프관 혈관이 분포한 유선조직, 섬유상의 결합조직, 그리고 지방조직으로 이루어져 있다. 결합조직은 유방 전체를 둘러싸고 있으며 유방의 형태를 유지시킨다. 섬유상 결합조직이 많을수록 유방엔 탄력감이 상승하고 유방전체에 퍼진 지방이 많을수록 조직감은 더욱 부드러워진다. 유방은 지방조직이 유방 조직의 대부분을 차지하고 유선을 보호하는 역할을 한다.

유선(乳腺, 유선엽, 젖샘: mammory duct)은 수유 기간 동안 유즙인 모유(母乳, human milk, breast milk)를 생산하는 기관으로 한쪽 유방에 15~20개씩 있으며 포도송이처럼 여러 개의 소포로 이루어져 있다. 생성된 유즙은 유관(도관, 젖샘관: lactiferous duct)을 통해 유두로 분비된다. 소단위체인 소포는 수축성망으로 둘러싸여 있으며 생성된 유즙은 소도관, 도관을 따라 이동하여 마지막에 관의 넓은 부분인 유관동(lactiferous sinuses)에 고였다가 자극에 의해 사출된다. 유두는 유관의 배출구가 모여 있는 조그만 돌기부분이고 유륜으로 둘러싸여 있다[그림 3-1]. 유륜 표면에는 우툴두툴한 작은 결절의 몽고메리 샘이 있어 유두 보호를 위한 윤활유성 지방물질을 분비한다. 임신으로 멜라닌이 증가하여 색이 짙어지고 분만 이후 유륜색이 조금 옅어지지만 원래 색으로 돌아가지는 않는다.

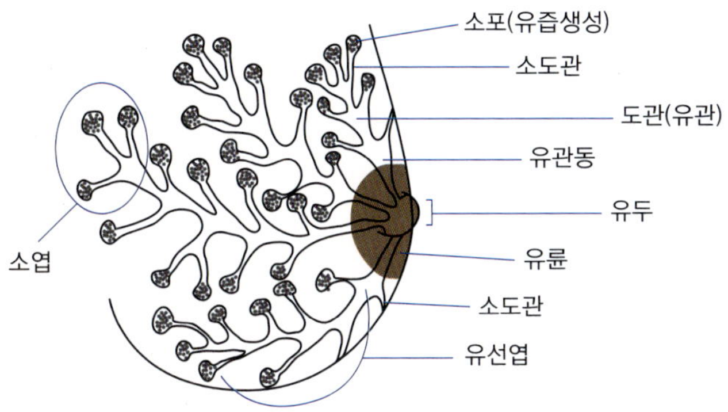

[그림 3-1] 유방의 구조

2) 유방 발달과 유즙 생성 및 분비

여성 유방 조직은 2차 성징기에 에스트로겐과 프로게스테론에 의해 유관, 유선, 지방조직, 결합조직이 발달하면서 형태가 완성된다. 임신을 하게 되면 난소에서 분비되는 두 호르몬이 태반에서도 분비되어 유선 조직 성숙을 주도한다. 이외에 프로락틴과 태반락토겐도 유선발달을 도와 유방의 크기가 증가한다. 출산에 임박하여 임신 기간 동안 분비가 증가했던 프로게스테론은 농도가 감소하게 되고 수유 개시를 돕는다.

뇌하수체의 수유 관련 호르몬인 프로락틴은 유즙생성을 돕고 옥시토신은 수축작용을 통해 모유 분비를 유도한다. 유선에서 생성된 모유는 유방 소엽에 모여 있다가 아기가 젖을 빨면 유선 근육이 수축되고 모유가 분비된다. 유방 발달과 유즙분비에 영향을 미치는 호르몬들은 다음과 같다[표 3-1].

표 3-1 유방 발달과 유즙분비에 영향을 미치는 호르몬 작용

호르몬	분비장소	작용
에스트로겐	난소, 태반	• 뇌하수체를 자극하여 프로락틴 분비 촉진 • 유선 분화와 유관 발달
프로게스테론	난소, 태반	• 유선 발달과 발육 촉진 • 모유 분비 억제(출산 시 농도가 급감소하면서 유즙분비 개시)
태반락토겐	태반	유선 발달
프로락틴	뇌하수체 전엽	유선 발달, 유즙 생성 자극, 수유 개시
옥시토신	뇌하수체 후엽	유선 내 근육 수축으로 유즙 방출, 유즙분비
성장호르몬	뇌하수체 전엽	유두 발달
ACTH (부신피질자극호르몬)	뇌하수체 전엽	수유 유지

(2) 모유

분만 후 모체의 유선에서 분비되는 유즙이 모유이다. 신생아를 위한 가장 최상의 식품으로 영양상태를 좋게 만들어 병에 대한 저항력을 키워주며 소화가 용이하고 신생아 생체대사에 가장 효율적인 조성으로 이루어져 있다.

모유는 분비시기에 따라 초유, 이행유, 성숙유로 분류되며 성분 조성에 차이가 있다. 초유(colostrum)는 임신 후반기에 유방을 누르면 조금 나오기도 하는 유즙으로, 분만 후 3~4일까지 나오며 하루에 약 10~40mℓ 정도 분비된다. 양은 적지만 영양분이 농축되어 있어 진하며 노르스름한 빛깔이다. 황색을 띠고 있는 초유는 양은 적지만 영양적 가치가 높고 단백질과 칼슘 함량이 많으며 세포분열에 필요한 비타민 A의 함량도 높다. 초유는 대변을 묽게 만들어 신생아의 첫 배변인 태변(meconium) 배출을 촉진시켜 주며 탈수를 방지하는 효과가 있다. 태변 배출이 원활하면 출생 시 급격히 감소된 혈액의 결과물로 남아도는 과도한 빌리루빈도 제거해 주어 신생아 황달 예방에 도움이 된다.

이행유(移行乳)는 초유에서 성숙유로의 이행기에 나오는 유즙으로 분만 이후 약 2주 동안 나오며 점차 양이 증가한다. 그 후에 분비되는 유즙은 성숙유로 분만 14일 이후에 나오게 된다. 색상은 유백색을 띠며, 초유에 비해 지방과 유당 함량이 높다. 모유 단백질의 70%는 유청 단백질이고 탄수화물은 주로 유당 형태로 포함되어 있다. 지방은 모유 열량의 약 50%를 차지하며 수유가 진행될수록 지방 함량이 증가하여 전체 열량을 증가시킨다.

출산 직후에 분비되는 초유를 먹이는 것은 신생아의 건강을 위해 여러 가지 측면에서 매우 중요하다. 신생아 성장에 필수적인 영양성분을 공급하고 면역글로불린 등 각종 면역성분을 함유하여 면역기능을 증강시켜 준다. 초유에는 장의 유해세균증식을 억제시키고 설사와 변비를 예방하는 정장작용도 있다. 성장인자, 성장호르몬 등 각종 성장물질을 함유하여 영아기의 빠른 성장을 촉진시켜 주고, 뇌 구성에 좋은 지방산을 함유하여 두뇌발달에도 효과적이다.

특히, 세균이 우리 몸으로 침투하는 것을 막아 주는 성분, 알레르기 방지 성분, 박테리아를 파괴해 그 항체를 수년간 또는 평생 유지시키는 면역 성분 그리고 'T-cell'의 생산을 촉진시키는 성분이 초유 속에 들어 있다. 초유에 가장 많이 함유된 IgG라는 면역물질은 몸속의 독성 물질과 낯선 침입자들을 중화시켜 준다. 이렇게 초유에는 평생 도움이 될 면역성분들이 함유되어 있기 때문에 태아가 출생 이후 외부 바이러스의 공격으로부터 자신을 지켜낼 중요한 면역 성분들을 초유 수유를 통해 전달받는 것은 절대 놓쳐서는 안 될 중요한 성장 과정이다.

Tip 초유의 주요물질

1. 면역기능 증강물질

① **면역글로불린(Immuno-globulin) IgA, IgG, IgM:**
- IgA: 폐나 장점막의 표면을 보호하여 세균의 침입 저지, 영아의 수동 면역능력 형성
- IgG: 혈관을 따라 몸 전체를 이동하며 침입한 세균에 대항, 신생아 면역체계에 기여(IgG의 일부는 태아기에 태반을 통해 전달)

② **락토페린(lactoferrin):** 철 결합성 당단백질로 항균 · 항염작용이 있고, 비피더스균의 증식을 촉진하여 대장 내 유해균 증식 억제에 효과적

③ **라이소자임(lysozyme):** 세균 용해 작용, 박테리아의 세포벽 파괴로 분해

④ **락토페록시다제(lactoperoxidase):** 항균작용을 하는 효소로 과산화수소(hydrogen peroxide)를 방출하여 해로운 병원균을 산화

⑤ **PRP(proline-rich polypeptides):** T-세포를 통하여 면역체계를 조절, 약한 면역체계는 항진시키고 과도한 면역 반응은 억제

⑥ **사이토카인(cytokines)류:** 선천성 면역반응 및 적응 면역반응에 관여
- 인터루킨(interleukins): 대식세포를 활성화시켜 식세포작용을 도움
- 종양괴사인자(tumor necrosis factor, TNF): 암세포 괴사 기능

2. 성장 촉진 인자

① **EGF(epidermal growth factor):** 섬유 성장과 세포조직의 회복

② **FGF(fibroblast growth factors):** 섬유아세포 성장인자, IGF-1의 결합능력을 증가

③ **IGF(insulin-like growth factors):**

- IGF-1: 체지방 감소, 뼈 · 근육 · 신경조직 형성, 세포의 성장과 분화 촉진
- IGF-2: 지방, 단백질, 당대사에 관여, 면역 기능

④ **TGF(transforming growth factors):** 변형성장인자, 정상적 세포의 성장과 재생

- TGF-α: 소화기계 증식과 회복
- TGF-β: 골아세포의 증식과 분화, 상처회복

⑤ **GH(growth hormone):** IGF-1 방출 시 성장촉진 작용

3. 두뇌 발달 촉진 인자

① **DHA:** 두뇌와 눈의 망막 발달

② **스핑고미엘린(sphingomyelin):** 뇌세포 성분이 되는 스핑고지방

③ **포스파티딜콜린(phosphatidicolin):** 뇌세포막을 구성하는 인지질, 기억력과 집중력 향상

④ **IGF-1:** 두뇌활동을 예민하게 하여 집중력 향상에 기여

(3) 수유부 영양과 모유 분비

모유는 분비 시기 및 환경적 요인에 따라 분비량과 조성에 차이가 생기는데 수유부의 영양상태에 따라서 그 조성과 성상에 변화가 생기는 경우가 있다. 수유부의 음식 섭취와 무관하게 모유 내 단백질, 탄수화물, 지방, 칼슘, 인, 마그네슘, 나트륨, 칼륨 함량은 어느 정도 일정하게 유지되지만 셀레늄과 요오드, 지방산 조성은 엄마의 섭취량에 영향을 받는다.

건강한 아기의 하루 평균 수유 필요량은 대략 750~800㎖ 정도로 수유부가 극도로 영양결핍되거나 중증 탈수가 아니라면 대체로 공급 가능한 수준이다. 극심한 구토나 설사로 인하여 10% 이상 탈수가 진행되면 모유 분비량에도 어느 정도 감소가 발생한다. 그러나 일반적인 경우 수분 섭취를 늘리면 모유 분비량이 증가하고 수분 섭취를 억제하면 분비량이 감소한다는 근거는 없으므로 모유 분비량 증가를 위해 지나치게 많은 수분을 섭취하려고 노력할 필요는 없다.

에너지 영양소 섭취가 부족할 때 정상적인 수유부의 신체에서는 기초대사량, 열 발생,

신체 활동 감소를 통해 에너지 소모량을 감소시키고 모유 분비량이 감소하지 않도록 대응하는 반응이 나타난다. 또한 이미 확보된 모유 분비량은 운동, 육체노동, 체중 감소 등의 변화가 발생한다고 해서 변화되지는 않는다. 모체의 영양상태와 상관없이 아기는 자신의 성장에 필요한 에너지 요구량을 모체로부터 가져가는 것이다.

수유부 영양상태가 양호하다면 모유 내 정상 단백질 함량은 0.8~0.9g/dℓ이며 수유부에게 영양 결핍이 발생한다고 하더라도 단백질 함량에는 거의 영향을 미치지 않는다.

수유부 식이변화를 통해 가장 많이 영향 받는 것은 모유 속 지방산 조성이다. 모유 지방의 98% 이상은 중성지방으로 구성되어 있으며 중성지방을 구성하는 지방산의 조성은 수유부의 식이에 어느 정도 영향을 받는다. 다가불포화지방산을 많이 섭취하면 모유 내 포화지방산은 감소하는 대신 다가불포화지방산은 증가한다. 성숙유의 열량은 약 50%가 지방으로부터 오며 지방은 아기의 뇌, 망막과 기타 조직의 구조적 발달과 성장에 필수적인 영양소이다. 특히, 인체가 합성하지 못하는 오메가-3와 오메가-6계열 지방산은 세포 성장이 활발한 영아기의 세포막 인지질 구성을 위해 많은 양을 공급해 주어야 한다. 생후 첫 4~6개월 동안 아기는 체내에 1,300~1,600g의 지방을 축적한다.

그러나 같은 지방이라 하더라도 영아 성장에 필수적인 콜레스테롤과 인지질 함량은 수유부 식이에 의해 변화하지 않는다. 모유 내 콜레스테롤은 고콜레스테롤 여성에서도 100~150㎎/ℓ로 일정하게 유지된다. 수유부가 저콜레스테롤 식사를 하면 모체 혈액 내 콜레스테롤 수치는 낮아지지만 중성지방은 변하지 않으며 모유 내 콜레스테롤 함량도 변화되지 않는다.

트랜스지방산의 경우 수유부의 섭취 여부에 따라 모유 내 성분 함량이 영향을 받는다. 트랜스지방산은 지방대사의 여러 가지 효소 작용을 억제하여 아라키돈산과 프로스타글란딘의 합성을 방해하며 세포막의 투과도와 유동성에도 좋지 않은 영향을 주는 지방산이다.

해안 지역에 거주하며 등 푸른 생선을 충분히 섭취하는 수유부들의 모유에서는 산간 지역 거주 여성들에 비해 DHA 함량이 높게 나타난다. 이는 영아가 필요로 하는 뇌 및 망막 성장의 필수 영양소 DHA 함량을 높일 수 있는 방법이 무엇인지 알려주는 좋은 근거 자료이다. 현재 일부 조제분유에 합성 DHA를 첨가하고 있지만 이것이 천연 DHA와 같은 효과를 갖고 있는지 명확하지 않으므로 가능한 수유부에게 생선이나 어유를 공급하여 모유 속 DHA 함량이 부족하지 않도록 관리하는 것이 바람직하다. 다만 지나치게 많은 DHA 공급은 오히려 아라키돈산과 DHA의 적정 비율에 해로운 영향을 주므로 적절한 비율을 넘지 않도록 주의가 필요하다.

일부 지역의 오염된 바다를 통해 수은 오염의 위험이 있는 등 푸른 생선의 섭취에 대한 경고가 있었지만 어류는 수유부 영양에 필요한 오메가-3지방산, 비타민 D, 비타민 B군, 아연, 요오드, 셀레늄 그리고 단백질의 훌륭한 급원이므로 해가 되지 않는 적정한 선에서 섭취를 권하고 있다. 미국 FDA에서는 모유 수유 중 340g/주 정도의 작은 생선 섭취는 해롭지 않다고 권하고 있다.

2. 영양소 섭취기준

산모가 모유 수유를 하지 않을 경우 식사량 및 영양소 섭취량은 비임신기와 같다. 모유 수유를 하는 수유부의 경우 비수유부에 비해 에너지 필요추정량, 단백질 권장섭취량, 식이섬유와 수분의 충분섭취량이 각각 증가한다. 지용성 비타민 중 비타민 A, E가 증가하고 수용성 비타민 중에 비타민 C를 포함하여 한국인 영양소 섭취기준에 설정된 모든 비타민 B군(티아민, 리보플라빈, 니아신, 비타민 B_6, 엽산, 비타민 B_{12}, 판토텐산, 비오틴)의 섭취기준이 증가한다. 다량 무기질 중 칼륨의 섭취기준이 증가하고 미량 무기질 중에 아연, 구리, 요오드, 셀레늄, 몰리브덴, 크롬의 섭취기준이 증가된다.

수유부들에겐 과일, 채소, 전곡류, 칼슘이 풍부한 유제품과 단백질이 풍부한 식품을 충분히 섭취할 것을 권장하고 특별한 이유가 없는 한 비타민이나 무기질 보충제의 섭취는 불필요하다. 그러나 특정 영양소 충족 상태를 점검하여 부족하다고 판단될 경우에는 이들 영양소가 풍부한 식품을 강조하여 섭취하도록 한다.

(1) 에너지

임신 중 체지방 축적과 수유 중 체지방 감소는 지방 세포의 숫자가 아니라 크기의 변화이다. 수유를 통해 임신 중 축적된 지방열량의 소모가 일어난다. 영양상태가 양호한 수유부의 경우 모유 내 열량은 대략 65㎉/dℓ(1일 모유 분비량 750mℓ 기준)이다. 여성의 대사효율은 수유 기간 동안 현저히 증가하며 모유 수유를 감안하고 임신기에 비축된 잉여에너지를 고려하여 1일 +340㎉를 추가 섭취하도록 한다.

(2) 탄수화물

수유부를 위한 탄수화물 섭취비율은 비수유기의 성인 여성 기준과 같은 총에너지의 55~65% 수준에서 섭취하기를 권장한다. 수유부를 위한 탄수화물 권장섭취량은 1일 +80g이고 식이섬유의 경우 1일 +5g 추가하여 충분섭취량을 설정하였다.

(3) 단백질

수유부의 경우 유즙분비를 위해 단백질의 섭취 필요량이 커진다. 수유기간 동안 +25g의 증가분을 포함하여 1일 75~80g의 단백질을 권장한다.

(4) 지질

수유부만을 위한 별도의 지질 섭취기준은 설정되어 있지 않다. 그러나 섭취지방산의 조성이 모유 속 지방산 조성에도 영향을 미치므로 영아의 성장과 두뇌발달에 좋은 지방산 위주의 식이지질 섭취를 권장한다.

(5) 비타민

1) 지용성 비타민

① 비타민 A

영양 결핍 수유부가 고농도 비타민 A의 1회 투여로 수유부의 혈청 농도와 모유 내 함량이 증가되었으며 그 결과 모유 수유아의 호흡기 감염 기간과 열성 질환이 감소되었다는 연구결과들이 있다. 비타민 A는 세포분화를 위해 매우 중요한 영양소이므로 발달 초기에 부족하지 않도록 충분한 양을 공급한다. 비수유 성인 여성을 위한 권장섭취량은 650㎍ RAE/day로 설정되어 있으며 수유기에는 +490㎍ RAE가 추가되어 총 1,140㎍ RAE/day를 섭취하도록 한다.

② 비타민 E

항산화제로서의 생리적 효과에 가장 의존하는 시기에 분비되는 초유에는 비타민 E 함량이 높아 신생아의 용혈성 빈혈을 효과적으로 예방한다. 임신기에는 비타민 E 증가량이 정해져 있지 않지만 수유기에는 +3mg α-TE/day를 추가하여 총 15mg α-TE/day를 섭취할 것을 권장한다.

표 3-2 지용성 비타민 영양소 섭취기준

구분	비타민 A(μg RAE)	비타민 E(mg α-TE)
	권장섭취량	충분섭취량
비수유 19~49(세)	650	12
수유부	+490	+3

2) 수용성 비타민

모유 내 수용성 비타민 함량은 수유부의 식이변화에 따라 달라지며 일반적으로 수유부의 식이상태가 반영된다.

① 티아민

에너지대사 항진과 모유를 통한 분비의 증가로 섭취 필요량이 증가된다. 비수유기 성인 여성의 권장섭취량인 1.1mg/day 보다 +0.4mg 증가된 1.5mg/day를 수유기 여성의 티아민 권장섭취량으로 한다.

② 리보플라빈

수유기의 에너지대사 항진과 모유를 통한 리보플라빈 분비의 증가로 섭취필요량이 증가하는 비타민이다. 비수유기 성인 여성의 권장섭취량은 1.2mg/day이고 +0.5mg을 증가시켜 총 1.7mg/day를 수유여성의 권장섭취기준으로 정하였다.

③ 니아신

비수유기 성인 여성의 권장섭취량은 14mg NE/day이고, 수유기 증가되는 권장섭취량은 +3mg NE/day이므로 총 17mg NE/day를 수유부의 니아신 권장섭취량으로 한다.

④ 판토텐산

수유부의 유즙에 분비되는 판토텐산은 식이섭취량 증가에 영향을 받는다. 1일 모유로 분비되는 양과 모체흡수율 등을 고려하여 +2mg 증가된 7mg/day를 수유여성의 판토텐산 충분섭취량으로 하였다.

⑤ 비타민 B_6

단백질 요구량이 증가하면 필요량이 증가하는 비타민으로, 수유부 식이에 따라 모유 내 함량이 빠르게 변화하여 섭취 후 3~5시간에 최고 수치를 나타낸다. 결핍되기 쉬운 비타민이므로 가금류, 고기, 생선, 콩류를 충분히 섭취한다. 수유부의 권장섭취량은 +0.8mg 증가된 2.2mg/day이다.

⑥ 엽산

수유부는 필요한 식이요구량이 많아지기 때문에 엽산이 부족해질 위험이 높다. 모유 내 엽산 농도는 모체의 식이가 아닌 모체 저장량을 활용하여 유지된다. 그러나 영양상태가 양호한 모체에게 엽산 보충을 해도 모유 내 엽산 함량에 영향을 주지 않으나, 1일 권장량의 60%보다 적게 섭취하는 여성이 보충을 하면 모유 내 엽산 함량이 증가한다. 수유부에겐 +150μg DFE가 추가된 550μg DFE/day를 섭취하도록 권장한다.

⑦ 비타민 B_{12}

엄격한 채식주의를 실천하는 수유부의 아기에게는 신경학적 이상이나 거대적아구성 빈혈 등이 나타날 수 있다. 비타민 B_{12}는 식물성 식품에는 없고 동물성 식품에만 존재하므로 엄격한 채식주의자는 임신과 수유 중 비타민 B_{12}를 보충해야 한다. 식이섭취한 비타민 B_{12}가 모유 속 분비량에 영향을 미치므로 1일 모유로 분비되는 0.3μg을 고려하여 추가 필요량을 설정하였다. 비수유 성인 여성의 권장섭취량이 2.4μg/day일 때 수유부에게는 +0.4μg을 추가한 2.8μg/day를 권장섭취량으로 설정해 두었다.

⑧ 비오틴

수유부 식이가 모유 내 함량을 일정 수준 이상 올리지는 않지만 모체로 분비되는 비오틴의 필요량 증가를 감안하여 +5μg 증가된 35μg/day를 충분섭취량으로 설정하였다.

⑨ 비타민 C

수유부가 섭취하여도 모유 내 함량은 그에 비례하여 증가하지 않는다. 대신 수유부의 수유 등 스트레스 상황에 대처하기 위하여 요구량이 증가하는 비타민이다. 비수유 성인 여성의 권장섭취량은 100mg/day이고 수유부에게는 +40mg을 추가하여 1일 140mg/day로 권장섭취량을 설정해 두었다.

표 3-3 수용성 비타민 영양소 섭취기준

구분	티아민 (mg)	리보플라빈 (mg)	니아신 (mg NE)	판토텐산 (mg)	비타민 B_6 (mg)	엽산 (μg DFE)	비타민 B_{12} (μg)	비오틴 (μg)	비타민 C (mg)
	권장 섭취량	권장 섭취량	권장 섭취량	충분 섭취량	권장 섭취량	권장 섭취량	권장 섭취량	충분 섭취량	권장 섭취량
비수유 19~49(세)	1.1	1.2	14	5	1.4	400	2.4	30	100
수유부	+0.4	+0.5	+3	+2	+0.8	+150	+0.4	+5	+40

(6) 무기질

1) 다량 무기질

① 칼륨

수유부는 6개월간 모유를 통해 분비되는 칼륨이 1일에 약 0.4g이고 식사를 통해 섭취한 칼륨의 모유 전환 효율이 100%인 것으로 추정되므로 수유부를 위한 칼륨 충분섭취량은 비수유부 성인 여성의 3,500mg/day에 +400mg을 추가한 3,900mg/day로 설정하였다.

2) 미량 무기질

① 아연

모유로 분비되는 아연의 양이 1일 평균 1.65mg이고, 아연 흡수율과 개인변이계수 등을 적용한 1일 추가 권장섭취량을 +5mg으로 설정하였다. 비수유 성인 여성의 권장섭취량 설정기준인 8mg/day에 +5mg을 더하여 총 13mg/day를 수유부의 아연 권장섭취량으로 정하였다.

② 구리

모유로 분비되는 구리의 양을 1일 평균 225μg으로 간주하고, 구리 흡수율과 개인변이계수 등을 적용한 1일 추가 권장섭취량을 +480μg으로 설정하였다. 비수유 성인 여성의 권장섭취량 설정기준인 650μg/day에 +480μg를 더하여 총 1,130μg/day를 수유부의 구리 권장섭취량으로 정하였다.

③ 요오드

모유 내 요오드 농도는 수유부의 섭취량과 관련이 있다. 모유로 분비되는 요오드의 양이

1일 평균 130㎍이고, 요오드 흡수율과 개인변이계수 등을 적용하여 1일 추가 권장섭취량을 +190㎍으로 설정하였다. 비수유 성인 여성의 권장섭취량 설정기준인 150㎍/day에 +190㎍ 더하여 총 340㎍/day를 수유부의 요오드 권장섭취량으로 정하였다.

④ 셀레늄

모유 내 셀레늄 농도는 수유부의 섭취량과 관련이 있다. 셀레늄은 근원이 토양이므로 지역에 따라 섭취량이 달라진다. 모유로 분비되는 셀레늄의 양이 1일 평균 8.25㎍이므로, 흡수율과 개인변이계수 등을 적용한 1일 추가 권장섭취량을 +10㎍으로 설정하였다. 비수유 성인 여성의 권장섭취량 설정기준인 60㎍/day에 +10㎍을 더하여 총 70㎍/day를 수유부의 셀레늄 권장섭취량으로 정하였다.

⑤ 몰리브덴

현재 국내 연구 자료에는 수유부의 몰리브덴 섭취량 설정을 위한 충분한 데이터가 축적되어 있지 않아 일본의 경우를 참조하였다. 평균필요량과 권장섭취량의 수치 차이가 크지 않으므로 평균필요량, 권장섭취량 모두 +3㎍을 더하여 각각 23㎍/day, 28㎍/day이다.

⑥ 크롬

모유로 분비되는 크롬이 1일 200ng이고, 흡수율 1%를 적용하여 하루 +20㎍을 더 섭취하도록 하였다. 비수유 성인 여성의 1일 크롬 충분섭취량이 20㎍이므로, 수유부의 크롬 1일 충분섭취량은 총 40㎍이다.

표 3-4 무기질 영양소 섭취기준

구분	다량 무기질	미량 무기질					
	칼륨 (mg)	아연 (mg)	구리 (㎍)	요오드 (㎍)	셀레늄 (㎍)	몰리브덴 (㎍)	크롬 (㎍)
	충분섭취량	권장섭취량	권장섭취량	권장섭취량	권장섭취량	권장섭취량	충분섭취량
비수유 19~49(세)	3,500	8	650	150	60	25	20
수유부	+400	+5	+480	+190	+10	+3	+20

(7) 수분

모유를 통한 수분손실과 에너지 섭취 증가에 따른 수분 필요량 등을 고려하여 섭취기준이 증가하였다. 비수유 성인 여성의 1일 충분섭취량으로 설정된 수분 2,000~2,100㎖에 +700㎖를 추가하여 총 2,700~2,800㎖를 임신부를 위한 수분 충분섭취량으로 설정하였다.

3. 수유기의 식생활 관리

수유는 모체에 일어난 급격한 생리적 변화를 제자리로 돌아오게 하는데 결정적인 역할을 하는 과정으로 수유는 임신과 출산의 마무리 과정에 해당한다. 임신을 하면 유방 조직이 발달하고 모체에 영양분과 에너지가 비축되면 별다른 준비 없이도 자연스럽게 수유가 준비된다. 모유 분비를 위해 특별 영양식을 먹거나 몸보신에 신경써야 한다고 생각하는 경우가 많지만, 반드시 특별하고 독특한 영양식을 섭취해야 하는 것은 아니다.

(1) 영양관리기준

① 출산 후에는 보통 식욕이 약간 늘고 쉽게 갈증을 느끼는 정도의 변화가 일어나므로 그런 변화에 충족할 수 있을 정도로만 따르면 된다. 지나치게 복잡하고 까다로운 식단은 지키기가 힘들고 오히려 식욕을 잃게 만드는 요인이 되기도 한다.

② 모체가 장기간 심한 열량 불량 상태에 빠져 있으면 모유 분비량이 줄어들 수 있어도 영양적 가치가 떨어지는 것은 아니다. 부실한 열량 상태를 만회하기 위해 모유의 질은 유지하면서 분비량이 감소하는 것이다. 즉, 수유부에게 에너지 영양소를 보충하는 것은 직접적으로 모유조성에 영향을 주는 것이 아니라 수유부의 영양상태 유지에 기여하는 것이다.

③ 1ℓ의 젖을 생산하기 위해서는 약 940㎉의 에너지가 소모된다. 임신기에 증가한 체중 2~4kg 정도는 수유에 대비하여 증가한 것이다. 모유 수유에 대비하여 이미 모체에는 비축한 저장 에너지 영양소에 해당하는 체중증가가 있으므로 특별한 경우가 아니라면 수유부의 에너지 공급은 1일 약 +340㎉만 추가로 섭취하면 된다.

④ +340㎉의 열량은 밥 한 공기, 사과 한 개, 우유 한 컵(또는 샌드위치 반쪽, 우유 한 컵, 주스 한 컵) 정도를 더 섭취하면 되는 양으로 이처럼 추가로 필요한 에너지는 수유 사이사이에 간식으로 섭취하면 된다.

⑤ 모유 수유기간에도 정상적인 식사를 하고 있다면 특별히 요구되는 영양소는 없다. 모체의 영양상태가 모유의 영양상태에 크게 변화를 주지는 않기 때문이다. 그러나 산모가 엄격한 채식주의자라면 비타민 B_{12}가 부족할 수 있으므로 비타민 보충제를 섭취하는 것이 좋다.

(2) 수유부의 식생활 지침

정상 분만 후 2시간 정도 지나고 마취에 의한 합병증 등의 큰 문제가 없으면 식사를 해도 좋고 특별히 제한할 음식은 없으며 일반적으로 구미에 맞는 음식을 섭취하면 된다. 보건복지부에서 권장하는 수유부의 식생활 지침은 임신부의 식생활 지침과 같다.

① 우유 제품을 매일 3회 이상 먹자.
② 고기나 생선, 채소, 과일을 매일 먹자.
③ 청결한 음식을 알맞은 양으로 먹자.
④ 짠 음식을 피하고 싱겁게 먹자.
⑤ 술은 절대로 마시지 말자.
⑥ 활발한 신체활동을 유지하자.

Tip 수유부의 음주

가볍게 한 잔 하는 것은 모유 수유에 문제가 되지 않는다. 하루에 맥주 한 잔, 소주나 와인, 양주도 하루에 한 잔은 상관이 없다. 그렇다고 각각 한 잔씩 매일 먹어도 좋다거나 매일 음주를 해도 좋다는 의미는 아니다. 가볍게 한 잔 하는 것이 산욕기의 우울증 회복에 도움이 된다면 모유 수유 측면에서 문제가 되지 않는다. 그래도 가능한 수유 이후에 음주를 하는 것이 가장 안전하고, 음주를 하였다면 일정 시간 이상 수유를 해서는 안 된다.

예를 들어 몸무게 50㎏인 수유부가 맥주 한 캔을 마셨다면, 최소 2시간 반 정도 지난 후에 수유를 하는 것이 좋다. 알코올은 음주 후 30~60분이 지나면 모유에 섞여 나오고, 식사와 같이 한 경우에도 60~90분이 지나면 모유로 분비된다. 50㎏ 정도의 여성이 맥주 한 잔 정도를 마시면 2~3시간 정도 지나야 체내에서 알코올이 없어진다. 많이 먹으면 많이 먹을수록 알코올은 오래 남는데, 음주량이 많았다면 최소 12시간은 지나서 수유하도록 해야 한다. 만일 긴 시간 동안 모유 수유를 하지 못하여 수유간격을 지킬 수 없을 경우에는 미리 짜 둔 모유를 먹이는 것이 좋고, 안 되면 조제유를 활용해서라도 보충해주어야 한다.

수유부의 지나친 음주는 영아에게 알코올성 2차 피해를 주어 성장장애와 발달장애를 초래할 수 있으므로 주의가 필요하다. 만성으로 알코올에 노출된 영아는 식욕이 감퇴하고, 항상 졸려하며, 체중도 제대로 증가하지 않는다. 모체에서는 수유 분비량이 감소하고 사출이 억제되어 정상적 모유 수유를 진행할 수 없게 되므로 가능한 수유기간에는 과도한 음주를 하지 않도록 한다.

4. 수유기의 영양과 건강문제

(1) 산욕기 관리

산후 조리 혹은 산후 관리라 하면 소위 산욕기 동안 일어나는 모든 현상에 대한 종합적인 처치를 의미하는데 보통 분만 후 6주까지를 산욕기라 한다. 산욕기는 임신으로 인해 야기되었던 모든 신체적인 변화가 임신 이전의 상태로 돌아가는 시기로 자궁이나 질 등의 생식기관 및 생리학적 모든 현상이 원상회복되는 과정이다. 모유 수유를 하지 않는 산모라면 내분비학적 상태도 임신 이전의 비임신 시기의 상태로 돌아가게 된다. 적절한 산후 관리는 이 시기에 생길 수 있는 산후 부작용이나 후유증을 예방하고, 비임신 상태로의 회복을 빠르게 돕기 위해 매우 중요하다.

1) 수유 여부

수유 여부는 산욕기(분만 후 6주간)에 많은 영향을 준다. 모유 수유는 옥시토신 분비를 촉진하여 자궁수축과 빠른 회복에 도움을 준다. 수유를 하지 않는 산모는 산후 6주 내에 또는 이보다 조금 지나면서 난소 기능이 정상화되어 배란이 되고 임신이 가능해진다. 수유부의 경우는 수유 빈도와 시간에 따라 다르긴 하지만, 15%가 6주 후에, 30%가 3개월 내에 월경을 다시 시작하게 된다. 경우에 따라 늦어지는 산모는 1년 반 이상 지나서 월경이 다시 나타나기도 한다. 분만 이후 수유를 하는 산모에서 월경이 늦어지는 이유는 모유 분비 호르몬의 증가와 이로 인해 난소 기능 회복이 지연되기 때문이다.

2) 갑상샘 저하증

임신 중에 늘어난 갑상샘호르몬의 분비는 산후 6주 정도가 되면 정상으로 돌아온다. 산욕기 중에는 자가 면역성 갑상샘염이 생길 수 있는데 약 5~10%의 산모에서 일과성으로 발생한다. 처음에는 갑상샘 항진증이 잠깐 있다가 이어서 갑상샘 저하증이 될 위험성이 높아진다. 산후 갑상샘염의 증상은 비특이적인 것으로 피로감, 우울, 부주의, 기억력 저하 등 모호한 증상이 많고, 임상적으로 별 증상이 없는 경우가 많다. 그러므로 몇 주 이상 이런 증상이 계속된다면 갑상샘 기능 검사를 받도록 한다.

많은 산모들이 산욕기에 느끼는 어려운 점은 몸이 늘어지며 힘이 생기지 않고 피로감이 잘 생기는 것이다. 아이를 따로 돌보는 사람이 없고, 밤에도 잠을 자지 않고 울거나 보채는 아이에게 밤낮없이 매달리게 된다면 그 증상은 더욱 심화된다.

3) 산후 활동

출산 후에는 질환과 무관하게 현기증이 생기거나 쇼크 비슷한 증세가 자주 발생할 수 있는데 이는 혈액 중에 전해질이나 호르몬대사의 변화로 인해 혈압이 약간 떨어져 있기 때문이다. 특히 분만 중의 출혈 등으로 이러한 증세가 더 악화될 수도 있다. 따라서 출산 직후에는 안정을 취해야 하며, 부축을 받은 상태에서 천천히 일어나도록 한다. 어지럼증이 심하다면 일어나지 말고 누워서 소변이나 대변을 보는 것이 안전하다. 이러한 증상은 시간이 지나면서 차츰 회복되므로 너무 조급해하지 않도록 한다. 정상 분만 시에는 하루 정도 지나면 회복되고, 수술 시에는 2~3일 정도 지나면 좋아진다.

개인차가 있지만 특별한 문제가 없다면 정상 분만 후에는 몇 시간이 지나면 걸을 수 있고, 제왕절개 수술을 했더라도 하루 정도 지나면 걸을 수 있다. 가능한 한 빨리 움직이는 것이 방광기능장애나 변비 등 여러 가지 합병증을 예방하는 데 도움이 된다. 특히 산모는 혈액응고가 잘 되어 분만 또는 수술 후에 혈전증의 위험이 높은 편이므로 활동을 하면서 혈액 순환이 촉진되도록 하는 것이 혈전증 예방을 위해 좋다. 수술 직후에 배가 아파서 크게 움직이기 어려우면 이리저리 돌아눕거나 팔다리 운동을 해주는 것도 좋다.

4) 기타 산후 주의사항

① 무거운 것을 드는 것은 삼간다.

자궁이나 질을 지지하고 있는 조직이 임신과 분만으로 늘어나 있는 상태이므로 복압을 높이면 골반을 받쳐 주고 있는 근육이나 힘줄이 더 늘어나기 때문에 방광이나 자궁이 조금 내려앉거나 밖으로 빠져나오는 자궁하수로 고생하는 경우도 있다. 산후 회복에 필요한 휴식을 충분히 취해야 하는 중요한 이유 중 하나이다.

② 너무 덥지 않은 따뜻한 온도를 유지하고 찬바람, 찬음식은 피한다.

예로부터 아이를 낳은 후에는 찬바람을 쏘이면 바람이 들어간다고 하여서 더운 방에서 땀을 뻘뻘 흘리며 나오지도 못하게 하였지만 지나치게 높은 온도는 땀이 너무 많이 흐르도록 하여 신진대사에 장애를 일으켜 해롭다. 산모가 아늑하게 느낄 정도의 따스함을 유지하는 것이 가장 좋다. 산욕기 동안은 임신 기간 동안 이완되었던 관절 부위의 정상적인 회복을 돕기 위해 또한 약해진 치아의 회복을 위해 차고 딱딱한 음식은 피하는 것이 좋다. 온몸을 따뜻하게 감싸고 찬바람을 직접 쐬지 않도록 주의한다.

③ 산후 위생관리에 주의한다.

땀이나 오로 같은 분비물이 많이 배출되기 때문에 청결을 위해 따뜻한 물로 10분 정도

샤워를 한다. 제왕절개를 한 경우는 출산 후 일주일 뒤 실밥을 뽑은 다음에 가능하고 그전에는 따뜻한 물수건으로 몸을 닦아 준다. 욕조 목욕은 산후 6주의 산욕기가 지난 후부터 하고, 대중목욕탕은 최소 3개월이 지난 후에 가는 것이 안전하다.

(2) 수유기 유방관리

처음에는 유즙이 많이 고여서만 유방이 팽팽해지는 것이 아니라 늘어난 임파선과 혈관 및 부종으로 인해서도 유방에 불편함을 느끼게 된다. 첫날은 너무 무리하지 말고 조금씩 자극하여 유즙분비를 돕는다. 이틀 정도 경과하면 분비가 점차 용이해지므로 처음에 무리하지 않도록 한다. 유즙이 너무 많이 고이면 짜기 어려워지므로 젖이 많이 붇기 전에 항상 적정량의 유즙을 비워 내는 것이 좋다.

유방마사지를 통해 잘 주물러 부드럽게 한 후, 유방의 바깥쪽에서부터 가운데쪽으로 깊게 누르며 분비과정을 돕도록 한다. 유축기에만 의존하면 유두 근처에 고인 유즙만 분비되기 쉬우므로 손으로 유방의 깊은 부분까지 눌러서 꽉 짜도록 한다. 유즙은 비울 때 남기지 않고 완전히 비워야 하며, 시간이 지나 또 고이면 다시 완전히 짜서 비워 주도록 한다. 그렇지 않으면 모유 분비량이 감소하고 단시간에 다시 젖이 불으며 유선염의 위험도 높아진다. 따라서 유방에 남아 있는 젖을 아깝게 여기지 말고 완전히 짜내는 것이 가장 중요하다. 특히 신생아 시기에는 아기가 먹는 양이 적기 때문에 남은 유즙의 대부분을 짜낼 수 있도록 주의가 필요하다. 수유 전에 유방을 따뜻하게 찜질을 해주면 분비가 잘 되고, 젖을 먹이지 않을 때는 찬 찜질을 잠시 하면 좋다. 유방을 따뜻하게 하면 혈액 순환이 많아져 젖이 더 고이게 되므로 더운 찜질을 장시간 하는 것은 바람직하지 않다.

처음 수유를 시작할 때는 유두가 아픈 것이 큰 어려움이 되는데 양쪽을 5분씩 번갈아 수유 하거나 젖병에 짜서 수유하거나 한 번에 너무 오래 먹이지 말고 조금씩 자주 먹이는 것도 도움이 된다. 수유 후에는 유두를 순한 물로 깨끗이 씻으면 되고 수유 전후에 소독약을 바르거나 할 필요는 없다. 아이가 빨거나 무는 자극이 심한 경우 유두가 헐거나 갈라지기도 하는데 수유 시 발생하는 유두의 손상은 매우 흔한 경우이다. 헐거나 갈라진 것을 억지로 참고 먹이면 상처가 더 심해질 수 있으므로 그러한 경우 며칠간 조제유를 먹이도록 한다.

헐거나 갈라진 틈으로 균이 들어가면 유선염이 생길 수 있으므로 상처가 아물 때까지 깨끗하게 소독하고, 생성된 유즙은 잘 짜내도록 한다. 약을 쓸 필요는 없으며 며칠이면 대부분의 경우 예후가 좋아져 수유를 지속할 수 있게 된다. 젖몸살은 분만 후 수유 중에 발생하는 유방의 통증이나 전신적 발열을 통칭하는 표현으로 수유와 관련한 몸살이라는 의미로도 쓰이며, 수유 중 발생하는 유방울혈이나 유선염이 모두 젖몸살에 포함된다.

(3) 수유 금지

모유 수유가 금지되는 경우는 수유부가 전염병으로 인한 감염의 위험이 있을 때, 중증의 심신 질환이 있을 때, 골연화증 등에 걸려 수유가 모체에 부담이 될 때, 정신병이나 간질이 있을 때, 유선염으로 화농성농이 발생했을 때 등이다. 수유 중에 임신을 하게 되면 지속적인 모유 수유를 하기 어려워지는데 그 이유는 유즙분비를 돕는 옥시토신이 자궁수축을 유도하여 임신 유지를 방해하는 호르몬이기 때문이다.

(4) 수유장애

모친 쪽에 원인이 있는 경우와 유아 쪽에 원인이 있는 경우가 있다. 전자는 함몰유두, 분열유두 등의 유두의 기형이 있는 경우이고, 후자는 미숙아로 포유력이 약하거나 정신지체 장애아의 흡철(吸啜)반사 등이 미약한 경우이다. 구순열, 구개열 등의 유아의 기형도 수유장애의 원인이 될 수 있다. 포유력이 약한 경우엔 포유시간을 짧게 하고 횟수를 늘리도록 하고, 흡철반사가 미약한 경우엔 수유 횟수를 늘려 자극을 많이 주도록 한다. 수유에 어려움이 지속되면 경관영양을 시행하는 경우도 있다.

Tip 약물복용과 모유 수유

수유부에게 질환이 발생한 경우 무조건 참지 말고 수유 진행이 가능한 경우와 아닌 경우를 잘 구분하여 치료와 수유상황에 대처하도록 한다. 대부분의 병은 수유 중에도 안전하게 치료할 수 있으며, 수유 중에 안전한 약을 선택해서 치료를 하면 젖을 끊을 필요가 없는 경우가 대부분이다.
대부분의 감기약은 수유 중에도 안전하게 먹을 수 있지만 드물게 수유 중 먹어서는 곤란한 약물이 있으므로 담당의와 상의하여 모유 수유 중임을 알리고 처방을 받도록 한다. 엄마가 먹은 것은 기본적으로 모유를 통해 분비되고 모체가 먹은 약의 일부는 아주 적은 양이라도 모유를 통해 영아에게 전달될 수 있다.

1. 모유 수유 중 먹어도 되는 약

혈당조절에 필요한 인슐린, 헤파린 등의 항혈액응고제, 타이레놀 등의 진통제나 해열제, 빈혈치료를 위한 철분제 등은 수유하는 데 별다른 문제가 없다. 특히 모유에는 철분이 많이 들어 있지 않으므로 수유부가 빈혈치료를 위해 철분 보충제를 섭취하여도 모유속의 철분 조성은 변화하지 않는다.

2. 모유 수유 중 먹어서는 안 되는 약

항암제, 마약류 등은 모유 수유와 병행할 수 없다.

3. 산후조리 보약이나 한약

우리나라에서는 출산 후 산후조리를 한다고 흔히 한약이나 보약을 무심코 먹고 있는데 이러한 약에는 영아에게 위험할 수도 있는 여러 가지 화학물질과 중금속이 들어 있을 수 있으므로 주의 · 관찰이 필요하다. 성분을 알 수 없는 여러 가지 물질이 포함된 혼합물은 함부로 복용하지 않도록 한다. 때문에 모유 수유 중에는 여러 가지 성분이 복합적으로 혼합된 한약을 장기 복용하는 것을 권장하지 않는다.

생애주기 영양학

CHAPTER

04 영아기 영양

01 영아기 특징

02 영양소 섭취기준

03 영아기의 식생활 관리

04 영아기의 영양문제

영아기는 제1 급성장기로 성장과 발달에 결정적인 시기이다. 출생부터 만 1세까지의 시기로 심신 발육이 왕성하며 영양이나 기타 환경적 변화의 영향을 받기 쉽고, 질병에도 걸리기 쉽다. 0~5개월까지의 영아 전기는 주로 유즙으로부터 영양분을 공급받고 6~11개월까지의 영아 후기는 유즙과 함께 다른 고형음식을 이유식으로 병행하게 된다.

영아기에 영양부족이나 만성질환이 있으면 세포 수 부족으로 인해 '따라잡기 성장(catch-up growth)'이 이루어지기 어렵다. 이 시기는 영아와 모친 사이에 의미있는 관계가 성립되는 시기이기도 하다.

1. 영아기 특징

신생아는 생후 4주까지를 말하며 이 기간에 신생아는 모체 내에서 자동적으로 산소나 영양을 공급받던 상태에서 자력으로 호흡과 영양섭취를 하게 되는 급격한 변화가 일어난다. 감각 면에서는 영양섭취를 위한 흡인반사가 잘 발달되어 있고 이외의 감각은 아직 발달 과정에 있다. 미각은 대강의 맛을 판별하는 정도이고, 후각은 강한 악취에 대해서만 반응한다. 시각은 명암을 판별하는 정도이고 청각은 생후 1주일경까지는 온전한 반응을 하는 단계는 아니다.

신체적으로 운동발달은 기대기(3~4개월), 혼자 앉기(7~8개월), 혼자 서기(12개월), 혼자 걷기(15개월)의 순서로 발달한다. 언어적 발달은 1세경은 되어야 의미있는 단어를 말할 수 있게 된다.

(1) 영아의 신체 성장

신생아의 신체 계측은 머리둘레, 가슴둘레, 키, 체중을 측정한다. 이들 신체 계측은 성장과 발달에 중요한 지표가 된다. 체중이 많이 나가는 아기는 저혈당이 생기기 쉽기 때문에 몸무게가 많이 나가는 만큼 수유량을 늘려주도록 한다. 체중이 적게 나가는 경우 체온 조절이 어려우며 체력이 모자라 젖을 빨기 힘들어 하는 경우도 있다.

1) 체중과 신장

일반적으로 출생 시 신생아의 신장은 50㎝, 체중은 3.3㎏ 정도이며, 1세가 되면 신장은 약 75㎝, 체중은 약 10㎏ 정도가 된다. 3개월까지는 신장의 증가율이 빠른 편이며 생후 1년이 되면 신장이 1.5배 성장한다. 신장의 성장속도가 가장 빠른 시기는 영아 전기이며 점차 신장의 증가속도는 완만해진다[표 4-1]. 체중의 경우 출생 시 약 3kg이었던 체중이 4개월에 2배, 12개월에 3배로 증가한다. 따라서 체중증가율에 비해 신장 증가율이 느린 편이다.

표 4-1 평균 키의 성장속도

연령	키의 성장속도
0~6개월	2.5cm/개월
7~12개월	1.5cm/개월
12~24개월	10cm/년
24~36개월	8cm/년
36개월~48개월	7cm/년
4~10세	5~6cm/년

신생아의 평균 체중은 남아 3.4kg, 여아 3.3kg으로 남아의 체중이 조금 더 많이 나간다. 출생 후 3~5일이 경과하면 신생아 체중이 출생 시에 비해 일시적으로 5~10% 감소한다. 이것은 태변배설, 소변배출, 폐와 피부를 통한 수분손실이 발생하기 때문이다. 이후 수유량이 증가하면서 신생아의 체중은 다시 증가하여 생후 7~10일 경에 출생 시의 체중을 회복한다.

영아의 정상적인 발육상태를 파악하기 위해서는 표준발육수치와 비교하여 판단하거나 표준발육곡선에 그려보고 판단한다. 질병관리청 국민건강 영양조사 자료인 '2017년 소아 청소년 성장도표'를 사용하거나 5세 이하의 모유 수유아를 표준으로 채택한 세계보건기구(WHO)의 성장도표를 사용한다. 표준발육곡선에서는 5백분위수 이상 95백분위수 이하를 정상으로 판단하며, 짧은 기간 내의 급격한 변화 추이를 관찰하는 것도 성장 정도를 판단하는 중요한 포인트가 된다[표 4-2, 그림 4-1].

표 4-2 한국 영아 신체발육 표준치(2017)

남아		만 나이 (개월/세)	여아	
신장(cm)	체중(kg)		신장(cm)	체중(kg)
49.9	3.3	0개월	49.1	3.2
54.7	4.5	1개월	53.7	4.2
58.4	5.6	2개월	57.1	5.1
61.4	6.4	3개월	59.8	5.8
63.9	7.0	4개월	62.1	6.4
65.9	7.5	5개월	64.0	6.9
67.6	7.9	6개월	65.7	7.3
69.2	8.3	7개월	67.3	7.6
70.6	8.6	8개월	68.7	7.9
72.0	8.9	9개월	70.1	8.2
73.3	9.2	10개월	71.5	8.5
74.5	9.4	11개월	72.8	8.7
75.7	9.6	12개월	74.0	8.9

Tip 카우프 지수(Kaup index)

카우프 지수는 체중과 신장수치를 활용하여 영유아기 성장 균형을 평가하는 방식으로 생후 3개월까지는 수치 변동이 심하므로, 3개월 이후 2세 미만의 영유아를 대상으로 한다.

$$\text{카우프 지수} = \frac{\text{체중(g)}}{\text{신장(cm)} \times \text{신장(cm)}} \times 10$$

1세 미만	평가	2세 미만
15 이하	저체중	14 이하
15~18	정상	14~17
18~20	과체중	17~18.5
20 이상	비만	18.5 이상

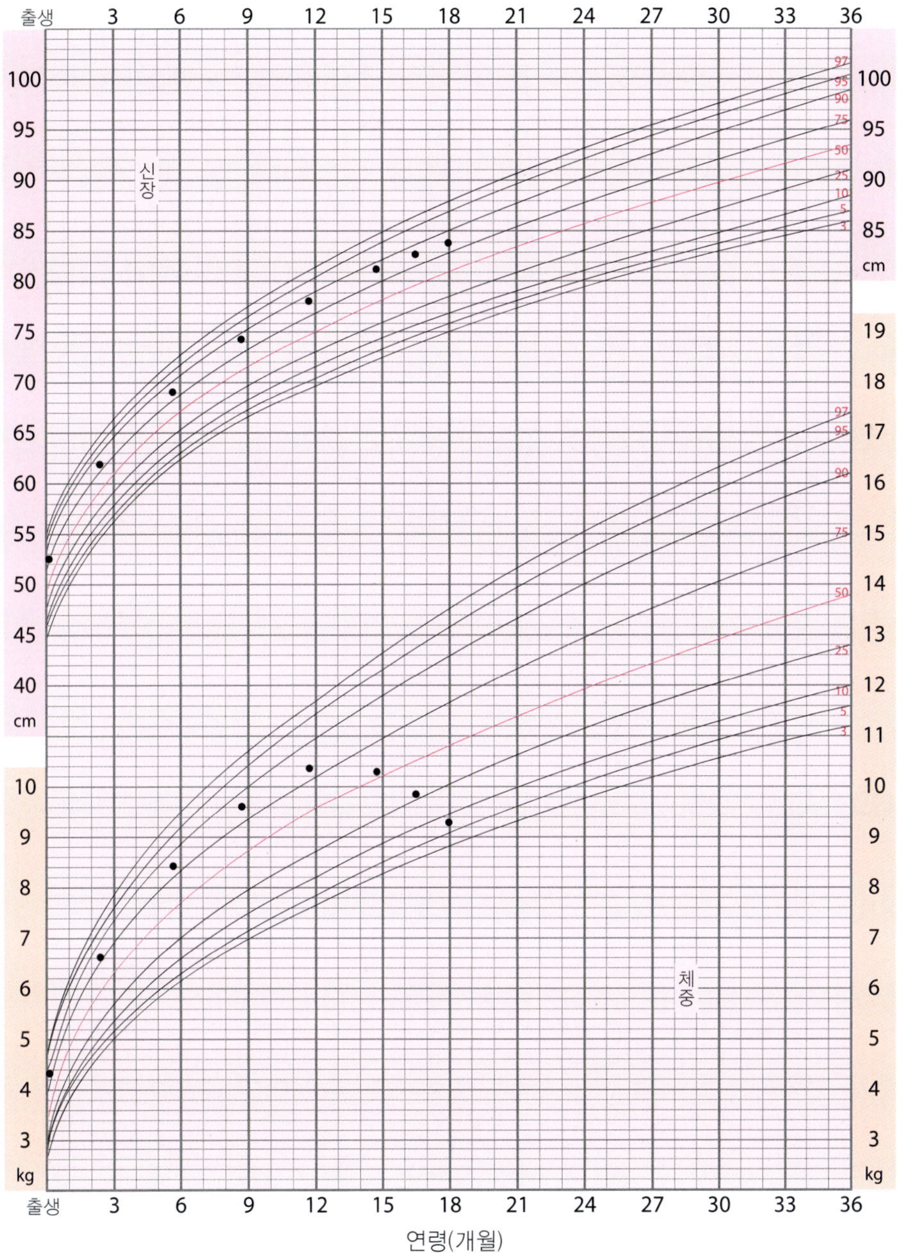

[그림 4-1] 한국 36개월 여아 성장곡선과 성장추이의 예

2) 머리둘레와 가슴둘레

머리둘레(두위)의 성장은 뇌의 성장을 반영하며 출생 시 신체 중 가장 큰 부위이다. 둘레의 크기는 앉은키와 비슷하고 가슴둘레보다 크다. 출생 시 평균 머리둘레는 35.0㎝이고, 가슴둘레보다 1~2㎝ 정도 더 크다. 생후 첫 1년 동안에는 한 달에 약 1㎝씩 머리둘레가 증가하며, 생후 첫 6개월 동안에 가장 빨리 성장한다. 첫 1개월에 2㎝, 첫 4개월 동안에 6㎝ 정도 증가한다. 대부분의 머리둘레 성장은 4세가 되면 거의 마무리되었다가 사춘기 무렵 약간 증가한다. 머리둘레의 증가는 영아기 골계통의 발육 지표로 활용되며 두개골 내의 용적 증가를 통해 뇌의 발육도 유추할 수 있는 관련성 높은 중요 지표이다.

표 4-3 한국 영아의 표준 성장 두위(2017)

만 나이 (개월/세)	머리둘레(㎝)	
	남자	여자
0개월	34.5	33.9
1개월	37.3	36.5
2개월	39.1	38.3
3개월	40.5	39.5
4개월	41.6	40.6
5개월	42.6	41.5
6개월	43.3	42.2
7개월	44.0	42.8
8개월	44.5	43.4
9개월	45.0	43.8
10개월	45.4	44.2
11개월	45.8	44.6
12개월	46.1	44.9

영아기 두개골은 출생 시에는 전두골 2개, 후두골 2개, 측두골 2개, 두정골 2개의 총 8개의 조각으로 구성되어 있어 분만 시 좁은 산도를 따라 쉽게 빠져나올 수 있게 한다. 출생 후에는 각각의 두개골 조각들이 붙게 되어 하나의 두개골을 형성한다. 머리 뒤쪽의 소천문은 출생 후 한 달 정도 지나면 서서히 막힌다. 가운데의 숨구멍인 대천문은 딱딱하지 않고 말랑말랑하므로 누르지 않도록 주의한다. 두개골은 신생아 때 2.5㎝ 정도이고 출생

후 1개월 때 잠시 커졌다가 다시 작아져서 1.5세경에 완전히 폐쇄되고 각 부위가 결합하여 두개골의 형성이 완성된다. 유연한 두개골은 두뇌 성장을 위한 공간을 마련하는 의미가 있으므로 너무 이른 시기에 두개골이 단단해지면 두뇌성장에 좋지 않다. 머리둘레가 너무 클 때는 수두증(hydrocephalus)을 의심해 볼 수 있다.

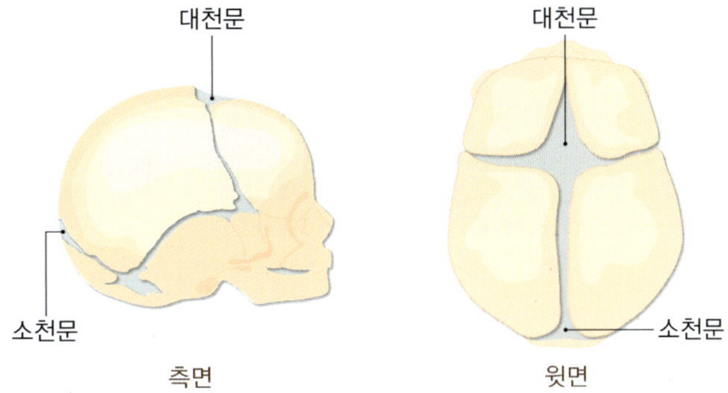

[그림 4-2] **두개골의 대천문과 소천문**

신생아 가슴둘레(흉위)는 평균 33㎝로 신생아 때는 머리둘레보다 작지만 1세가 되면 46㎝ 정도로 두위와 비슷해지고 이후에는 흉위가 두위보다 더 커진다. 가슴둘레는 체중과 비례하여 성장한다. 질병이 발생하거나 영양상태가 좋지 않은 경우 감소하는데 체중에 비해 민감하게 감소하므로 건강상태를 파악하는 좋은 지표가 된다. 2세가 넘었는데도 흉위가 두위보다 작다면 성장에 문제가 있는 경우이다.

3) 신체비율의 변화

신생아의 머리 크기인 두부는 신장의 1/4 정도이다. 성장하면서 점차 두부가 차지하는 비율이 감소하여 2세경에는 1/5, 6세경에는 1/6이 된다. 다리 길이는 출생 시에 신장의 1/3 정도이고 성인이 되어 가면서 1/2 정도에 이르게 된다.

4) 체조성의 변화

체수분 함량은 출생 시에 74% 정도이고 출생 후 1년이 지나면 60% 정도로 비율이 감소한다. 이는 출생 시에 42% 정도를 차지하던 세포외액이 32%로 점차 감소하기 때문이다. 체수분 함량이 감소하면서 체지방 함량이 증가한다. 단백질 함량(kg)도 지속적으로 증가하지만 비율(%)은 비슷하게 유지된다.

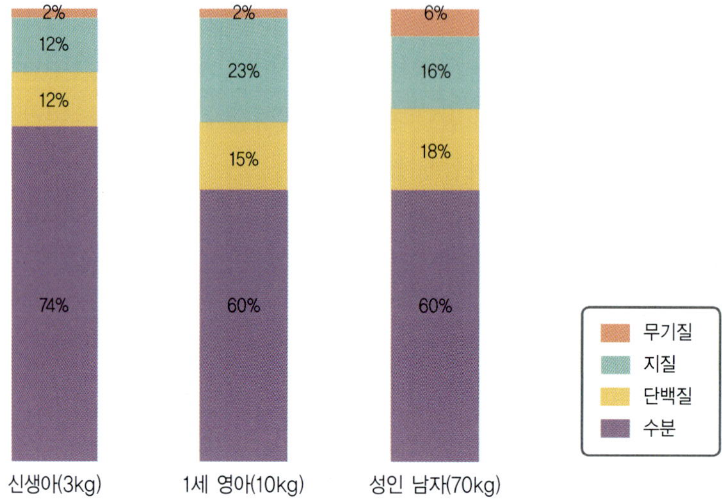

[그림 4-3] **성장과 체조성의 변화**

5) 치아의 발달

생후 3~5개월 정도가 되면 아랫잇몸에서 앞니가 올라온다. 유치가 올라오기 시작하면 서둘러 충치 예방을 위한 관리가 시작되어야 한다. 유치 관리는 갓난아기 시절의 잇몸 관리에서부터 시작되는데 갓난아기 때부터 잇몸 마사지를 자주 해주면 혈액순환이 잘 돼 잇몸이 튼튼해지고 건강한 유치가 날 수 있도록 돕는다. 잇몸을 문지르면 자연스럽게 분유 찌꺼기도 닦이므로 수유 후마다 마사지를 해 주면 양치질 효과도 있다.

생후 6~8개월 정도가 되면 아랫니 2개가 완전히 올라오는데 이때부터는 본격적인 치아 관리에 들어간다. 분유나 이유식을 먹인 후에는 거즈 손수건을 두른 검지를 아기의 입안에 넣고 손끝으로 왔다 갔다 하면서 음식 찌꺼기를 제거한다. 수유나 음식을 먹고 난 후 물을 마시게 하는 것도 권장하는 방법 중 하나이다.

생후 9~10개월 정도가 되면 다시 윗니 2개가 더 나고 돌이 지나면서 아랫니 4개, 윗니 4개가 나서 모두 8개의 유치가 생기게 된다. 이때가 되면 손가락에 거즈 손수건을 두른 후 물 대신 불소용액이나 구강 세정제를 적셔서 잇몸과 이를 닦아 준다. 손가락 끝에 약간 힘을 주고 작은 원을 그리듯 닦아주며, 앞면을 먼저 닦은 다음 안쪽을 닦는다. 거즈 대신 부드러운 실리콘 소재의 핑거 칫솔을 이용해도 된다.

(2) 영아의 생리적 특징

1) 호흡과 체온

신생아는 아동이나 성인에 비해 심장 박동수나 호흡의 횟수가 많이 빠르다. 호흡은 1분에 30~40번 정도지만, 아기들이 울 때는 일시적으로 1분에 60번 이상으로 빨라지기도 한다. 호흡 횟수는 잠을 잘 때 재는 것이 가장 정확하다. 심장 박동은 1분에 120~180회 정도이며, 이 역시 아기의 수면 중에 측정하는 것이 비교적 정확하다. 아기가 울게 되면 맥박이 빨라진다. 신생아의 평상시 체온은 36.5~37.5℃ 정도로 평소체온을 넘어 37.5℃ 이상이 되면 열이 있는 것이므로 이상이 없는지 확인해 보아야 한다. 3개월까지는 항문 체온계를 사용하여 체온을 재고 이후에는 귀 체온계를 사용한다.

2) 소화 기능

위장은 긴 통모양의 작은 용량 10~20㎖에서 생후 1년 후에는 200㎖로 증가하게 되면서 모양도 점차 곡선 형태의 성인의 위장 모양과 비슷하게 바뀌어 간다. 영아기에는 위의 만곡이 충분치 않아 많은 양의 음식물을 담지 못하므로 토를 자주 하기 쉽다.

탄수화물의 경우 생후 4~5개월경이면 전분분해효소가 분비되기 시작하여 곡물 섭취가 가능해진다. 지방 소화 능력은 5개월경에는 40%, 1세 이후에는 80% 정도가 된다. 영아기에는 간 기능이 미숙하여 담즙분비가 충분치 않아 지질 소화 및 흡수 능력은 낮은 편이고 지용성 비타민의 흡수율도 낮을 수 있다. 단백질 소화효소들은 활성은 낮지만 단백질 소화에 제한이 있지는 않다. 모유에 있는 프로테아제가 영아의 단백질 소화를 돕는다.

영아기에 매우 중요한 칼슘과 철은 능동수송방식으로 흡수되므로 흡수율이 높은 편이다. 신생아기와 영아 전기에는 장점막 발달의 미숙으로 식품단백질이 소화과정을 거치지 않고 직접 장점막을 거쳐 체내로 유입되는 경우가 많다. 이로 인해 알레르기 반응이 쉽게 나타나는 시기이기도 하다. 9개월이 경과하면 장점막이 점차 발달하면서 이러한 알레르기 위험이 감소한다. 따라서 이유식을 위한 식품을 선택할 때 알레르기 위험성이 있는 식품의 공급은 이후로 미루는 것이 좋다.

3) 간과 신장 기능

신생아의 간 기능은 미숙하고 불완전하다. 태아 시기의 태아형 헤모글로빈은 출생과 함께 분해되면서 많은 양의 빌리루빈이 생성된다. 그러나 간 기능 미숙으로 많은 양의 빌리루빈을 처리하지 못하여 조직과 혈액 중에 빌리루빈이 축적되고 얼굴, 복부, 발이 노랗게 변하는 황달현상이 나타난다. 이렇게 생후 2~3일경에 나타나는 신생아의 생리적 황달 현상은 생후 7~10일 정도가 되면 자연스럽게 사라진다.

간과 마찬가지로 신생아의 신장 기능은 미숙하고 불완전하다. 소변을 농축하는 능력이 미숙하여 수분 손실이 많은 편이다. 수분 섭취가 부족하거나 발열 등으로 수분을 손실하면 빠르게 탈수 증상이 나타나게 된다. 모유와 조제유의 경우에는 우유보다 단백질과 무기질 함량이 적어 신장에 부담이 없는 편이다. 신장 기능이 완전히 자리 잡지 않은 영아기에 우유를 마시게 되면 높은 단백질과 무기질 함량 비율로 인해 신장에 부담이 된다.

이 시기에는 배뇨조절능력이 완전히 자리 잡혀 있지 않으므로 스스로 배뇨조절을 하지 못한다. 영아기 이후의 1.5~2세경이 되어야 배뇨조절능력이 자리 잡고 4세 이후에는 야뇨 현상도 거의 없어지게 된다.

4) 혈액

신생아 출생 시에 헤모글로빈의 절반은 태아형 헤모글로빈이고 절반은 성인형 헤모글로빈이다. 태아형 헤모글로빈은 태내의 산소호흡에 최적화되어 있으므로 저산소압으로도 산소결합 능력이 크다. 그러나 태아형 헤모글로빈은 출생 후 3~4개월경이 되면 점차 감소하여 성인형으로 교체된다. 출생 시에는 헤모글로빈의 수가 많은데 이는 태내의 적은 산소량으로도 충분한 산소를 운반하기 위해서이다. 생후 2~4개월경에 적혈구와 헤모글로빈 수가 감소하는데 이 시기에 일시적인 생리적 빈혈이 발생할 수 있다. 출생 시 태아 체내에 보유되어 있던 철의 양은 4~5개월이 지나면 점차 감소하므로 이 시기부터 이유 보충식 등을 통해 철을 보충해 주어야 빈혈을 예방할 수 있다.

5) 수면

1~2개월경에는 젖 먹는 시간과 울 때를 제외하고는 거의 잔다. 3개월경에는 하루 20시간 정도 자며, 6개월경에는 15~18시간, 1세 무렵에는 14~15시간 정도 잔다. 오전과 오후에 낮잠을 자며, 그 후는 1일 1회 정도 낮잠을 잔다. 수면시간은 개인차가 있을 수 있으므로 발육이 순조롭고 건강하다면 수면시간이 짧다 해도 걱정할 필요는 없다.

생후 6개월이 지나면 밤에 자면서 울지 않게 되지만, 배가 고프거나 기저귀가 젖거나 부자연스러운 게 있으면 운다. 이후에는 온도의 변화, 소음 등에 자극받아 울게 된다. 별도의 방에서 따로 재우기 시작하면 격리불안이 작용해서 우는 경우도 있으나 낮에 적당한 일광욕과 취침 전 목욕 등으로 아기가 밤에 잘 수 있도록 습관을 들여 주는 것이 좋다.

수면 중에 식은땀을 많이 흘리는 경우가 있다. 이것은 신진대사가 왕성한 시기의 당연한 현상이므로 크게 걱정할 일은 아니다. 다만 식은땀을 흘린 후에 갑자기 찬바람을 쏘이거나 주위 온도가 낮아지면 감기에 걸리거나 배탈이 날 염려가 있으므로 잠잘 때는 가능한 얇은 옷을 입히고 이불도 얇은 것으로 덮어 준다. 땀을 많이 흘리면 땀을 닦아 준 후 옷을 갈아 입히고 다시 재우도록 한다.

6) 운동능력

8개월 이후의 영아는 운신능력이 생긴다. 따라서 기거나 걸음마를 하게 되므로 행동반경이 넓어지고 다치기 쉽다. 또 무엇이든지 입으로 가져가서 삼켜 버리거나 목에 걸리는 일이 자주 발생하므로 기어 다니는 영아 주변의 위험한 물건을 모두 없애고, 아이의 손이 쉽게 닿을 수 없는 곳으로 치워 두도록 한다.

Tip 신생아 관리

1. 외관

전신을 살펴서 외형적인 기형이 있는지를 확인한다. 이마 위쪽 머리에 머리뼈가 없이 말랑말랑한 대천문이라는 부위가 있는데 이곳이 처음부터 막혀 있거나 너무 일찍 닫혀 버리면 머리의 크기가 작아질 수 있어 아기의 두뇌 발달에 문제가 될 수 있다. 귀의 모양이나 머리에 태어날 때에 생긴 혹이 있는지도 확인한다. 신생아 머리의 볼록한 혹은 아기가 산도를 통과할 때 머리에 부종이 생기는 경우도 있고 머리뼈에 손상을 입어 피가 새는 경우도 있다. 목에 덩어리가 만져지거나 기울어진 곳이 있는지도 확인한다. 눈을 들여다보아 아기가 눈을 맞추는지 확인하고 백내장이나 다른 눈의 이상이 있는지를 확인한다.

배는 볼록한 것이 정상이며 배꼽 탈장이 있을 수도 있는데 이것은 보통 돌 이전에 상태가 호전된다. 배꼽은 수주가 경과하면 자연스럽게 떨어지게 된다. 신생아 초기에는 태지라는 보호물질에 싸여서 좀 끈적이기도 한다. 온몸이 멍든 것 같은 몽고반점이 관찰되는데 시간이 지나면 조금씩 옅어진다.

2. 위생 관리

배꼽은 염증이 생기지 않게 잘 말리는 것이 중요하다. 알코올을 사용하여 소독할 필요는 없다. 대소변으로 오염이 되었다면 기저귀 갈 때마다 잘 씻어서 말려 주면 된다. 배꼽이 떨어질 때까지는 통목욕을 시키지 않도록 하고 배꼽은 대개 10~14일경이면 저절로 떨어진다. 머리는 목욕할 때마다 감기도록 하고 신생아 얼굴에는 꼭 필요한 경우가 아니라면 세정제를 사용하지 않도록 한다. 돌까지는 일주일에 2~3회 정도만 목욕을 시킨다. 너무 자주하면 피부가 건조해질 수 있으므로 주의한다. 하지만 땀을 많이 흘리는 경우에는 매일 목욕을 해 줘도 무방하다.

기저귀는 천 기저귀든 종이 기저귀든 상관없지만 젖었을 때 빨리 갈아 주는 것이 중요하다. 생후 5~6일 무렵에는 하루에 기저귀 6~7개를 사용하게 된다. 아기의 엉덩이는 잘 씻고 말리는 것이 좋으며 물티슈보다는 맹물을 이용하여 씻기는 것이 좋다. 특히, 여아의 경우 앞에서 뒤로 닦아 주어야 요로 감염 등의 위험을 줄일 수 있다.

3. 트림, 경기, 딸꾹질

신생아는 원래 잘 토하며 약간만 공기를 들이마셔도 트림을 하는 동안 토를 하는 경우가 있다. 이는 아직 식도가 완성되지 않았기 때문이다. 신생아 경기는 정상적인 경우가 대부분이다. 신경계통이 아직 잘 발달되지 않아 몸의 움직임을 잘 조절하지 못하기 때문에 생기는 현상이다. 그러나 드물게 두뇌 손상에 의한 것일 수도 있으므로 지나치게 잘 놀란다면 의료기관을 방문해 검진을 받는 게 좋다. 수유 중 딸꾹질을 하는 이유는 너무 배고픈 상태에서 먹었거나 너무 급하게 먹은 경우이다. 이럴 땐 잠시 수유를 중단하고 자세를 다시 잡아 준다.

4. 외출

6개월 이전의 아이는 직접 햇볕을 쬐어서는 안 된다. 피부암과 주름, 백내장을 유발할 수 있다. 자외선 차단제는 6개월경부터 사용하는 것이 일반적이지만 그 전에 자외선에 노출될 경우에는 자외선 차단제를 얼굴과 손등에 발라 줄 수 있다. 외출 시에는 모자를 사용하고 긴팔 옷을 입히는 것이 좋다.

(3) 영아의 섭식행동 발달

영아기에는 치아의 발달과 혀운동, 손놀림 등이 발달하게 되면서 점차 다양한 식품을 접할 수 있게 된다. 수유를 돕는 영아기의 기본적인 반사에는 포유반사, 흡철반사, 연하반사 등이 있다[표 4-4]. 4개월이 되면 머리를 가눌 수 있게 되고 손으로 젖병을 잡기도 한다. 혀내밈 반사가 사라지면서 흘리지 않고 숟가락을 이용할 수 있게 된다. 6개월이 되면 물체를 손바닥으로 잡을 수 있게 되면서 손에 잡히는 모든 물체를 입으로 가져가려고 한다. 7개월 이후에는 저작 작용을 위한 턱이 발달하기 시작한다. 8개월경에는 컵의 물을 마실 수 있게 된다. 10개월이 되면 엄지와 검지를 사용하여 물체를 집을 수 있고 깨물고 씹는 능력이 발달한다. 12개월이 되면 저작기능이 충분히 발달하여 적극적으로 음식물을 섭취하게 된다.

표 4-4 영아기 주요반사

반사 종류	반응
포유반사(뿌리반사) (rooting reflex)	손을 쓰지 않고 입으로 엄마의 유방을 찾는 원시반사
흡철반사(sucking reflex)	혀, 입술, 볼 등에 무엇이든지 닿으면 입을 움직여 자동적으로 빨려고 하는 반사
연하반사 (tongue swallowing reflex)	구강, 인두, 식도의 여러 근에 의한 일련의 반사로 음식물을 밑으로 내려 보냄
혀내밈반사 (tongue extrusion reflex)	혀나 입술을 살짝 치면 혀를 앞으로 내미는 반응
모로반사 (moro reflex)	위에서 바람이 불거나 큰 소리가 나거나, 머리나 몸의 위치가 갑자기 변하게 될 때 아기가 팔과 발을 벌리고 손가락을 밖으로 펼쳤다가 무엇을 껴안듯이 다시 몸 쪽으로 팔과 다리를 움츠리는 반사
바빈스키반사 (babinski reflex)	발바닥의 바깥쪽을 바늘이나 해머자루 등으로 발꿈치에서 발가락 방향으로 문지르면 엄지발가락이 등 쪽으로 굽고 다른 발가락은 부챗살처럼 펼쳐지는 병적 반사 현상으로 신생아에게는 정상적인 반사이지만 성인에게는 질환을 의미

(4) 모유 수유와 조제유 수유

1) 모유 수유

① 수유방법

모유량은 아기가 필요로 하는 정도에 맞추어서 나오는데 모유 분비를 위해서는 아기의 흡입자극(sucking)으로 유두에 전해지는 반사작용이 가장 중요하다. 유두의 자극을 통해서 뇌하수체 전엽에서 분비되는 프로락틴은 모유를 분비하게 하며, 아기가 빠는 것을 통해 뇌하수체 후엽에서 자극되어 분비되는 옥시토신은 유선에서 모유를 짜내는 사출반사를 도와 모유 수유가 가능하게 만든다.

모유가 부족하지 않으려면 출생 후 초유를 가능한 빨리 자주 먹이는 것이 좋다. 초유와 이행유는 하루 50~200㎖ 분비로 양이 적으나 3~4일에 양이 증가하며, 6개월 무렵에는 하루 800㎖ 정도 분비된다. 모유의 열량밀도가 낮으면 영아는 더 많이 먹게 되며, 모유 분비량이 늘게 된다. 체지방이 매우 적은 수유부에서는 지방 함유량이 낮은, 열량밀도가 15% 감소한 모유가 분비되며 이 경우에는 이를 보충하기 위해 5~15%까지 모유량이 증가한다. 영아에게 모유 외의 음식으로 영양을 보충하게 되면 모유를 덜 먹게 되고 그만큼 모유 분비량은 감소한다.

수유 후에는 들이마신 공기를 배출하도록 돕는 게 중요하다. 아기들은 수유를 할 때 공기를 같이 먹는 경우가 흔하기 때문이다. 이 공기를 수유 후에 그냥 두면 토하기 쉽고, 토하지 않더라도 속이 불편해서 보채기 쉽다. 때문에 수유 후에는 트림을 시키도록 한다. 한 번 수유 시 몇 번씩 트림을 하는 경우도 있다. 모유 수유 중간이라도 아기가 불편해하면 트림을 시켜야 한다. 모유 수유보다 분유 수유 시 공기를 더 많이 흡입하게 되고 트림하는 횟수도 많다. 수유 시 게워내는 경우도 흔하다. 심하게 게워내지 않는 경우라면 시간이 지나면 대부분 적응하고 점차 좋아진다.

② 수유간격, 횟수, 시간

출생 후 4주까지의 신생아기에는 모체의 모유 분비가 적기 때문에 여러 번 수유한다. 빈번한 흡인 자극에 의해 모유 분비가 촉진되어 좋고, 따라서 수유횟수는 생후 0~1개월에는 2~3시간 간격으로 1일 7~8회, 1~3개월에는 1일 6~8회로 3시간마다 하는 게 적당하다. 이 시기가 지나면 1일 5~6회 전후로 4시간마다 수유하기를 권장한다. 생후 2~4주 사이는 성장이 빨라지는 시기로 수유량도 늘어난다. 초기에는 수유 시간은 10~15분 정도로 끝내는 것이 좋고 신생아기를 지나면서 점차 시간을 늘려 15분 이상 수유하도록 하여 먹는 양을 늘릴 수 있게 돕는다. 먹는 양을 서서히 늘려가면서 먹는 시간의 간격을 늘리도록 한다. 인공영양인 경우에도 이에 준한다. 수유는 조용하고 평온한 분위기에서 하는 것이 좋다. 수유 시에 분위기가 어수선하면 아기들의 관심이 다른 것으로 가서 길게 먹지 못하고 조금 먹고 그만 먹을 수도 있다.

수유 간격을 일정하게 하는 규칙적인 수유에서는 생후 1~3개월까지는 3시간, 그 이후는 4시간 간격으로 하고 밤에는 되도록 수유를 하지 않는다. 영아에게는 개인마다 생활리듬이 있기 때문에 자율수유가 중요하다. 이것은 영아의 요구에 따라 수유하는 방법으로 영아의 포유량은 변동하기 때문에 배가 고픈 시간도 일정하지 않기 때문이다. 따라서 아기가 배고플 때 수유하도록 한다. 배고픈 아기들은 자다가 깨고 움직임이 많아지며 손을 입에 가져간다. 또한 입을 다시면서 먹으려고 하거나 먹을 것을 찾아서 목을 돌리거나 젖을 빠는 시늉을 한다. 이럴 때 먹을 것을 주지 않으면 울면서 보채게 된다. 배고파서 울기 전에 수유하도록 항시 주의 깊게 관찰한다.

깊이 잠든 아기에게는 수유를 하지 말고 적당히 깨어났을 때 수유를 하는 것이 좋다. 시간 맞춰 먹이려고 배고파 우는 아기를 내버려두거나 억지로 깨워서 먹이지 않는다. 또한 잘 먹지 않는다고해서 너무 자주 먹이지 않도록 한다. 그러면 수유에 거부감을 느끼고 점차 먹는 양이 줄어들 수 있다. 수유량이 충분하면 먹고 나서 포만감으로 기분 좋게 잠이 든다. 인공영양법에서도 자율수유가 받아들여지고 있다.

③ 모유 수유 자세

모유 수유에 있어 가장 좋은 자세는 아기와 엄마가 편안한 자세이다. 아기와 엄마가 마주보고 아기가 모유를 흡입하기에 불편함이 없는 자세가 효과적인 수유 자세이다. 수유 시 아기의 머리가 옆으로 돌아가거나 목을 뻣뻣하게 펴게 되면 젖을 삼키기 어렵게 된다. 모유 수유의 교과서적 네 가지 수유 자세는 [그림 4-4]와 같다(football hold, lying down, cross cradle hold, cradle hold). 그러나 아기와 엄마가 편안하다면 어떤 자세도 상관없다.

a. football hold (미식축구공 자세) b. lying down (누운 자세) c. cross cradle hold (교차 요람 자세) d. cradle hold (요람 자세)

[그림 4-4] **모유 수유 자세**

④ 모유 수유의 장점

ㄱ. 모유는 영아를 위한 가장 좋은 식품

모유에는 6개월 이전의 아기에게 필요한 충분한 영양분과 철분, 미네랄 등이 거의 모두 들어 있다. 같은 철분이라도 사람에게 맞게 가장 효율적인 형태로 만들어졌기 때문에 아직도 미숙한 어린 아기의 장에서 가장 잘 흡수된다. 각종 비타민과 단백질도 골고루 들어 있어 아기의 성장 발달 및 두뇌 발달에도 좋다. 수분도 충분히 들어 있기 때문에 물을 따로 먹일 필요가 없다. 무엇보다 모유에는 면역력을 증가시켜 주는 물질이 많아 모유를 먹고 자란 아이들은 잔병치레를 적게 한다. 소화기에 부담을 적게 주고 알레르기를 일으키지 않기 때문에 설사나 위장장애 같은 소화기 병의 발생률도 적은편이다. 모유는 알레르기를 일으키지 않기 때문에 우유 알레르기는 물론 태열이나 천식과 같은 알레르기 질환도 적게 생긴다. 모유 속에 함유된 아연은 양은 적지만 흡수율이 좋다. 이에 반해 조제유에 포함된 아연은 양은 많이 함유되어 있지만 흡수율이 나쁘다.

ㄴ. 아기에게 주는 장점

젖을 먹이는 행위는 단순한 공복의 해결과 영양공급이 아니라 모친에게는 모성 본능을, 아기에게는 정서적 안정감을 키우는 매개체이다. 눈을 맞추고 젖을 먹이면서 모친과 아기가 나누는 공감은 시각적인 자극은 물론 정신적인 유대감을 키우게 해준다. 피부를 통한 접촉도 정서적으로 아기에게 좋은 발달 자극이 된다. 피부접촉은 낯선 세계에 대한 불안을 없애 주고 정서적으로 안정을 준다. 임신 기간 동안 엄마의 뱃속에서 엄마의 심장소리와 목소리를 듣다가 밖으로 떨어져 나왔을 때 느끼는 불안감은 모유 수유를 통해 해소되고 수유 중에 듣는 심장소리를 통해 안정감을 느끼게 해준다.

모유 수유아는 망막 발달이 촉진되어 시각이 더 빨리 발달하고 운동 기능도 더 빠르게 성장한다. 행동장애나 정서장애 발생률도 적은 편이다. 모유 수유는 신경계통의 전반적 발달을 촉진한다. 이러한 효과는 모유 수유 기간이 길면 더 뚜렷하게 나타난다.

ㄷ. 모체에 주는 장점

수유는 모체에게도 심리적인 자극을 준다. 젖을 먹이는 동안 모체에서는 프로락틴이 분비된다. 이 호르몬은 모성애를 자극하는 호르몬으로 아기가 젖을 물면 유두에 있는 신경을 통해 뇌로 자극이 전달되어 뇌하수체 전엽에서 분비된다. 프로락틴은 여성들의 산후 우울증을 극복하는데 도움을 주어 육아에 전념할 수 있도록 돕는다. 배란을 억제해 생리를 지연시키고 철분 손실을 막아 준다. 생리 지연으로 난소배란을 억제해 자연스런 피임효과를 준다. 유즙분비를 돕는 옥시토신은 자궁수축을 도와 산후 회복을 촉진시킨다. 수유를 하는 동안은 임신 기간 동안 축적한 체지방을 사용하면서 임신 전 체중으로의 빠른 복귀를 돕는다.

⑤ 모유 수유의 주의점

모유를 먹이더라도 만 6개월부터는 이유식으로 철분이 풍부한 고기를 잘 먹여야 한다. 모유나 조제유의 유즙만으로는 영아에게 필요한 철분을 충분히 공급하기 어렵기 때문이다.

모유를 먹이는 경우라도 비타민 D가 부족할 수 있으므로 비타민 D는 생후 수일 후부터 보충해주는 것이 좋다. 비타민 D를 별도로 구입하여 공급할 수도 있다. 조제유에는 비타민 D가 강화되어 있다. 이유식을 시작하면 달걀, 버섯 등을 공급하여 부족한 비타민 D를 보충해 주도록 한다.

Tip 세계 모유 수유주간

매년 8월 1일~7일은 유니세프(UNICEF)의 협력 기구이며 전 세계 24개 모유 수유 권장운동 기구들의 협의체인 세계 모유 수유연맹(WABA)에서 정한 '세계 모유 수유주간'이다.

1992년부터 시작된 이 운동은 '아기에게 친근한 병원(baby friendly hospital initiative, BFHI)' 만들기 운동과 함께 시작되었다. 엄마와 아기가 한 방을 쓰게 하고, 태어난 지 30분 이내에 엄마 젖을 물리게 하는 등 엄마 젖 먹이기 10단계를 병원에서 먼저 지키게 해 주자는 취지로 실천되고 있다.

유니세프에서는 금빛 리본으로 상징되는 모유 수유 캠페인도 벌이고 있다. 리본에 금색을 사용한 것은 '모유 수유가 아기 수유에 절대적인 기준(gold standard)'이라는 것을 의미한다.

모유는 아기의 건강을 위한 최상의 면역체 성분을 가지고 있다. 아기가 뱃속에 있는 동안에는 엄마의 태반이 외부세계의 세균과 독성으로부터 태아를 보호한다. 출생 후에 그 역할을 담당하는 것이 모유이다. 모유에 들어 있는 여러 가지 성분은 바이러스나 박테리아, 기생충 등으로부터 아기를 보호하고 질병을 예방할 뿐만 아니라, 아기의 미성숙한 면역체계를 발달시키는 역할을 한다. 조제유로 성장한 영아보다 모유 수유아가 더 건강한 이유이기도 하다. 유니세프는 과학적인 증거에 근거해 생후 6개월까지 아기에게 오직 모유만 먹일 것을 권장하고 있다.

Tip 모유 짜기와 비우기

1. 모유 짜기가 필요한 경우

- 질병으로 모유 수유가 어려운 경우
- 아기의 흡입반사가 어려운 경우
- 미숙아 출생의 경우
- 수유부가 직장에 나가는 경우
- 산모가 아기와 멀리 떨어져 있을 경우
- 4시간 이상 젖 짜는 시간이 벌어질 경우 생길 수 있는 울혈을 방지하기 위해

2. 목적

모유를 짜는 목적은 프로락틴 수치를 유지하고 젖을 완전히 비워 최대의 모유량을 유지하기 위한 것이다. 만일 처음에 모유가 부족하다고 생각해서 조제유를 먹이기 시작하면 그만큼 모유 분비량이 줄어들며 아기가 엄마 젖을 적게 빨게 되고 모유 분비가 더 감소하면서 젖이 마르게 된다. 일시적으로 모유량이 감소하는 경우 더 자주 짜도록 해야 한다. 마지막 젖방울까지 완전히 비우도록 하고, 밤에도 최소 한 번 이상 젖을 짜서 모유량을 늘려 준다. 일반적인 모유량은 750㎖/day 이상이며, 1회에 90~120㎖이다. 하루 모유량이 750㎖ 이상이 되면 짜는 횟수를 줄여도 된다. 짜 둔 젖은 냉동 보관하는 것이 좋다. 아침과 저녁에는 직접 수유하고 낮에는 보관해 두었던 것을 먹이도록 한다.

3. 방법

비누와 물로 손을 깨끗이 씻고 모유를 짜기 전에 유방을 유두 쪽으로 부드럽게 마사지 하거나 뜨거운 타월을 수 분간 덮어 두어 유선의 흐름을 돕는다. 젖을 짜는 동안은 사출반사를 돕기 위해 계속 마사지를 해준다. 모유 사출반사(let down reflex)를 돕는 유축기를 사용하는 것도 한 방법이다. 모유는 반드시 멸균처리된 밀봉이 가능한 용기에 보관한다. 모유는 냉동저장해도 면역성분 효능의 차이가 나지 않으며, 용기의 종류(멸균 유리병, 플라스틱 튜브 등)에 따라 큰 차이는 없다. 냉동하면 부피가 늘어나므로 용기의 2/3 정도만 담아 공기를 빼고 약간의 공간을 두고 입구를 봉한다. 라벨을 붙여 날짜를 기록하고 반드시 뚜껑이 있는 플라스틱 통 안에 밀봉된 용기를 바로 세워 보관한다. 한 번에 60~120㎖씩 얼리는 것이 먹이기에 가장 적당하다.

4. 모유 보관 기간

냉장고가 없는 경우 서늘한 곳에서 8~10시간 동안은 안전하다. 4℃의 냉장온도에 저장하면 주요 면역 성분은 24시간 정도 보존되고 상하지 않은 채로 8일 정도까지 보관 가능하지만 가능한 3일 이내에 빨리 사용하는 것이 좋다. 냉동전용 냉장고에서는 3~4개월 보관이 가능하다. 모유 크림 층이 분리되는 것은 정상이다. 해동은 냉장고로 옮겨 12시간 정도 두면 된다. 전자레인지로 해동할 경우 면역성분과 비타민이 파괴되므로 사용하지 않는다.

유축기

2) 조제유 수유

① 조제유 수유가 필요한 경우

모유 수유를 하는 것이 가장 좋지만 모유 수유가 불가능한 경우도 많다. 만일 모유만을 먹이기 힘들 경우에는 조제유를 활용한 수유를 할 수 있다. 그렇지만 생후 12개월 전에는 절대 생우유를 먹이지 않도록 주의한다. 높은 함량의 단백질과 무기질로 인해 신장 기능에 장애가 발달할 수 있다. 모유가 부족한 경우는 모유를 끊고 조제유를 먹이는 것이 아니라 모유를 먹이면서 조제유 수유를 병행하도록 하는 것이 기본이다.

조제분유는 소의 우유로 만든 것을 가장 기본으로 권장한다. 분유는 개봉 후에는 가능하면 빨리 사용하는 것이 좋고 습기 찬 냉장고보다는 건조하고 어둡고 서늘한 곳에 보관하는 것이 좋다. 손이 닿은 숟가락은 통 속에 보관하지 말고 잘 소독해서 따로 보관하도록 한다.

모유와 마찬가지로 배고플 때만 먹이는 것이 중요하고 4~6개월경에는 이유식을 시작한다. 조제분유 수유를 하던 아기는 12개월이 경과하면서 서서히 생우유로 바꾸어 주도록 한다. 한번에 바꾸지 말고 서서히 바꾸는 것이 좋다. 돌이 지나면 신선하고 가공이 적게 된 일반 우유가 분유보다 더 좋다.

Tip 산양유와 두유

산양유

영국과 유럽에서는 권장되지 않고 있으며 영국 국가의료서비스(NHS)에서는 산양유를 가공하여 만든 분유가 아기들에게 영양상 적합하지 않다고 권고하며 시판을 금지하고 있다.

두유

콩으로 만든 분유는 소아청소년과 의사가 권유하는 경우에만 사용하는 것이 좋고 콩분유가 아닌 두유를 직접 먹이는 것은 권장하지 않는다. 특히 12개월 전에 두유 사용은 권장하지 않는다. 콩은 영양적으로 아주 좋은 식품이고 과거 젖소가 없던 시절에 우리나라 사람들의 건강을 지킨 훌륭한 음식이기도 하다. 하지만 아기들의 성장에 필수적인 단백질의 공급 면에서 우유로 만든 분유를 전적으로 대체하기에는 미흡하다. 모유 다음으로 좋은 것은 우유로 만든 조제유이다. 우리의 몸과 두뇌는 동물성이기 때문에 성장기에는 식물성 콩보다는 동물성 단백질인 모유나 우유를 활용한 조제유를 섭취하는 것이 더 좋다. 콩은 이유식을 할 때 두부를 활용하여 공급하면 된다.

② 조제분유 타기

사카자키균의 감염을 막는 목적으로 70℃ 이상의 뜨거운 물에 타는 것을 권장한다. 물을 끓인 후 상온에 30분 이상 두면 70℃ 이하로 온도가 떨어지기 때문에 그 전에 타도록 한다. 일단 물에 탄 조제분유는 5℃ 이하의 온도에서 냉장보관 하는 것이 권장되며, 냉장보관 할 경우 24시간 이내에 사용하는 것이 안전하다. 다시 데울 때는 15분 이상 데우지 말고 일단 데운 분유를 2시간 이내에 먹이지 못하면 버리도록 한다. 분유를 탈 때나 아기가 사용하는 용기를 만질 때는 손을 잘 씻는 것이 매우 중요하다. 최소한 20초 정도 뜨거운 비눗물로 손을 깨끗이 씻어 내도록 한다. 분유의 농도가 너무 진한 경우 탈수 및 대사성 산혈증이 생길 수 있고, 반대로 너무 연할 경우 영양장애와 성장부진이 나타날 수 있으므로 농도를 적절히 맞출 수 있도록 주의한다. 수유 시 적정 제공온도는 37~40℃이며 팔뚝 안쪽에 떨어뜨려 보아 미온으로 느껴지면 공급하기 적합한 온도이다.

영아시기에는 면역력이 약하기 때문에 가능하면 사용하는 용기는 철저히 소독을 해 주는 것이 좋다. 외부균에 어느 정도 저항력이 생기는 4개월경까지는 우유병 소독에 신경 쓰도록 한다. 특히 우유는 상하기 쉬운 음식이므로 우유병과 꼭지를 더욱 청결히 하도록 한다. 우유병은 반드시 끓여서 소독하고 먹다 남은 분유는 바로 버린다. 우유병에 균이 자라기 시작하면 일반적인 세척으로는 균이 다 사라지지 않는다. 밤의 긴 시간동안 우유병을 말릴 때 세균이 자랄 수 있으므로 주의한다. 우유병을 열탕 소독할 때는 찬물에 처음부터 젖병을 넣어서 끓이지 말고, 물이 끓으면 젖병을 넣어 5분간 소독하는 것이 좋다.

3) 모유와 조제유의 성분

모유는 영아 성장을 위한 가장 이상적인 식품이고 우유를 기본으로 만들어진 조제유는 모유 수유를 할 수 없는 경우에 차선으로 실시할 수 있는 수유 방식이다. 모유의 양이 부족한 경우에는 모유 수유와 조제유 수유를 병행하는 혼합수유를 실시하기도 한다.

① 모유 성분의 특징

모유의 성숙유에는 단백질 함량이 우유 조제유에 비해 적게 함유되어 있어 아직 소화기관이 완전하지 않은 영아에게 소화부담이 없다. 모유 단백질에는 소화가 잘되는 알부민이 많고 우유에는 소화하기 다소 어려운 카제인이 많다. 모유에는 우유 조제유에 비해 영아기 필수아미노산인 시스틴이 풍부하다. 신생아기에는 페닐알라닌, 티로신, 메티오닌, 아미노산대사 효소가 부족할 경우 신경계에 부담이 될 수 있는데 이들 아미노산들이 우유 조제유에 고농도로 함유되어 있고 모유에는 적당량이 함유되어 있다.

모유와 조제유의 지질은 거의 같은 양이지만, 구성하는 지방산에는 큰 차이가 있다. 모유지방산에는 필수지방산인 오메가-6 계열의 리놀레산이 우유 조제유보다 많이 들어 있고 두뇌발달과 망막 형성에 중요한 오메가-3 계열의 DHA도 풍부하다. 모유의 지방산은 수유부의 식사 섭취량, 섭취지질의 종류, 영양상태 등에 의해 가장 크게 영향을 받는 영양소이다. 모유에는 신생아의 중추신경계와 세포막, 스테로이드 합성 등을 위해 많은 양이 필요한 콜레스테롤의 함량이 높아 신생아 성장 발달에 도움이 된다. 모유에는 지질소화에 어려움을 겪는 영아를 위해 지질분해 효소가 포함되어 있다.

모유의 지질성분은 수유 전후반, 수유모의 지질섭취 상태에 따라 다양하며, 수유 전반에 나오는 전유(foremilk)에는 지질성분이 2%, 후반부에 나오는 후유(hindmilk)에는 6~8% 포함되어 있다. 전유만 먹고 잠드는 아기는 후유의 지질을 섭취하지 못하여 자주 깨고 먹어서 대변이 묽고 자주 배설한다. 그러므로 후유까지 다 먹는 것이 체중증가에 도움이 된다.

유즙 속의 탄수화물 성분의 대부분은 유당이며, 포도당은 빠르게 사용할 수 있는 에너지원이 되고 갈락토오스는 당지방인 세레브로시드 성분이 되어 영아기의 신경형성을 돕는다. 모유의 유당은 우유의 유당보다 많아 영아기에 빠르게 성장하는 두뇌발달을 효율적으로 돕는다. 모유의 유당 함유량은 모체의 영양상태나 식이에 관계없이 일정한 수준이 유지된다. 유당은 또한 장내 비피더스균의 증식을 도와 정장작용을 도우며 칼슘 흡수를 촉진시키는 역할도 한다.

모유에는 비타민 A와 베타카로틴 함량이 높고 그 함량은 수유부의 식사에 영향을 받아 함량이 변화한다. 세포분화가 큰 신생아 초기에는 많은 양이 분비되어 도움을 주고 성숙유가 되면서 점차 함량은 감소한다. 모유의 초유에는 비타민 E의 함량이 높아 신생아 시기의 항산화 효과에 도움이 된다. 모유에 함유된 영양소 중 필요량이 많이 부족한 것이 비타민 D이다. 따라서 별도로 보충 공급해 주거나 햇볕을 쬐어 체내 비타민 D 합성을 유도해 주는 것이 필요하다. 비타민 K도 모유에 함유량이 부족한 편이므로 출생 후 주사를 통해 공급해 주는 것을 권장한다. 이후에는 장내 세균에 의해 필요량 합성이 가능하지만 영아 초기에는 장내가 무균상태여서 장내 합성이 거의 없다.

모유에는 항산화와 콜라겐 형성 등에 기여하는 비타민 C 함유량이 높은 편이지만 우유에는 비타민 C가 부족하다. 따라서 우유 조제유를 먹일 시에는 비타민 C를 보충해주는 것이 영양 균형 면에서 좋다.

모유의 무기질 함량은 초유에서 높다가 이행유를 거쳐 성숙유가 되면서 조금씩 그 함량이 감소한다. 모유는 우유 조제유에 비해 인, 칼슘 등의 함유량이 적당하여 영아의 소화능력 및 신장 기능에 부담이 없고 체내 이용률은 더 높은 편이다. 모유의 칼슘과 철 흡수율은 우유 조제유의 칼슘과 철의 흡수율보다 높아 효율적이다.

② 조제유 성분의 특징

가장 대중적으로 시판 중인 조제유는 우유에 유당, 지방, 비타민, 무기질 등을 첨가하여 모유의 성분과 유사하게 제조한 분유가 대부분이다. 체내에서의 이용 효율이 낮은 경우가 많아 모유에 비해 고농도로 함유하는 편이다.

우유 조제분유는 영아 소화에 부담이 되는 카제인 함량(80%)을 줄이고 소화가 용이한 알부민과 글로불린을 첨가하여 유청단백질과 카제인 비율이 60%, 40% 비율이 되도록 조정한다. 모유 속 카제인 함량이 40% 정도로 우유 조제분유 단백질의 조성을 모유 단백질의 조성과 흡사하게 조정한다. 지방조성은 우유 속에 많은 포화지방산을 제거하고 식물성 불포화지방산을 많이 첨가하여 필수지방산 함량을 높인다. 두뇌발달에 좋은 DHA도 별도로 첨가한다. 고농도로 함유되어 있으므로 영아의 신장 기능에 부담이 되는 무기질의 함량을 줄이기 위해 칼슘, 인, 나트륨 등을 감소시키고 대신 철, 아연, 구리 등의 미량 무기질을 강화한다. 비타민의 경우 우유에 부족한 비타민 C를 강화하고 비타민 D를 비롯한 여러 종류의 비타민들을 모두 강화하여 첨가한다. 이 외에 모유의 면역성분들에 해당하는 락토페린, 면역글로불린 등을 첨가하기도 한다[표 4-5].

두유 조제유는 유당불내증이 있거나 우유 단백질에 알레르기 반응이 있는 영아들을 위해 제조된다. 대두단백을 이용하여 제조하고 우유 조제유와 비슷할 수 있도록 식물성 지질을 첨가하여 지질 조성에 변화를 준다. 탄수화물의 경우 유당 대신 옥수수전분과 서당을 첨가하여 유당불내증인 영아가 활용할 수 있도록 한다.

특수 조제유는 선천적인 대사장애를 갖고 태어나는 영아들을 위해 만들어진다. 페닐알라닌을 티로신으로 전환하지 못하는 PKU(페닐케톤뇨증) 영아들을 위해 페닐알라닌이 함유되지 않은 특수 조제유가 있다. PKU 영아 발생률은 6만분의 1이다. 갈락토오스 혈증이 있는 영아를 위해 유당이 제거된 갈락토오스 혈증용 조제유를 만들기도 한다. 유당을 제거하고 식물성 탄수화물을 첨가하여 제조한다. 단백질 알레르기가 심한 영아를 위한 특수 조제유도 있다. 우유 단백질을 처리하여 모두 저분자 펩티드와 아미노산 혼합물로 조성하여 영아가 단백질 알레르기를 일으키지 않도록 만든다.

(5) 이유식

이유식은 유즙을 먹는 유아에게 고형의 음식을 먹도록 조정해 가는 과정이다. 생후 6개월이 지나면 모유나 조제유만으로는 유아가 필요로 하는 충분한 영양을 공급하기가 어려워지고 유아의 활동량이 많아져서 예전보다 훨씬 더 많은 에너지가 소모되며, 신체의 급속한 성장에 필요한 여러 가지 영양소가 섭취되어야 한다. 모유나 우유 등의 유즙은 수분이 많아 용량에 비해 영양분이 적으므로 유즙만으로 영양을 계속할 경우는 성장발육에 따른 소요량을 채우기 위해서 많은 양의 유즙을 섭취해야 한다. 또한 유아가 모체로부터 받았던 무기질(특히 철이나 구리 등)의 저장은 생후 6개월 정도에 소모되어 버리고, 유즙 중의 철, 구리의 함유량은 얼마 되지 않기 때문에 유즙 이외의 식품을 섭취할 필요가 생긴다.

무엇보다 유아 자신이 고형식에 대한 욕구를 가지게 되며, 모체에서도 모유 분비감소와 모유성분의 약화 등으로 이유의 필요성이 생긴다. 유아기 후반이 되어서도 이유를 이행하지 않으면 유아체중의 증가가 둔해지고 빈혈로 안색이 창백해지며, 근육의 이완, 뼈의 발육장애 등이 일어나고 유아의 신경증, 면역력 감퇴 등이 초래된다.

표 4-5 모유와 우유의 영양소 함량

영양소(100㎖)	모유[1]		우유[2]
	초유(<5일)	성숙유(30일<)	
에너지와 다량 영양소			
에너지(㎉)	58	72	61
유당(g)	5.3	7.0	5.1
단백질(g)	2.3	0.9	3.2
지질(g)	2.9	4.2	3.3
콜레스테롤(mg)	27	16	10
무기질			
칼슘(mg)	23	28	113
인(mg)	14	15	84
나트륨(mg)	48	18	43
칼륨(mg)	74	58	132
마그네슘(mg)	3.4	3	10
철(mg)	0.045	0.04	0.03
아연(mg)	0.54	0.12	0.37
비타민			
비타민 A(μg)	189	60	46[3]
β-카로틴(μg)	112	23	7
비타민 D(μg)	0	0.05	0.1
비타민 E(mg α-TE)	1.3	0.3	0.07
비타민 K(μg)	0.23	0.21	0.3
비타민 C(mg)	4.4	4	0
티아민(mg)	0.0015	0.014	0.046
리보플라빈(mg)	0.025	0.035	0.169
니아신(mg NE)	0.075	0.15	0.089
판토텐산(mg)	0.183	0.24	0.373
비타민 B_6(μg)	0.012	0.018	0.036
엽산(μg DFE)	0	8.5	5
비타민 B_{12}(μg)	0.2	0.045	0.45

1) Kretchmer N, Zimmermann M. 1997
2) USDA Food composition data base 2016
3) μg RAE

1) 이유식의 시작시기

이유식은 영아가 성장하면서 부족한 영양소를 수유 이외의 방법을 통해 전달하는 것이다. 태아기에 저장한 채 출생한 철, 구리 등의 영양소는 5~6개월이 경과하면 거의 고갈되므로 영아기 빈혈 방지를 위해서도 이 시기를 넘기지 말고 이유 보충식을 시작하도록 한다. 빈혈을 방치하면 성장장애가 발생하고 면역력 약화로 감염성 질병에 잘 걸리게 된다.

완전 모유 수유는 물이나 주스 등 그 어떤 보충식 없이 모유만 먹이는 것을 말하며, 2001년 세계보건기구(WHO)에서는 적어도 최소 첫 6개월간은 모유만 먹이는 모유 수유를 하도록 권장사항으로 채택하였다. 하지만, 일부 선진국학회에서는 여건에 따라 4개월에서 6개월 사이에 보충식을 시작할 수 있다는 입장이다. 이유 보충식 시작 시점을 결정하는 데 가장 중요한 사항은 아기가 머리와 목의 조절이 가능하고 음식에 관심을 보이는지의 여부이다. 아기의 발달이 충분하지 않을 때 보충식을 시작하면 질식 등의 위험이 있다. 이유식은 영아의 치아가 발달하고, 손놀림의 운동성이 생기는 시기에 시작하는 것이 적당하다. 유치는 일시에 올라오지 않고 월령에 따라 다르므로 영아의 치아발달을 고려하여 이유식의 시작시기를 결정하고 식품 선택을 하는 것이 중요하다.

이유식을 시작하면 영아의 소화기관을 자극하여 발달을 촉진시키고 음식을 씹는 저작능력의 향상을 돕는다. 생후 5~6개월 무렵에는 주변을 관찰하면서 다른 가족이 먹는 음식에 관심을 보이기 시작한다. 이 무렵에는 시각, 미각, 촉각, 후각 등이 예민하게 발달하기 시작하므로 오감 발달을 위해서도 새로운 식품을 접할 수 있는 기회를 주는 것이 영아 발달에 좋다. 혼자 앉거나 목을 가눌 수 있게 되면 씹고 먹고 마시는 행위를 다양화함으로써 신체적 정신적 발달을 돕게 된다.

이유식은 영아 발달 정도에 맞추어 4~6개월 사이에 시작하고, 출생 시 체중의 약 2배가 되었을 때가 적당한 시기이다. 치아발달, 저작능력, 반사작용 등 영아의 신체 발달을 잘 살펴 음식을 삼켜도 무리가 없는 시기인지 주의하여 결정한다. 일부 영양소는 수유만으로는 충족되기 어려우므로 시기를 늦추지 말고 최소 6개월 이전에는 이유 보충식을 시작하여야 한다.

2) 이유식의 실천

이유 준비기인 4개월 무렵을 거쳐 초기(5~6개월), 중기(7~9개월), 후기(10~12개월), 완료기(생후 1년 이후)에 맞는 이유식을 준비한다. 시기별로 줄 수 있는 식품이 다르므로 주의하도록 한다. 이유는 신중히, 서두르지 말고 진행시키며 수개월에 완료해야 한다.

인공영양아는 이미 종류가 다른 식이에 익숙하므로 모유 수유아에 비해 이유의 진행을 빨리 해도 좋다.

① 이유 준비기(4개월)

ㄱ. 이유를 시작하기 1개월 전부터 수유시간을 4시간 간격으로 정해놓는다. 이유를 시작할 때는 영아가 공복일 때 시도한다. 제공 온도는 모유 정도(체온)가 가장 적당하고 뜨겁거나 차갑지 않도록 주의한다. 한 숟가락을 먹이고 모유나 조제유를 주도록 한다. 이 시기라도 수유량은 영아가 원하는 만큼 준다.

ㄴ. 새로운 식품을 시작할 때는 하루에 한 숟가락으로 시작하고 양을 차츰 늘려간다. 어느 것이나 한 숟가락에서 시작하여 시간이 경과하면서 늘려가도록 한다.

ㄷ. 하루에 두 종류 이상의 식품을 시도하지 않으며 새로운 식품을 추가할 때는 1주일 이상의 간격을 두도록 한다. 새로운 음식을 시작한 뒤에는 약 7일간 주의 깊게 관찰하여 알레르기 반응이 나타나지 않는지 살펴봐야 한다.

ㄹ. 처음에는 미음, 곡분즙 등을 활용하는 것이 좋으며 점차 채소 수프, 된장국의 맑은 국물, 맑은 장국, 과즙 등의 액체를 이용한다. 숟가락으로 먹이는데, 삼키는 버릇, 숟가락에 대한 습관, 색다른 맛에 대한 습관의 연습을 목적으로 하는 시기이다.

ㅁ. 너무 진한 맛의 국물이나 별도의 소금, 설탕 간을 하지 않도록 한다. 미각이 형성되는 시기이므로 너무 강한 자극은 미각발달에 장애가 된다.

ㅂ. 이유식은 우선 위생적으로 만전을 기해야 하므로 조리 용구는 깨끗이 씻고, 식기와 행주는 끓여 소독한다.

② 이유 초기(5~6개월)

ㄱ. 가능한 비타민 C 등이 풍부한 식품을 사용하는 것이 좋으며, 모유 수유를 지속하는 영유아의 경우에는 철분이 함유된 이유식을 조기에 사용할 것을 권장한다.

ㄴ. 5개월경에는 곡분, 달걀노른자 등을 준다. 녹황색 채소류는 익힌 후 으깨어주기 시작한다.

ㄷ. 6개월쯤에는 이유식을 오전, 오후 2차례로 나누어 준다.

ㄹ. 처음에는 젖을 빠는 것처럼 이유식을 빨아 넘기려고 하기 때문에 부드럽게, 덩어리가 없도록 조리하여 준비한다. 과일, 채소, 육류는 부드러운 것이나 조리된 것부터 단계적으로 사용한다.

ㅁ. 영아는 성인보다 입맛에 예민하여 맛이 없는 것을 경험하면 다음번에는 거부하고

편식으로 이어지기도 한다. 때문에 어른의 입맛에 맞추지 않고 다소 담백한 맛으로 준비하고, 단맛 또는 신맛을 좋아하는 경우가 많으므로 빨리 좋아하는 입맛을 알아내어 입맛에 맞는 이유식을 준비해 주는 것이 중요하다.

③ 이유 중기(7~9개월)

ㄱ. 7~8개월에는 고기를 갈아 준다.

ㄴ. 9개월에는 이유식을 1일 3회 주며, 조금 단단한 음식도 먹을 수 있게 된다.

ㄷ. 주스는 이유 초기부터 시작하지만 지나치게 많은 주스의 공급은 이유식에 대한 식욕을 잃게 하거나 설사를 일으킬 수 있으므로 9개월이 경과하여도 110~170㎖를 초과하지 않도록 한다.

④ 이유 후기(10~12개월)

ㄱ. 이유식과 병행하여 모유, 철분 강화 분유, 간식 등을 공급하도록 한다. 이유식이 제대로 되는 경우 10개월이 넘어가면 수유 필요량이 줄어들 수 있으므로 오전과 오후 2차례 모유나 조제유를 공급하도록 한다.

ㄴ. 12개월이 될 때쯤이면 아침, 점심, 저녁 3회로 나눠 이유식을 주며 간식으로 오전, 오후에 유즙과 비스킷, 빵, 과일을 주도록 한다.

ㄷ. 하루 3차례 가족의 식사 시간에 함께 이유식을 먹도록 하고 권장하는 시간은 오전 9~10시, 점심 1~2시, 저녁 5~6시경이다. 하지만 아이의 필요에 따라 먹이면 되므로 시간이 고정되어 있는 것은 아니다.

ㄹ. 이유식의 식사에는 탄수화물, 지질 등의 에너지 영양원과 체조직 구성원인 단백질이 많은 유제품, 신체기능을 조절하는 데 도움이 되는 비타민, 무기질이 많은 과일, 채소류를 반드시 조합해 주어야 한다.

⑤ 이유 완료기(생후 1년 이후)

연하고 부드러운 음식물부터 시작해서 서서히 양과 종류를 증가시키고 점진적으로 반고형식을 주는 것이 이유식이지만 이유식의 목적 중 한 가지는 고형식을 씹어서 삼키는 새로운 섭취방법을 유아에게 습득시키는 일이므로, 이유 완료기에는 국물이나 주스 이외에 고형식에 대한 적응이 완료되어야 한다.

3) 이유식 선택 시 주의사항

① 탄수화물, 특히 녹말은 일찍부터 줄 수 있다. 쌀로 흰죽을 쑤어서 으깨어 먹이거나 이

유용 플레이크 등을 간단히 사용할 수 있다. 모든 종류의 채소가 쓰일 수 있으며, 처음엔 체로 걸러서 주고 5개월 이후에는 갈거나 으깨어 주며, 그 후엔 다져서 주고 1년 이후엔 푹 삶아서 준다. 채소의 빛깔이나 섬유질이 변에 섞여 나오는 것은 흔한 일이다.

② 양질의 과자류는 이유식으로 일찍부터 사용될 수 있다. 비스킷, 크래커 등 감미가 적은 곡분제과가 좋으며, 단맛이 지나치게 강하고 단순당이 함유된 캐러멜, 사탕, 엿 등은 피하는 것이 좋다.

③ 달걀흰자는 알레르기의 위험 때문에 1년 후부터 주는 것이 안전하다.

④ 달걀노른자는 소화하기 쉽고 철, 구리 등 무기질을 포함하며 영양가가 높으므로 이유식으로 적당하다. 5개월 후부터는 노른자를 그릇에 담아 찌거나 죽 속에 풀어 넣어 반숙으로 하여 준다. 소량의 노른자를 주기 시작하여 5개월부터는 1/4~1/2개, 6개월 후부터는 1/2~1개까지, 7~8개월부터는 통째로 1개쯤 줘도 된다.

⑤ 조개류는 이유식으로 잘 쓰지 않는다.

⑥ 어육류는 처음에는 어육즙을 주며 6개월 후부터는 으깨어 소량에서 5~10g까지, 7개월경에는 잘게 뜯어서 10~20g, 9개월경부터는 크게 뜯어서 20~30g쯤 준다. 초기에는 넙치 · 가자미 · 삼치 등을 찌거나 끓여서 주며, 구운 것은 적당하지 않다.

⑦ 돼지고기는 이유식으로 적당하지 않다.

⑧ 10개월경부터는 닭고기나 쇠고기를 잘게 다져서 주며, 익숙해지면 20~30g을 준다. 간은 단백질, 비타민, 조혈성분을 함유하고 있으므로, 6~7개월경부터 체로 걸러서 수프에 넣어 주면 좋다.

⑨ 콩은 식물성 단백질을 많이 함유하고 있으며, 아미노산 균형이 비교적 잘 되어 있으므로 이유식에 적당하다. 두부, 콩가루 등은 어느 정도 죽에 익숙해졌을 때부터 먹일 수 있다.

⑩ 과일은 무기질과 비타민의 급원으로 이유를 시작하기 전부터 과즙으로서 공급된다. 6개월쯤에는 갈아서 익히고 으깨어 사용하면 소화에 도움이 된다. 과일을 그대로 주는 것은 이유가 상당히 진전되었을 때 가능하다.

⑪ 식물성 식용유, 동물성 버터 등은 과거에는 많이 사용하지 않았으나 6개월쯤부터 1일 1g씩 점차 증가해서 1년경에 10g 정도 조리에 사용하는 것도 좋다.

⑫ 이유기에 부적당한 식품은 우엉, 연근, 고사리, 고비, 파 등 섬유질이 많고 냄새가 강한 채소류나 짜고 매운 김치류, 낙지, 오징어 등 살이 단단한 어류 및 후추, 겨자, 마늘, 생강 등 강한 향신료 등이다.

2. 영양소 섭취기준

영아의 영양소 섭취기준 설정을 위한 체위 기준과 에너지, 탄수화물, 단백질 섭취기준은 다음과 같다[표 4-6].

표 4-6 영아의 영양소 섭취기준 설정을 위한 체위 기준과 에너지, 탄수화물, 단백질 섭취기준

영아 (개월)	신장 (㎝)	체중 (㎏)	에너지 (㎉/day)	탄수화물 (g/day)	단백질 (g/day)	
			필요추정량	충분섭취량	권장섭취량	충분섭취량
0~5	58.3	5.5	500	60		10
6~11	70.3	8.4	600	90	15	

(1) 에너지

영아 초기에는 소모되는 에너지의 약 50%는 휴식대사에 활용되고 나머지는 성장발달에 사용한다. 신체 활동량이 증가하면서 활동에너지 소비도 증가한다. 식품섭취에 따르는 에너지 소비는 성인과 같은 10% 정도이다. 영아 전기인 0~5개월에는 500㎉/day, 영아 후기인 6~11개월에는 600㎉/day를 에너지 필요추정량으로 설정하였다.

(2) 탄수화물

두뇌 발달이 지속되는 시기로 포도당의 필요량이 큰 시기이다. 섭취하는 총에너지의 60% 정도는 두뇌에서 소모하고 체중당 포도당대사는 성인의 4배 이상이다. 모유 수유를 통해 공급되는 탄수화물의 대부분은 두뇌발달에 도움이 되는 유당형태이다. 영아 전기인 0~5개월에는 60g/day, 영아 후기인 6~11개월에는 90g/day를 충분섭취량으로 설정하였다.

(3) 단백질

영아시기에 공급되는 단백질은 새로운 체조직 형성 등 성장에 필요한 효소, 호르몬, 생리적 물질들의 합성을 위해 사용된다. 영아 시기는 제1 급성장기에 해당하며 따라서 이 시기는 단위 체중당 단백질 필요량이 일생에서 가장 높은 때이다. 영아 전기인 0~5개월에는 10g/day가 충분섭취량으로 설정되어 있고, 영아 후기인 6~11개월에는 15g/day를 권장

섭취량으로 설정하였다. 영아기에는 합성하지 못하는 아미노산들이 몇 가지 더 추가되므로 필수아미노산으로 간주되는 아미노산이 성인에 비해 더 많다[표 4-7]. 담즙산 형성에 필요한 타우린, 지질대사에 중요한 아미노산 유도체 카르니틴 등도 영아기에 추가적인 섭취가 강조된다.

표 4-7 영아를 위한 필수아미노산과 비필수아미노산

필수아미노산	비필수아미노산
히스티딘(H)	알라닌(A)
이소루신(I)	아스파라긴(N)
루신(L)	아스파르트산(D)
리신(K)	글루탐산(E)
페닐알라닌(F)	글루타민(Q)
메티오닌(M)	글리신(G)
트레오닌(T)	프롤린(P)
발린(V)	세린(S)
트립토판(W)	
아르기닌*(R)	
시스테인*(C)	
티로신*(Y)	

*성인에게는 비필수아미노산

(4) 지질

고밀도 에너지인 지질은 영아기에 필요한 에너지를 효율적으로 공급한다. 영아 전기에는 필요한 에너지의 40~50%를, 영아 후기에는 필요한 에너지의 30% 정도를 지질로부터 얻는다. 필수지방산인 리놀레산과 알파-리놀렌산의 공급을 위해서도 지질의 공급은 매우 중요하다. 리놀레산이 부족할 경우 성장에 장애가 발생하고 피부염증 문제도 빈번하게 발생한다. 영아기 두뇌와 망막 발달에 중요한 DHA의 공급도 지질섭취를 통해 가능하다.

전 연령대 중에서 영아기에만 지방의 충분섭취량이 설정되어 있다. 전체 영아기인 0~11개월 동안 설정된 지방의 충분섭취량은 25g/day이다. 그리고 오메가-6 계열 필수지방산인 리놀레산과 오메가-3 계열 필수지방산인 알파-리놀렌산을 영아 전기에 각각 5.0g/day와

0.6g/day, 영아 후기에 각각 7.0g/day와 0.8g/day를 충분섭취량으로 설정하였다. 2020 한국인 영양소 섭취기준에서 처음 설정된 EPA+DHA의 경우 영아 전기에 200mg/day, 영아 후기에 300mg/day를 충분섭취량으로 하였으며, 특히 영아기에는 뇌신경 조직 발달과 망막조직 형성이 중요하므로 DHA만으로 공급되도록 하였다.

표 4-8 지질 영양소 섭취기준(충분섭취량)

영아 (개월)	지질 (g/day)	리놀레산 (g/day)	알파-리놀렌산 (g/day)	EPA + DHA (㎎/day)
0~5	25	5.0	0.6	200*
6~11	25	7.0	0.8	300*

*DHA

(5) 비타민

모유 수유중인 영아에게도 보충이 필요한 영양소가 있다. 비타민 D, 비타민 K, 비타민 B_{12} 등은 별도로 공급해 주는 것이 결핍증 예방을 위해 좋다.

1) 지용성 비타민

① 비타민 D

저장된 비타민 D가 부족한 산모에게서 태어난 아기들에게는 구루병의 발병률이 높다. 일조량이 부족한 환경일 경우 식사나 보충제를 통해 비타민 D를 정기적으로 공급하는 것이 구루병 예방에 효과적이다. 일조량이 많은 지역에서도 모유 수유아에게 구루병이 종종 보고되고 있기 때문에, 미국소아과학회와 미국질병관리본부는 모유 수유 영아들에게도 비타민 D를 보충하도록 권장한다.

햇빛 노출은 피부를 통한 비타민 D 합성을 돕는다. 적절한 햇빛 노출 권장시간은 1주에 30분 정도이며, 완전히 옷을 입은 상태에서는 주당 2시간 정도이다. 지나친 햇빛 노출은 피부암 발생의 위험이 있으므로 영아의 장시간 햇빛 노출을 금하고 자외선차단제 사용을 권한다.

② 비타민 K

신생아에게는 비타민 K의 공급이 매우 중요하다. 비타민 K는 태반 통과 속도가 느리기 때문에 탯줄 내 농도는 매우 낮고 태아는 충분한 비타민 K를 갖고 태어나지 못한다. 출생

후 일정시간이 경과하면 장내 박테리아에 의해 비타민 K_2(메나퀴논)를 생성하지만 신생아 초기에는 출혈이 발생할 경우 혈액응고가 일어나지 않으므로 다출혈로 위험할 수 있다. 모유 내 비타민 K 농도는 0.1~0.2mg/dℓ로, 1일 요구량을 충분히 공급할 수 없으므로 출생 시 비타민 K 1mg을 근육주사로 맞을 것을 권유하며 이 경우 비타민 K 결핍증을 예방할 수 있다.

표 4-9 지용성 비타민 영양소 섭취기준

영아 (개월)	비타민 A(μg RAE)	비타민 D(μg)	비타민 E(mg α-TE)	비타민 K(μg)
	충분섭취량	충분섭취량	충분섭취량	충분섭취량
0~5	350	5	3	4
6~11	450	5	4	6

2) 수용성 비타민

① 비타민 B_{12}

만일 모친이 철저한 채식주의자라면 비타민 B_{12}가 부족할 수 있기 때문에 보충을 해주어야 한다. 비타민 B_{12}가 부족한 경우 모체보다 모유 수유를 먹는 영아에게 먼저 결핍 증상이 올 수 있다. 엄격한 채식주의자인 경우 비타민 보충제를 통해 공급받을 수 있으며 수유 중이라도 아이를 위해 비타민 B_{12}가 포함된 비타민 보충제를 먹도록 한다.

② 기타

티아민, 리보플라빈, 니아신은 충분한 양이 모유에 함유되어 있으므로 모유 수유아에게 부족할 위험은 없다. 영아기는 단위 체중당 단백질 필요량이 가장 높은 시기이고 단백질대사에 필요한 비타민 B_6의 필요량도 높아진다. 급성장기인 영아기에는 조혈작용과 세포 형성을 위해 엽산의 소요량도 많다.

표 4-10 수용성 비타민 영양소 섭취기준

영아 (개월)	티아민 (mg)	리보플라빈 (mg)	니아신 (mg NE)	판토텐산 (mg)	비타민 B_6 (mg)	엽산 (μg DFE)	비타민 B_{12} (μg)	비오틴 (μg)	비타민 C (mg)
	충분 섭취량	충분 섭취량	충분 섭취량	충분 섭취량	충분 섭취량	충분 섭취량	충분 섭취량	충분 섭취량	충분 섭취량
0~5	0.2	0.3	2	1.7	0.1	65	0.3	5	40
6~11	0.3	0.4	3	1.9	0.3	90	0.5	7	55

(6) 무기질

1) 칼슘

영아기에는 골격 성장이 빠른 시기로 칼슘 필요량이 높다. 또한 골격성장에 필요한 칼슘과 인의 비율도 중요하다. 영아 전기인 0~5개월에 필요한 칼슘과 인은 각각 250mg/day, 100mg/day로 칼슘과 인을 2:1의 비율로 공급하는 것이 효율적이다. 모유 속에 함유된 칼슘과 인의 비율이 2:1이므로 모유는 신생아의 골격성장을 위한 가장 효율적인 공급원이다.

2) 철

태아는 만 6개월까지 필요한 철분을 체내에 갖고 태어난다. 이후에는 철분의 보충을 위해서 늦어도 만 6개월부터는 철분이 많은 고형식 위주의 이유식을 시작해야 한다. 정상 체중으로 출생한 신생아는 4~6개월부터 철분 보충이 필요하며 철분이 많은 육류를 활용하면 좋다. 12개월 이전에 모유 수유를 중단하는 경우 철분 강화 분유를 활용할 수 있다. 국내 시판 조제분유는 모두 철분 강화 분유로 판매되고 있다. 미숙아로 출생한 태아의 경우에는 출생 만 1개월부터 철분 보충제를 먹이는 것이 좋으며 최소 만 12개월까지는 공급해 주도록 한다.

표 4-11 다량 무기질 영양소 섭취기준

영아 (개월)	칼슘(mg)	인(mg)	나트륨(mg)	염소(mg)	칼륨(mg)	마그네슘(mg)
	충분섭취량	충분섭취량	충분섭취량	충분섭취량	충분섭취량	충분섭취량
0~5	250	100	110	170	400	25
6~11	300	300	370	560	700	55

표 4-12 미량 무기질 영양소 섭취기준

영아 (개월)	철(mg)		아연(mg)		구리(μg)	불소(mg)	망간(mg)	요오드 (μg)	셀레늄 (μg)	크롬 (μg)
	충분 섭취량	권장 섭취량	충분 섭취량	권장 섭취량	충분 섭취량	충분 섭취량	충분 섭취량	충분 섭취량	충분 섭취량	충분 섭취량
0~5	0.3		2		240	0.01	0.01	130	9	0.2
6~11		6		3	330	0.4	0.8	180	12	4.0

(7) 수분

신체의 총 수분 함량은 어릴수록 높기 때문에 공급해야 할 수분 필요량도 많아진다. 영아의 수분 필요량이 높은 이유 중 하나는 수분 교환 필요량이 증가하기 때문이다. 영아기는 단위 kg당 기초대사가 가장 높은 시기이다. 에너지대사량이 많을수록 증발을 통한 체온 조절이 중요하고 이 두 가지는 밀접한 연관성이 있다. 영아기에는 허파와 피부를 통한 수분 손실이 많아 수분 필요량이 증가한다.

또 다른 주요 원인은 영아의 신장 기능이 아직 충분히 발달하지 않아 성인에 비해 소변 농축능력이 낮기 때문이다. 요 농축능력이 낮으면 용질 제거율이 낮기 때문에 노폐물 배출을 위해 더 많은 수분을 필요로 하게 된다. 영아기에는 단백질 대사량이 높아 제거해야 할 단백질 분해 산물이 많은 것도 한 이유이다.

영아기에는 탈수가 일어나지 않도록 충분한 수분의 공급이 중요하다. 영아 전기인 0~5개월에는 총수분 700(액체 700)mℓ/day가 충분섭취량으로 설정되어 있고, 영아 후기인 6~11개월에는 총수분 800(액체 500)mℓ/day로 설정하였다.

3. 영아기의 식생활 관리

(1) 영양관리기준

① 다양한 종류의 식품을 접할 수 있도록 한다.

영아기는 유즙에 의존하여 성장하던 시기를 벗어나 다른 종류의 식품으로 이행하는 시기이다. 하루에 한 가지씩 새로운 식품을 경험하면서 생후 1년까지는 다양한 종류의 영양가 높은 식품을 경험할 수 있도록 제공하는 게 중요하다. 이 시기에 형성된 식습관이 일생에 걸쳐 영향을 미치는 경우가 많으므로 다양한 식품을 좋아할 수 있도록 습관을 들이는 게 바람직하다.

② 두뇌 발달에 좋은 지방을 공급해 준다.

생후 1년까지도 두뇌의 성장이 지속되는 시기이다. 두뇌 발달에 도움이 되는 지방산을 알고 공급하여 이 시기에 최적의 신경계 발달을 이룰 수 있도록 돕는다.

③ 칼슘, 철분, 아연 등 성장에 필수적인 무기질이 부족하지 않도록 한다.

골격 성장에 도움이 되는 칼슘, 빈혈 방지는 물론 세포 성장에 필수적인 철분, 아연 등의 무기질이 식이에 부족하지 않도록 한다.

④ **단순당 섭취에 길들여지지 않도록 주의한다.**

식습관을 형성하는 이 시기에 설탕 등의 강한 단맛에 길들여지면 이후에 바른 식습관으로 개선하기가 매우 어렵다. 과일이나 천연 주스에 포함된 당은 좋지만 인공적으로 첨가된 가당 음료나 과자 등에 입맛이 길들여지지 않도록 주의한다.

⑤ **나트륨 섭취가 과하지 않도록 한다.**

나트륨은 가공 식품은 물론 대부분의 천연 식품에도 충분한 양이 포함되어 있는 무기질이므로 별도의 가염된 조리 식품을 너무 이른 나이에 접하지 않도록 하는 게 좋다. 우유 속에도 나트륨이 포함되어 있으므로 생후 1년 이후로 우유 공급을 미루도록 한다.

⑥ **과일, 채소, 곡류 등을 접할 수 있게 배려하되 에너지 부족이 되지 않도록 주의한다.**

유제품과 육류를 벗어나 다양한 과일과 채소, 곡류를 섭취할 수 있도록 하여 다양한 비타민과 무기질의 공급원을 놓치지 않도록 배려한다. 그러나 과일, 채소 섭취량이 증가하면 포만감으로 인하여 자칫 필요한 에너지 필요량을 채우지 못하게 되므로 저열량식이 되지 않도록 주의한다.

⑦ **자율적인 식욕조절을 훈련할 수 있게 배려한다.**

스스로 자립하여 식욕을 관리하려고 하는 시기이므로 강요하지 말고 자율적인 식욕조절 패턴을 키울 수 있도록 기다려 준다.

표 4-13 이유단계별 식품군별 식품 도입표

식품군	분류	이유 초기 (5~6개월)	이유 중기 (7~9개월)	이유 후기 (10~12개월)
곡류군	곡류	쌀, 찹쌀	현미, 차조	국수, 식빵, 귀리, 팥
	전분류	감자, 고구마	옥수수	밀전분
어육류 및 콩류군	육류 및 난류	닭고기, 쇠고기(살코기)	달걀노른자	달걀(전란), 메추리알
	어패류		도미, 대구, 조기, 병어 등 흰살생선	대부분의 흰살생선
	두류	완두콩, 강낭콩	두부, 연두부, 검정콩, 대두	대부분의 콩류
	종실류			밤, 깨, 잣

채소군	채소류	청경채, 양배추, 단호박, 애호박, 오이, 브로콜리	무, 당근, 배추, 시금치, 양파, 아욱, 비트, 콜리플라워	대부분의 채소류
	버섯류		양송이버섯	팽이버섯, 느타리버섯, 표고버섯
	해조류		김	다시마, 파래, 미역
과일군	과실류	배, 수박, 사과, 홍시, 바나나	참외, 단감	파인애플, 자두, 멜론, 살구, 포도
유제품	유제품		플레인 요구르트, 아기용 치즈, 분유	치즈, 요구르트

* 이유 단계별 사용 가능한 식품의 순서와 종류는 소화능력 및 알레르기 발생 등 영아의 조건에 따라 유동적일 수 있다.

표 4-14 이유 단계별 이유보충식 1일 제공량

식품군		이유 초기 (5~6개월)	이유 중기 (7~9개월)	이유 후기 (10~12개월)
이유식	곡류/감자류	미음 30~50㎖	죽 100~120g	진밥 120~150g
	채소류	삶아서 거른 채소 10~15g	삶아서 으깬 채소 15~35g	잘게 썰어 삶은 채소 30~70g
	과일류	익혀서 거른 과일 10~15g	으깬 과일 50~100g	잘게 썬 과일 75~150g
	고기, 생선, 달걀, 콩류	고기즙 10~15g	잘게 다져 익힌 고기, 두부, 또는 반숙 달걀노 른자, 흰살생선 45~60g	잘게 썰어 익힌 고기, 생선, 두부, 또는 달걀노른자 60~80g
1일 총 열량		50~100㎉	150~300㎉	300~450㎉
1일 식사구성안		모유 6회 이유식 1~2회	모유 5회 이유식 2회 간식 1회	모유 4회 이유식 3회 간식 1회
이유식 메뉴의 예				

(2) 영아기의 식생활 지침

보건복지부에서는 영아기 건강을 위한 식생활 지침을 다음과 같이 마련하였다.

1) 생후 6개월까지는 반드시 모유를 먹이자.

① 초유의 면역물질은 아기의 질병예방에 중요하므로 꼭 먹이도록 한다.
② 모유는 아기에게 가장 좋은 완전 식품으로 아기의 성장 및 정서발달에 도움이 되며 생후 2년까지 먹이는 것이 바람직하다.
③ 조제분유는 모유를 먹일 수 없는 경우에만 먹이고 정해진 양대로 물에 타서 먹인다.
④ 자는 동안에 젖병을 물리게 되면 충치를 유발할 수 있으므로 주의한다.

2) 이유 보충식은 성장 단계에 맞추어 먹이자.

① 생후 만 4개월에서 6개월 사이에는 유즙만으로는 영아의 영양소 공급이 부족해지기 때문에 이유 보충식을 시작해야 한다.
② 이유 보충식은 여러 식품을 섞지 말고 한 가지씩 시작하며, 신선한 재료를 사용하여 간을 하지 않고 조리해서 먹인다.
③ 이유 보충식은 숟가락으로 떠먹이고 과일주스를 먹일 때는 컵에 담아 먹인다.

3) 유아의 성장과 식욕에 따라 알맞게 먹이자.

① 아기의 성장 정도를 고려하여 유즙 이외의 고형 식품으로 아기에게 필요한 영양소를 보충해 주어야 한다.
② 일정한 장소에서 먹이고 한꺼번에 많이 먹이지 않는다.
③ 쫓아다니며 먹이면 아이가 거부감을 느껴 더 안 먹을 수 있기 때문에 억지로 먹이지 않는다.

4) 곡류, 과일, 채소, 생선, 고기, 유제품 등 다양한 식품을 먹이자.

① 영유아기는 일생의 건강에 기초가 되므로 다양한 영양소를 골고루 섭취하여야 한다.
② 과일, 채소, 우유 및 유제품 등의 간식을 매일 2~3회 규칙적으로 먹인다.
③ 영유아 음식은 싱겁고 담백하게, 씹을 수 있는 크기와 형태로 조리한다.
④ 영유아는 면역력이 약하므로 위생적이고 안전하며, 식품첨가물이 되도록 포함되지 않은 식품을 선택하는 것이 중요하다.

4. 영아기의 영양문제

영아는 몸에 이상이 있어도 말로 호소할 수 없기 때문에 평소 건강할 때의 행동을 잘 관찰하여 이상 증상을 조기에 발견하는 일이 중요하다. 영아의 증상들은 갑자기 악화되기도 하지만 또 쉽게 치료되는 경우가 대부분이므로 조기 발견이 중요하다. 기분의 좋고 나쁨, 피부색, 표정이나 눈빛의 변화, 울음의 정도, 식욕, 수면상태 등을 관찰하면 쉽게 이상을 발견할 수 있다. 변의 상태, 구토 여부, 체온변화 등도 함께 관찰하며, 토사물과 변 등의 변화를 관찰하여 의료진과 상담 시에 알려주는 것도 도움이 된다.

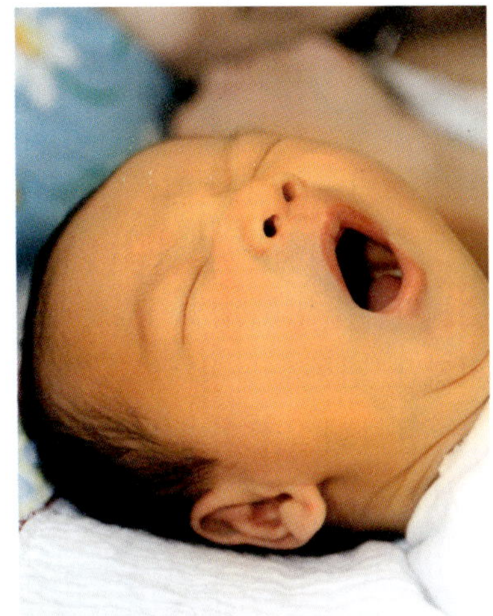

[그림 4-5] 신생아 황달

(1) 신생아 황달

황달은 헤모글로빈 등이 체내에서 분해되는 과정에서 생성되는 황색의 담즙색소 빌리루빈이 몸에 필요 이상으로 과다하게 쌓여 눈의 흰자위, 피부, 점막 등에 노랗게 착색되는 증상이다. 빌리루빈은 보통은 간에서 해독작용을 거친 후 담즙으로 배설된다. 황달 현상이 나타나는 원인은 빌리루빈이 체내에서 필요 이상으로 과다하게 생성되거나 생성된 빌리루빈을 몸 밖으로 제대로 배출되지 못하기 때문이다.

황달이 발생하면 소변이 진한 갈색으로 짙어진다. 이는 혈액으로 넘쳐 나오는 빌리루빈이 신장을 거쳐 소변으로 배설되기 때문이다. 이후 피부에 색소침착이 시작되면 가장 먼저 눈의 흰자위 부분이 황색으로 변화된 것이 관찰된다. 때에 따라 대변 색이 연해지기도 하는데, 이는 담즙 배출 통로가 막혀 배설이 제대로 이뤄지지 않아 담즙이 대변에 섞여 나오지 않기 때문이다. 대변이 비지처럼 흰색이라면 이는 담즙이 전혀 분비되지 않고 있다는 증거이다.

정상적인 신생아에게 생기는 황달은 생리적 황달(physiologic jaundice of newborn)이라 하는데 보통 생후 24시간이 지나면서 나타나기 시작하고 3일째에 가장 심해지다가 대개 1~2주 정도 지나면 황달 현상이 거의 사라진다. 임신기간 중에 많이 사용되던 적혈구가 출생 후 파괴되고 이 과정에서 황달을 일으키는 빌리루빈 대사산물이 생겨 변을 통해 배출된다. 신생아는 빌리루빈 배설대사가 미흡하여 체내에 빌리루빈 수치가 높아질 수 있고, 생리적으로 신생아 황달로 나타난다. 황달 증상은 정상아에 비해 미숙아인 경우에 더 오래가고 심하게 나타난다. 생리적 황달에서는 소변이나 대변의 색깔은 정상이다. 생리적 황달은 생후 24시간 이내에는 나타나지 않으며, 생후 24시간 이내에 나타나는 황달은 대부분 용혈성 황달이다. 또한 아주 예외적인 경우가 아니면 생후 2주 후에 나타나는 황달 역시 생리적인 것이 아니라 감염과 같은 병적인 상태가 원인이 되어 발생하는 것이다. 따라서 황달이 생후 24시간 이내에 발생하거나 생후 2주 후에도 지속되는 경우에는 반드시 의료기관을 방문하여 검진을 받도록 한다. 신생아의 생리적 황달은 대부분은 치료가 필요 없지만, 전문가가 아니라면 어떤 경우에 치료가 필요한지 정확한 판단을 하기 어려우므로 가능한 소아 전문의의 상담을 받는 것이 좋다.

병적인 황달의 경우는 치료가 필요한 경우가 많다. 신생아 황달의 치료법에는 약물 투여, 광선 요법 및 교환 수혈 등이 있다. 광선 요법 및 교환 수혈은 입원하여 시행되는 치료법으로 광선 요법은 아기의 피부에 광선을 쪼여서 황달을 일으키는 빌리루빈을 낮추는 방법이며, 교환 수혈은 황달이 너무 심한 아기의 혈액을 정상인 혈액으로 바꿔 주어 황달 수치를 빠른 시간 안에 떨어뜨리는 치료법이다. 질병에 의한 병적 황달을 신생아의 생리적 황달로 오인하여 방치하였을 경우 청력장애를 일으킬 수 있고, 심한 경우에는 혈액 속에 돌아다니던 빌리루빈이 뇌세포에 침착되어 신경증후군으로 발전되고 뇌성마비나 사망으로 나타날 수 있다.

모유가 원인이 되어 황달이 생기는 경우가 있는데 생후 첫 주에는 모유 수유 부족으로 발생하는 조기 모유황달이고 생후 2~3주 이후에는 모유 중에 분비되는 호르몬이 빌리루빈 배설을 억제하는 것이 원인으로 일어나는 후기 모유황달이다. 이때는 모유 수유를 잠시 중단하는 것이 좋다. 이런 경우는 신생아의 간 기능이 아직 완전히 성숙되지 못해 일시적으로 나타나는 증상이므로 대부분은 특별한 합병증 없이 완치된다.

(2) 소아 빈혈

빈혈은 일반적으로 혈액 내 적혈구 수나 혈색소량, 또는 그 두 가지 모두가 정상인보다 떨어져 있는 상태로 소아·청소년기에 흔하게 접할 수 있는 빈혈은 철 결핍성 빈혈이며 발생 연령대는 주로 생후 6개월~3세가 가장 많고 11~17세가 그 다음이다. 국민건강보험공단에서 보고한 자료에 따르면, 2002~2008년까지 우리나라에서 빈혈로 진료 받은 환자 수는 1.75배 증가하였는데 특히, 1세의 경우 7.2배의 환자 발생으로 가장 큰 증가 폭을 나타냈다. 헤모글로빈 농도의 정상수치는 연령과 성별에 따라 다른데, 국제적 빈혈 판정기준으로는, 6개월~6세는 11g/dℓ, 6세~14세는 12g/dℓ에 달하지 못할 때 빈혈로 판정한다. 참고로 성인 여성의 정상 헤모글로빈 수치는 12~16g/dℓ이다.

적혈구가 감소하면 혈액의 산소운반 능력이 떨어져 조직에 필요한 산소공급이 부족하게 되고 영유아기에 이러한 빈혈이 지속되면 성장과 발달에 문제가 발생하고 면역기능과 뇌 신경계 기능에도 저하가 올 수 있다. 빈혈이 지속되면 식욕부진으로 인해 잘 먹지 않게 되므로 철분과 비타민 등의 필수영양소 결핍으로 악순환이 유발된다.

소아빈혈 발생의 원인은 크게 영양결핍, 용혈, 출혈, 골수기능 상실 등이다. 용혈이란 적혈구가 정상적인 수명인 120일보다 빠르게 파괴되어 산소운반 능력을 상실하여 발생하는 빈혈증상으로 비타민 E 결핍 시 임상증상으로 종종 관찰된다. 그다음 흔히 접할 수 있는 빈혈은 철 결핍성 빈혈로 영아기에는 자칫 이유식 섭취량이나 식품선택이 적절하지 않은 경우 철 공급량 부족으로 철 결핍성 빈혈이 발생할 수 있다. 그밖에 위장장애 등의 출혈이 있는 경우에도 철 결핍성 빈혈이 발생한다. 이외에도 엽산, 코발라민 결핍에 의한 거대적혈구성 빈혈, 후천적 원인으로 골수기능 상실에 의한 소아 빈혈이 발생하는 경우 등이 있다.

소아 빈혈은 명백하고 뚜렷한 증상이 관찰되지 않기 때문에 적절한 치료시기를 놓치는 경우가 많다. 식욕 부진, 보채기, 창백한 안색, 활동량 감소, 의욕 감퇴, 감염성 질환에 쉽게 감염, 성장불량 등이 나타나지 않는지 주의 깊게 관찰하고 조기에 빈혈을 치료받을 수 있도록 한다. 특히, 철 결핍성 빈혈이 발생하게 되면 뇌신경계와 지능 발달에도 좋지 않으므로 소아 빈혈은 더 큰 주의와 관심이 필요하다.

가장 흔한 영양 결핍성 빈혈의 경우 부족한 원인을 확인하고 식이 지도와 함께 보충제를 복용하도록 한다. 철 결핍성 빈혈의 경우 이유시기 이전에는 분유보다 철분 흡수율이 높은 모유 수유를 권장한다. 이유식으로는 철분 함유 식품인 고기와 난황 등을 매일 2회 이상 먹이도록 한다.

(3) 설사

영아기에는 설사가 자주 발생하는데 수분 손실로 인한 탈수로 자칫 생명을 잃을 수도 있다. 설사가 심한 경우에는 수유를 중단하고 탈수 방지를 위한 묽은 포도당액, 보리차, 끓인 물을 줄 수 있다. 주스나 청량음료, 유산균 음료 등은 설사를 악화시킬 수 있으므로 주의한다. 설사와 함께 38℃ 이상의 발열이 동반되거나 구토가 24시간 지속되면 의료기관을 방문하여 검진 받도록 하고 필요 시 수분, 나트륨, 칼륨 등의 손실된 전해질을 보충해 주도록 한다.

(4) 식품 알레르기

알레르기는 아토피 피부염, 천식, 두드러기 등의 다양한 증상으로 발전할 수 있다. 식품 알레르기는 소아 질환에서는 아주 흔한 경우로 최근에는 아토피의 증가로 고통 받는 경우가 많이 발생한다. 알레르기의 일반적 증상은 습진, 비염, 호흡곤란, 기침, 구토, 설사 등이다. 가장 흔하게 식품 알레르기를 유발하는 식품은 우유이며 달걀, 땅콩, 대두, 생선, 복숭아, 토마토, 생선 등에 알레르기를 보이는 경우도 많다. 수유부가 섭취한 식품 성분이 모유를 통해 분비되어 알레르기를 유발하는 경우도 있다. 알레르기 식품이 감지되면 더는 섭취하지 않도록 하는 것이 최선이다.

최근 몇 년 사이에 급증한 아토피 피부염은 그 발생 원인이 다양하게 알려져 있지만 식품으로 인해 야기되는 경우도 상당수인 것으로 추정된다. 소아 아토피 피부염 환자들은 지나치게 금식하는 식품들이 많아 자칫 영양 불균형을 초래할 수 있으므로 자연요법이나 민간요법에 의존하여 단독으로 식품선택을 결정하기보다는 전문 의료진의 상담을 통해 부족한 영양소가 없는 한도에서 치료를 병행하도록 하는 것이 좋다.

(5) 구개열

선천적 기형의 하나로 유전적 요인이 가장 크며 태생기에 양구개의 융합이 불완전하게 된 것이다. 정도에 따라서 완전구개열, 불완전구개열, 연구개열이 있고 점막의 파열이 없는 것을 점막하 구개열이라고 한다. 포유력 부전으로 젖 빨기가 부진하여 모유 수유를 어렵게 만들어 영아 성장을 방해하는 요인이 된다.

언어장애의 문제가 발생하고 치아나 교합의 이상, 중이 감염을 가져오기도 쉽다. 수술은 비강과 구강에 격벽구조를 만들어 비강의 폐쇄기능을 개선하고 언어장애를 개선할 목적으로 이루어진다.

(6) 선천성 대사장애

선천적인 유전요인으로 인해 태어나기 전부터 결핍된 효소들이 대사장애를 일으키는 경우가 대부분이다. 페닐케톤뇨증, 단풍시럽뇨증, 호모시스틴뇨증, 갈락토오스 혈증 등이 있다. 출생 전 양수 검사나 출생 후 혈액 검사를 통해 발병 여부를 알 수 있다. 이러한 선천성 대사장애의 경우에는 초기 진단이 중요하다. 방치할 경우 상태를 악화시킬 수 있는 대사산물들이 체내에 축적되어 뇌손상을 유발하는 경우가 많으므로 미리 알고 대비하여야 한다. 특수 조제유나 저단백 식이 등으로 식이요법이 필요한 경우가 대부분이며 국내 일부 조제유 제조 회사에서는 이러한 용도에 맞는 특수 조제유를 판매하고 있다.

(7) 전염성 질환

신생아는 생후 1~3일경에 수포성 물집이 잡히는 경우가 있는데 대개는 1주일 정도 지속된다. 이 물집들은 문제가 없지만 간혹 헤르페스성 바이러스나 농가진(impetigo)인 경우가 있으므로 바로 의료진에게 보이고 진단을 받는 것이 좋다. 물집이 있는 농가진은 신생아에서 주로 발생하며 무력증, 발열, 설사 등이 동반되기도 한다. 패혈증이나 폐렴 수막염이 동반될 경우 사망에 이를 수 있다.

신생아에게 걸리기 쉬운 전염성 질환으로는 감기, 급성발진, 수두, 열사병, 소화불량, 홍역, 소아마비, 일본뇌염, 백일해, 디프테리아, 기관지염, 유아습진, 스트로풀루스(strophulus), 로타바이러스감염증(가성콜레라) 등이 있다.

Tip 신생아 검진

생후 48시간에서 7일 사이에는 대사 이상 검사를 시행한다. 대개 출산이 이루어진 산부인과에서 시행하는데 선천성 대사 이상 질환은 우리 몸에 필수적인 여러 가지 효소나 호르몬의 선천적인 이상으로 생기는 병으로 적절한 치료시기를 놓치면 주로 뇌와 간에 비가역적 악영향을 미치므로 미리 검진하여 대비하는 것이 좋다. 선천성 대사 이상 질환의 대부분은 심각한 지능장애를 초래하고 간과 신장에 기능 이상을 초래하는 경우가 대부분이다. 조기 진단을 통해 식이요법이나 호르몬 치료를 하면 정상에 가까운 생활을 할 수 있다.

생후 1주부터는 소아과 의사의 정기 검진을 받는 것이 좋은데 생후 1주와 2주, 1달 차에 소아과에서 정기 검진을 받도록 권장한다. 이 시기는 대개 접종이 필요한 시기와 연관되어 있으므로 소아과에서 접종하면서 검진을 받아도 된다. 신생아 검진 시에는 그동안 먹은 모유나 분유의 양, 대소변 횟수를 기록한 내용을 가지고 가면 도움이 된다.

생애주기 영양학

CHAPTER

05 유아기 영양

유아기는 1세부터 5세경까지의 기간으로 이유의 완성, 보행의 시작, 말하기 등 여러 가지 중요한 발달사항이 전개되는 시기이다. 개인차가 점차 뚜렷해지는 시기로 환경적, 유전적 요인들에 의해 성장에 큰 차이가 생기기 시작한다. 두뇌가 완성되는 시기이고, 신체기관들의 조절 기능이 발달하며 사회적인 활동을 시작하고 스스로 식품선택에 적극적으로 개입하는 시기이다. 특히 이 시기에는 평생 이어질 식습관을 형성하는 시기이므로 식단관리에 각별한 주의가 필요하다.

1. 유아기 특징

영아 후반기를 지난 유아기는 신체적 발육 속도는 완만해지지만, 활동량은 많아지는 시기이다. 그러나 활동 반경이 확대되면서 감염기회가 늘고 불의의 사고도 쉽게 일어나는 시기이기도 하다. 신체발육은 체중증가에 비해 신장(身長)의 발달이 눈에 띄게 증가하는 시기로 특히 유아기 후반에 체지방 감소가 생기면서 이 변화가 두드러진다. 이 시기에는 체형의 비율이 점차 성인과 비슷해져서 머리 부분이 신체의 대부분을 차지하던 시기를 지나 체형이 6등신의 비율로 변화해 간다.

언어 발달이 현저해져 4세경에는 대화체를 완성하고 말을 이해하는 폭이 더욱 넓어진다. 사고나 행동이 자기중심적이 되는 시기로 식사 · 배설 · 수면 · 착의 · 청결 등의 기본적 생활습관을 습득하는 시기이다.

(1) 유아의 신체 성장

유아 전기는 1~2세까지이고 유아 후기는 3~5세까지이다. 신장의 증가는 연간 6~8㎝, 체중의 증가는 연간 1.5~2㎏ 정도이다. 한국 소아 표준 성장곡선에 의하면 12개월을 지나면 성장곡선의 증가가 완만해진다. 일반적으로 돌 무렵인 1세가 되면 신장은 75㎝, 체중은 10㎏ 정도로 신장은 1.5배, 체중은 3배 정도 성장한다.

출생 시의 키는 자궁 내 환경에 영향을 받는데 생후 첫 6개월~2년 동안에 걸쳐 성장속도가 빨라지거나 늦어지며 2세 무렵부터는 자신에게 주어진 유전적인 성향을 좇아가게 된다. 2세경의 평균 신장은 87~88㎝ 정도이고 3세경이 되면 약 95㎝ 정도로 성장한다[그림 5-1, 5-2].

생후 4년 정도에는 출생 때 신장의 약 2배가 되고, 체중은 5배 정도에 도달한다. 6세에 이르면 체격에 성별 차이가 나타나기 시작하여 남아가 여아보다 조금씩 더 크고 무거워진다. 성장곡선은 표준성장을 한눈에 파악하기 쉬워 정상적 성장을 이어가고 있는지 아니면 주의관찰과 치료가 필요한 성장장애가 있는지 판단하는 자료로 활용된다. 성장속도를 알려면 최소 6개월 이상의 관찰기간이 필요하다. 영양상태에 따른 성장패턴을 판단할 때는 신장과 체중곡선의 어느 한쪽만 사용하지 않고 두 가지 모두를 활용한다[그림 5-3, 5-4].

95백분위수 곡선보다 위쪽에 해당하면 과체중으로 평가한다. 5백분위수 곡선보다 아래쪽에 위치하면 '성장부진(쇠약)' 또는 '성장지연'에 해당한다. 성장부진은 신장의 성장정도는 적당하지만 체중증가가 따라오지 못하는 경우로 최근 영양공급이 부족한 상태임을 반영한다. 성장지연은 체중과 신장이 모두 또래에 비해 부족하지만 특히 신장의 성장이 많이 따라 오지 못한 경우로 장기적인 영양부족 상태에 있었음을 반영한다. '저신장'은 3백분위수 곡선보다 아래에 위치하며 성장장애가 있는 경우로 영양적 요인 이외에 유전적 질환에 의해 성장에 영향을 받는 경우가 많다.

유아 전기는 성장곡선이 완만해지기는 하지만 아직 발육을 위해 중요한 시기이다. 이 시기에 영양 부족이나 만성 질환이 있으면 세포수 부족으로 인해 '따라잡기 성장(catch-up growth)'이 이루어지기가 어려워진다. 일반적으로 소아 성장기에는 영양 부족 상태가 해결되면 예정된 성장곡선을 따라 정상적 성장경로를 이어가고 이러한 성장 만회 현상을 따라잡기 성장이라 한다[그림 5-5].

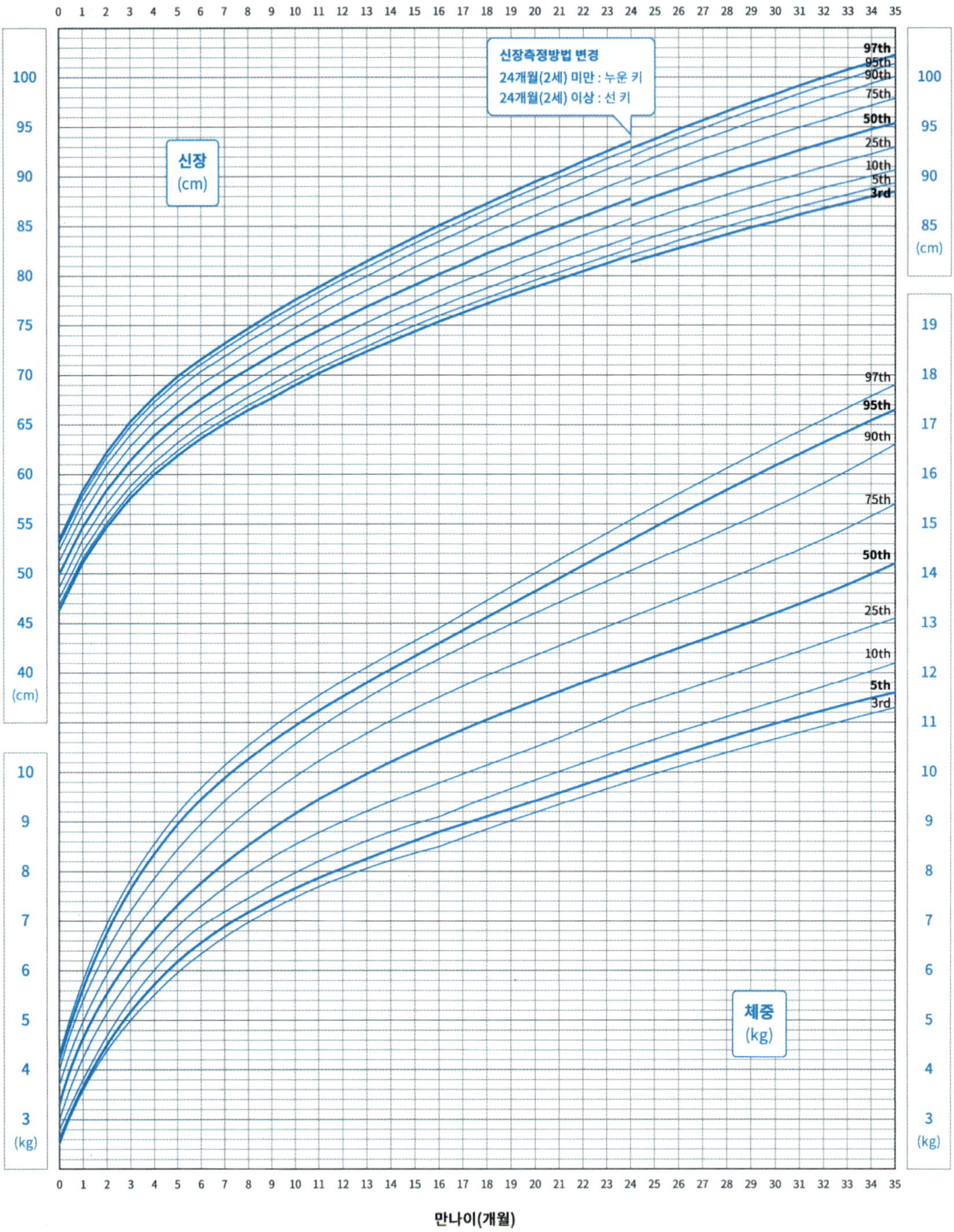

[그림 5-1] 한국 남아 성장곡선(0~35개월)

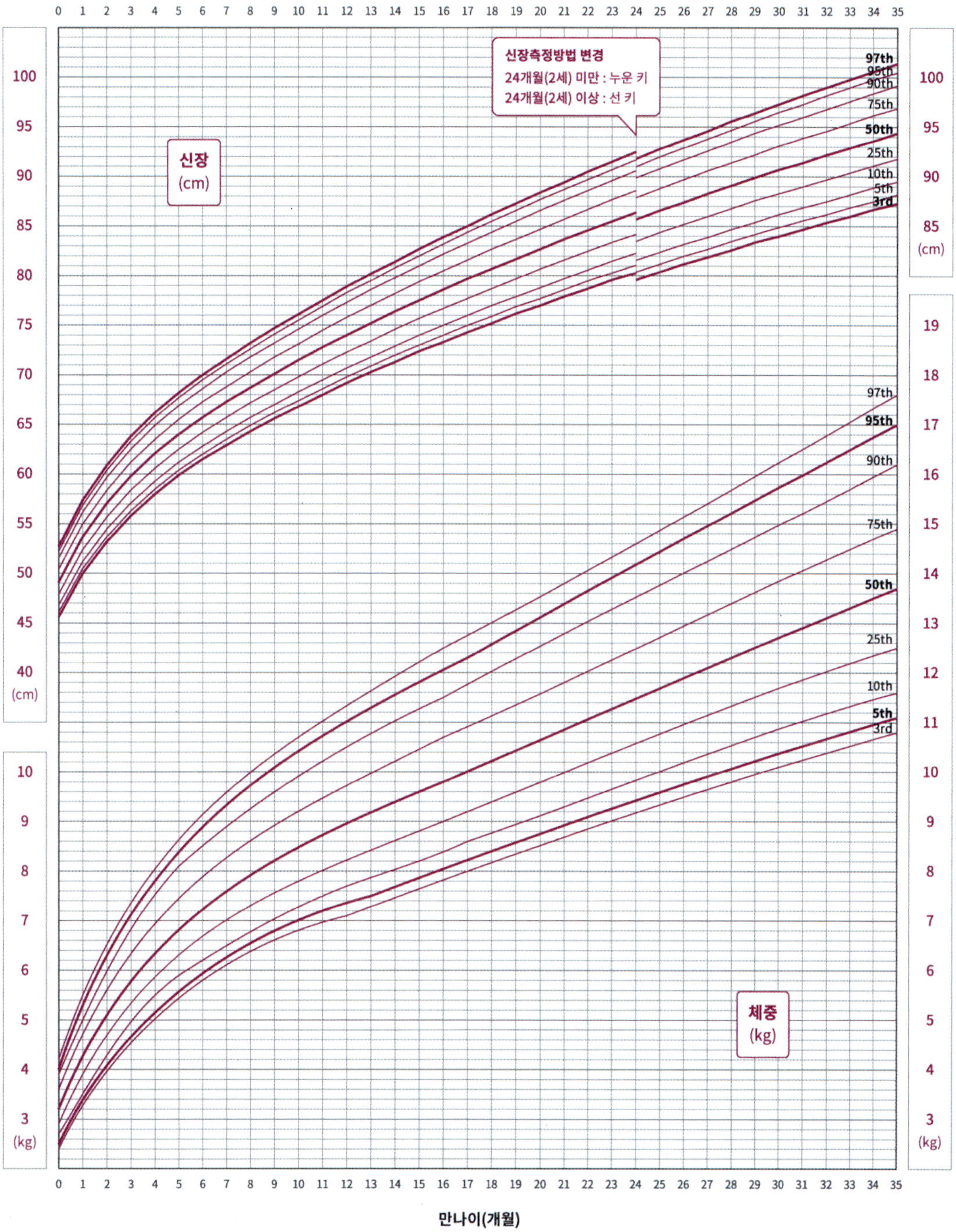

[그림 5-2] 한국 여아 성장곡선(0~35개월)

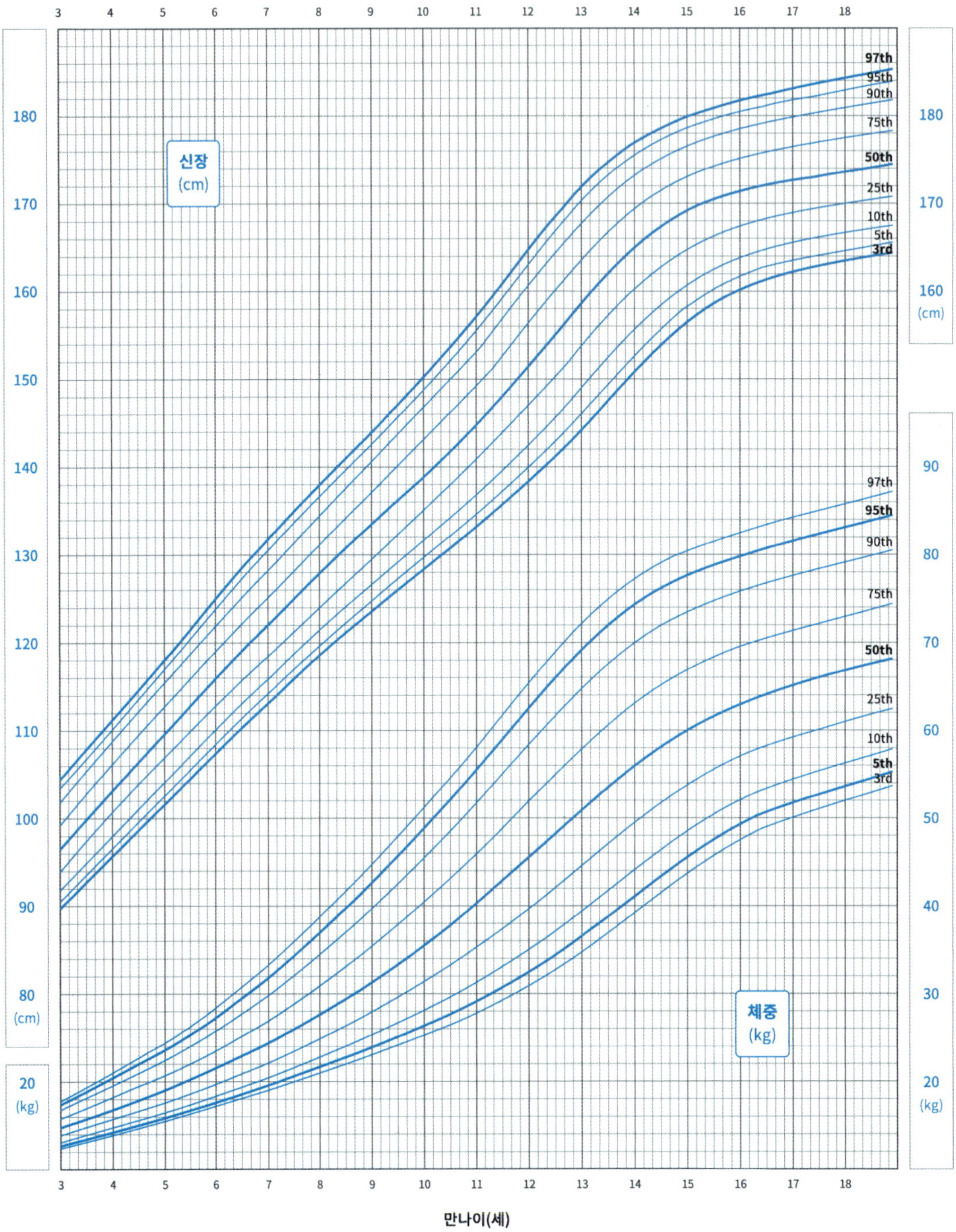

[그림 5-3] 한국 남자 소아, 청소년 성장곡선(3~18세)

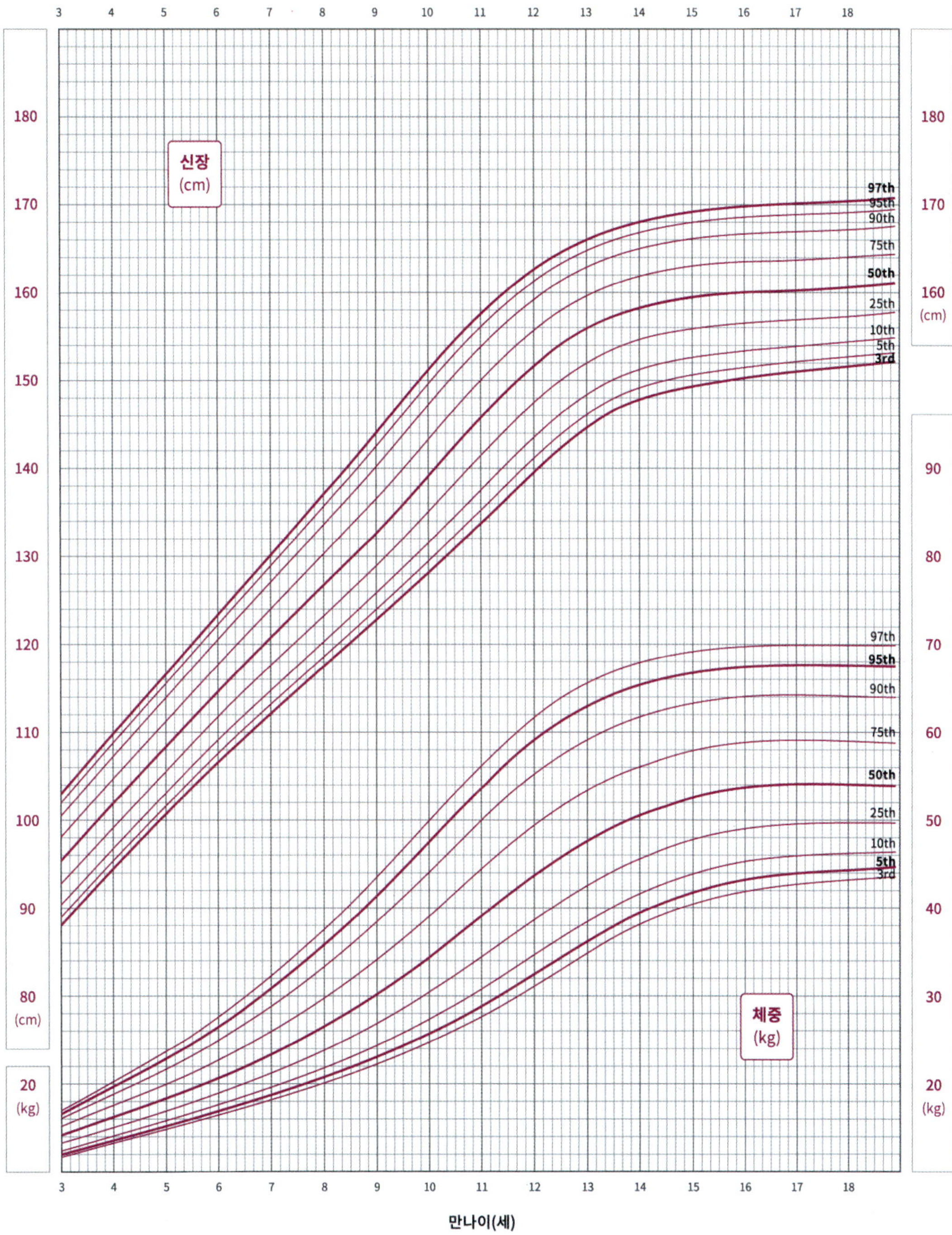

[그림 5-4] 한국 여자 소아, 청소년 성장곡선(3~18세)

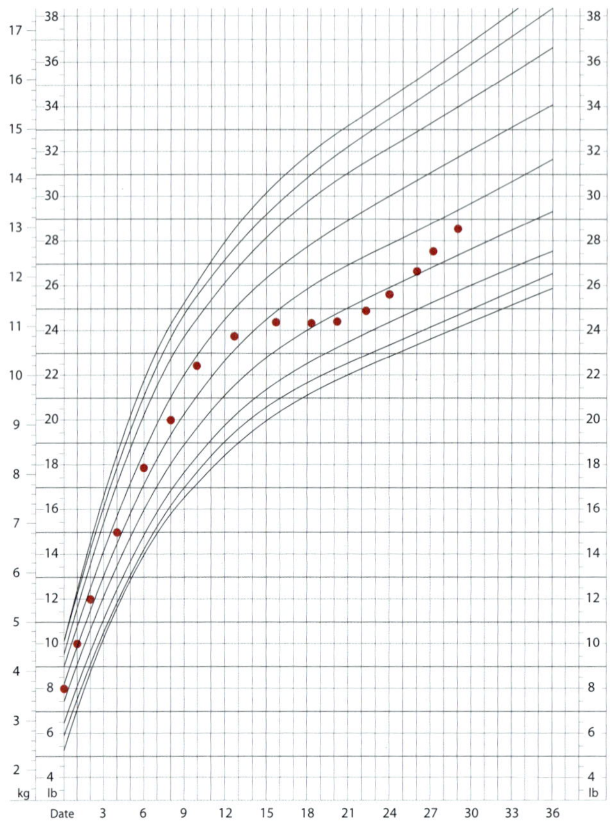

[그림 5-5] 따라잡기 성장곡선

체지방 비율은 돌 무렵 가장 높았던 22~24% 정도에서 점차 감소하여 유아기의 체지방 비율은 16~18% 정도이다. 대신 비지방 성분의 비율이 높아지면서 근육이 조금씩 증가하기 시작한다. 유아 후반기 이후는 남아에 비해 여아의 체지방 비율이 높다[표 5-1].

표 5-1 유아기의 체구성 변화

연령(세)	남아			여아		
	비지방(kg)	지방(kg)	지방(%)	비지방(kg)	지방(kg)	지방(%)
1	7.9	2.3	22	7.0	2.2	24
2	10.1	2.5	20	9.5	2.4	20
4	14.0	2.7	16	13.2	2.8	18

(2) 유아의 생리적 기능 발달

두뇌신경의 발육이 현저해지고, 2세의 두뇌 중량은 성인의 약 50%, 4세 전후가 되면 약 75%, 6세가 되면 성인의 약 90%에 미친다. 성인과 대등한 두뇌기능을 갖추게 되는 것은 학교에 입학하는 학령기인 8세 무렵이다. 뇌신경계의 발육이 완성되면서 지능이나 운동기능 등이 발달한다.

배뇨 생리기능도 유아기에 거의 완성되는데 밤 시간의 배뇨는 3~4세가 되면 70~80%는 수면 중이라도 일어나 스스로 변기에 소변을 볼 수 있게 된다. 그러나 일부 아동은 4~5세가 되어도 수면 중에 침상에 배뇨하는 아이도 있고 학령기에 이르러서야 비로소 배뇨 조절을 완성하는 경우도 있다. 신장 기능은 수분균형 조절이 발달하고 소변 농축이 가능해진다. 수분 조절능력이 커지면서 영아기와는 달리 탈수에 대응하는 능력이 생기고 덜 민감하게 반응한다.

배변 조절 능력은 2세경에 자리 잡는데 배변의 규칙성과 조절을 가능하게 하는 신경근육의 발달이 완성되면 가능해진다. 대장의 수분 흡수 능력이 발달되면서 변의 형성이 단단해 진다.

소화기관은 성장초기에 가장 빨리 완성되어 원활한 영양공급을 돕는다. 위의 용량이 서서히 증가하여 점차 1회에 많은 양의 음식물을 섭취할 수 있게 된다. 췌장과 소장의 소화효소계도 초기에 성인 수준으로 기능한다. 간의 글리코겐 저장능력과 포도당 신생 기능 등도 계속 발달되어 간다.

치아는 생후 2.5~3년이면 유치(乳齒, 젖니) 20개가 모두 돋아나지만, 개인차가 있는 편이다. 출생 시에는 입안에서 치아를 볼 수 없지만 치아들은 이미 출생 전부터 턱뼈에 자리 잡고 있다가 적당한 시기가 되면 차례대로 입안으로 나온다. 생후 만 6~8개월경 아래 앞니가 올라오는 것을 시작으로 생후 24~30개월경에 맨 끝 어금니가 나오면서 20개의 치아로 이루어지는 치열이 형성된다. 이가 나기 시작하면 비로소 이유 식이가 가능해지고 치아를 이용해 다양한 음식물을 씹어서 섭취할 수 있게 된다. 때문에 유치의 형성은 유아기의 성장과 발육에 아주 중요한 역할을 한다. 유치는 저작운동을 통해 치아가 들어 있는 악골과 그 주위 근육의 성장 발육을 촉진하고, 영구치가 나올 때 길잡이 역할을 한다. 유치는 영구치가 위치할 공간을 확보하고 나올 길을 안내하는 역할을 한 후에 탈락하므로 그 보존과 관리가 매우 중요하다.

(3) 유아의 섭식행동 발달

1세에는 단어밖에 말하지 못하다가 3세가 되면서 자유자재로 말할 수 있게 된다. 이 시기에는 자립적인 행동이 시작되고, 또래 친구들과의 놀이를 통하여 공동사회생활에 대해 적응하는 방법도 터득하게 된다. 3세 무렵에는 지시와 명령을 내리는 주변 어른에 대해서 반항적 자세를 드러내는데, 이 시기에 자아의식이 싹트기 시작한다. 5세경부터는 행동으로 뿐 아니라 언어로도 자신의 의사를 전달할 수 있게 되면서 반항적 행동은 줄어든다. 영아 후기인 5세가 되면 문법에 맞는 긴 문장을 사용할 수 있게 된다.

독립적으로 무엇을 하려는 자율성이 발달되는 시기에 주위의 반대나 억압이 심하게 되면 좌절하게 되면서 자신감이 결여되고 수치심을 가지게 된다. 따라서 유아기의 아이에게는 어느 정도 독립성을 인정해 주고 격려와 칭찬을 아끼지 말아야 한다. 또한 이 시기의 유아는 초자아(超自我)가 발달하기 시작하고 옳고 그름을 익히게 된다. 이 시기에 가까이 접하는 육아 책임자의 행동을 모방하고 따르게 된다. 옳은 선택을 했을 때는 칭찬을 아끼지 말고 잘못된 일에는 꾸지람으로 명확히 구분해야 한다.

사회성을 익히기 시작하는 유아기에는 신체조절능력이나 식사기술 등은 아직 불완전하지만 자신이 원하는 바를 주장할 수 있게 되고, 스스로 옷 입기, 세수하기, 목욕 등의 일상적인 생활을 해보려고 시도하게 된다. 이 시기에는 지적 호기심이 강해져 주위 환경의 모든 물건을 관심 있게 살펴보면서 질문도 많아지는데 어떠한 상황에서든 친절하고 알맞은 설명을 올바르게 해 주는 것이 좋다.

또래와의 집단생활이 증가하면서 병의 전염 기회가 많아 감기, 홍역, 수두 등의 전염병에 걸리기 쉽다. 때문에 외부 활동 이후 귀가하면 위생과 전염병 예방차원에서 반드시 손, 발, 얼굴을 씻는 습관을 길들여 주는 것이 좋으며 청결에 대한 교육을 시켜 주도록 한다. 유아기에는 운동기능이 발달하면서 행동반경이 넓어지고 활발해진다. 외부활동이 많아지면서 사고의 발생률도 높아지는데 타박상, 찰과상, 화상 등이 가장 많이 발생하는 시기이다.

유아기의 신체 기능 발달과 자아 발달은 스스로 자신의 식사품목을 결정하려는 행동으로 나타난다. 소화기능이 발달하면서 성인과 비슷한 식품의 섭취도 가능해진다. 이 시기에는 잘못된 정보와 경험으로 편식이나 식욕부진이 발생할 수 있다. 가족 구성원이 싫어하는 식품을 자신도 싫어하는 식품으로 간주하여 먹지 않게 된다. 3세 이후에 자아의식이 발달하면서 싫어하는 음식은 거부하게 되고 애착을 갖는 식품도 생겨난다. 친숙한 음식 위주로 먹으려 하고 먹기 싫은 음식은 울음으로 강하게 거부하기도 한다. 그러나 이를 교정하기 위해 강제성을 띠게 되면 식사에 대한 거부감이 생길 수 있다.

2. 영양소 섭취기준

표 5-2 유아의 영양소 섭취기준 설정을 위한 체위기준과 다량 영양소 섭취기준

유아 (세)	신장 (㎝)	체중 (㎏)	에너지 (㎉/day)	탄수화물 (g/day)	식이섬유 (g/day)	단백질 (g/day)	리놀레산 (g/day)	알파-리놀렌산 (g/day)
			필요추정량	권장섭취량	충분섭취량	권장섭취량	충분섭취량	충분섭취량
1~2	85.8	11.7	900	130	15	20	4.5	0.6
3~5	105.4	17.6	1,400	130	20	25	7.0	0.9

(1) 에너지

기초대사율, 성장률, 활동량, 식품의 특이동적 작용과 배설에 의해 손실되는 에너지를 고려해 결정한다. 유아 전기인 1~2세는 900㎉/day, 유아 후기인 3~5세는 1,400㎉/day로 에너지 필요추정량을 설정하였다. 새로운 조직 합성에 소요되는 에너지, 신체 활동에 필요한 에너지, 식품의 특이동적 작용을 위한 에너지, 기초대사를 위한 에너지 필요량 등이 포함되어 있다. 유아기에는 성장과 기초대사량은 영아기에 비해 감소하지만 활동량이 증가하는 시기이다.

(2) 탄수화물

탄수화물 섭취비율은 1세 이후부터 성인과 같은 총에너지의 55~65% 수준에서 섭취하기를 권장한다. 유아기 뇌의 무게는 작지만 성인과 같은 수준의 포도당을 두뇌에 사용한다. 유아기부터는 탄수화물 섭취기준이 권장섭취량으로 설정되어 있으며 유아 전기, 후기 모두 130g/day이다. 식이섬유의 충분섭취량이 1세 이후부터 설정되어 있는데 유아 전기인 1~2세는 15g/day, 유아 후기인 3~5세는 20g/day로 설정하였다.

(3) 단백질

유아의 단백질 섭취는 조직의 유지, 체구성의 변화, 새로운 조직의 합성을 위해서 기본적으로 충당되어야 한다. 단백질 섭취의 평가는 적절한 성장 속도, 단백질의 질, 아미노산 조성, 단백질 합성에 요구되는 열량, 비타민과 무기질 섭취의 적정성을 근거로 이루어져야 한다. 성장기 동안 신체의 단백질 함량은 1세 때 14.6%에서 4세경이 되면 18~19%로

증가한다. 유아 전기인 1~2세는 20g/day, 유아 후기인 3~5세는 25g/day로 단백질 권장 섭취량을 설정하였다.

(4) 지질

유아기에는 위의 용량이 크지 않아 많은 양의 식사를 하기 어려우므로 에너지 밀도가 높은 식사를 할 수 있도록 지질의 에너지 적정비율이 성인에 비해 높게 설정되어 있다. 유아 전기인 1~2세의 지질 에너지 적정섭취비율이 20~35%이고 3세 이후부터는 15~30%이다. 유아를 위한 포화지방산, 트랜스지방산, 콜레스테롤 섭취 기준은 과학적 근거가 부족하여 설정되어 있지 않다. 오메가-6 계열 필수지방산인 리놀레산과 오메가-3 계열 필수지방산인 알파-리놀렌산은 유아 전기에 각각 4.5g/day와 0.6g/day, 영아 후기에 각각 7.0g/day와 0.9g/day를 충분섭취량으로 설정하였다. 2020 한국인 영양소 섭취기준에서 처음 설정된 EPA+DHA의 경우 유아기 적정 섭취량에 대한 데이터의 부족으로 전 연령대에서 유일하게 설정되어 있지 않다.

(5) 비타민

표 5-3 지용성 비타민 영양소 섭취기준

유아(세)	비타민 A(μg RAE)	비타민 D(μg)	비타민 E(mg α-TE)	비타민 K(μg)
	권장섭취량	충분섭취량	충분섭취량	충분섭취량
1~2	250	5	5	25
3~5	300	5	6	30

표 5-4 수용성 비타민 영양소 섭취기준

유아(세)	티아민 (mg)	리보플라빈 (mg)	니아신 (mg NE)	판토텐산 (mg)	비타민 B_6 (mg)	엽산 (μgDFE)	비타민 B_{12} (μg)	비오틴 (μg)	비타민 C (mg)
	권장 섭취량	권장 섭취량	권장 섭취량	충분 섭취량	권장 섭취량	권장 섭취량	권장 섭취량	충분 섭취량	권장 섭취량
1~2	0.4	0.5	6	2	0.6	150	0.9	9	40
3~5	0.5	0.6	7	2	0.7	180	1.1	12	45

비타민은 유아기의 지속적인 성장과 발육을 위해 필수적으로 요구되는 영양소이다. 세포의 성장과 분화에 중요한 비타민 A, 골격성장에 필수적인 비타민 D, 에너지대사에 소모가

많은 티아민, 리보플라빈, 니아신, 판토텐산, 조혈작용 기능에 중요한 엽산과 비타민 B_{12}, 단백질대사에 기본적으로 소요되는 비타민 B_6 등 다양한 지용성, 수용성 비타민들의 섭취 설정기준이 설정되어 있다.

(6) 무기질

칼슘의 권장섭취량은 유아 전기인 1~2세에 500mg/day, 3~5세에 600mg/day를 설정하였다. 골격형성에 필요한 칼슘을 칼슘평형연구에 근거하여 평균필요량을 설정하고 변이계수 10%를 적용하여 결정한다. 아연은 단백질 합성과 성장에 필수적인 무기질로 고기를 포함한 해산물 등 동물성 식품은 아연의 좋은 급원이다. 아연이 부족한 유아에게 아연 섭취량을 증가시켰을 때 성장이 개선되었기 때문에 성장기에 매우 중요한 역할을 하는 무기질임을 알 수 있다. 철분은 소아빈혈을 예방하는 중요한 무기질이므로 섭취량이 부족하지 않도록 주의한다. 소아빈혈이 발생하면 성장장애, 학습능력 저하, 질병에 대한 저항력 감소 등이 발생한다.

표 5-5 다량 무기질 영양소 섭취기준

유아(세)	칼슘(mg)	인(mg)	나트륨(mg)	염소(mg)	칼륨(mg)	마그네슘(mg)
	권장섭취량	권장섭취량	충분섭취량	충분섭취량	충분섭취량	권장섭취량
1~2	500	450	810	1,200	1,900	70
3~5	600	550	1,000	1,600	2,400	110

표 5-6 미량 무기질 영양소 섭취기준

유아(세)	철(mg)	아연(mg)	구리(μg)	불소(mg)	망간(mg)	요오드(μg)	셀레늄(μg)	몰리브덴(μg)	크롬(μg)
	권장섭취량	권장섭취량	권장섭취량	충분섭취량	충분섭취량	권장섭취량	권장섭취량	권장섭취량	충분섭취량
1~2	6	3	290	0.6	1.5	80	23	10	10
3~5	7	4	350	0.9	2.0	90	25	12	10

(7) 수분

1세경의 수분은 체중의 약 60%로 출생 시의 80%에 비하여 비율이 많이 감소한다. 수분 손실은 배뇨, 배변 이외에 피부와 호흡의 증발을 통해서도 일어난다. 유아 전기까지는 아직 수분 손실이 많은 시기이므로 수분의 충분한 공급이 이루어지도록 주의한다. 유아 전기인 1~2세는 총수분 1,000(액체 700)mℓ/day, 유아 후기인 3~5세는 총수분 1,500(액체 1,100)mℓ/day로 수분 충분섭취량을 설정하였다.

3. 유아기의 식생활 관리

유아기는 식생활에 적응하며 식습관을 형성하는 시기이다. 스스로 식단 구성과 식품 선택을 하기에는 이른 시기이므로 바른 식습관을 형성할 수 있도록 주변 가족과 육아 책임자의 배려와 관심이 매우 중요하다.

(1) 영양관리기준

① 바른 식습관 형성을 위해 식사 횟수와 방법을 훈련하도록 돕는다.

유아기에는 아침, 점심, 저녁의 규칙적인 식사 습관을 잡아 주고 소화가 잘되도록 충분한 식사 시간을 확보하게 돕는다. 이 시기에 형성된 식사 습관은 성장이후 평생 이어지는 식습관으로 자리 잡는다. 일정하고 규칙적인 시간에 식사하는 습관, 바른 자세로 식사하기, 정해진 식사장소 사용하기, 그릇과 수저의 바른 사용법, 균형식에 익숙해지기 등 모든 것은 식단을 제공해 주는 육아 책임자에 의해 영향 받는다.

유아기에는 익숙하지 않은 새로운 맛을 경험하는 데 거부감이 생기기 쉬우므로 배고플 때 음식을 제공하거나 다른 사람이 맛있게 먹는 모습을 보여주어 새로운 식품에 적응하기 쉽도록 돕는다. 식사 시간은 식습관 형성뿐 아니라 같은 식탁을 공유하는 사람들과의 대화와 사교기술을 터득하는 곳이기도 하다. 그러므로 좋은 식습관을 형성하는 것은 긍정적 가족관계, 가족 구성원에 대한 이해 등 가정교육의 기회를 제공하기도 한다. 때문에 식사 시간이 위협적이거나 대체 보상 수단으로 사용되어서는 안 되며 심리적으로 위축되는 통제나 강요가 보여서도 안 된다.

② 간식을 제공하여 부족하기 쉬운 에너지와 영양소를 보충한다.

유아기에는 위의 용량이 작으므로 1회의 식사로 필요한 영양 요구량을 모두 채우기 어렵다. 따라서 유아 전기에는 오전 · 오후 식사 사이에 한 차례씩 간식을 1일 2회 제공하고 유아 후기에는 오후 한 차례 간식을 제공하도록 한다. 제공하는 간식의 양은 1일 에너지 필요량의 10~15%가 적당하다. 이보다 많으면 다음 식사에 앞서 식욕감퇴가 생길 수 있다.

유아 전기인 1~2세에는 오전 10시와 오후 3시경 2차례로 나누어 간식을 제공하고, 유아 후기인 3~5세에는 오후 3시경 1회 간식을 제공하는 게 적당하다. 간식과 다음 식사사이에 시간 간격은 2시간 정도가 바람직하다.

유아에게 필요한 에너지, 단백질, 비타민, 무기질, 수분이 부족하지 않은 간식으로 구성하고, 3끼 식사에 반복되지 않는 재료를 선택하면 식사의 지루함이 생기지 않는다. 식사 사이에 섭취하는 것이 간식이므로 소화가 용이한 식품으로 구성하고 유아들이 좋아하는 것, 계절 식품 등을 적극 활용하도록 한다.

단백질과 칼슘이 부족하지 않도록 우유와 유제품을 적극 활용한다. 유아기에는 하루에 단백질 20~25g과 칼슘 500~600㎎이 필요한데, 우유 200㎖ 1컵에는 단백질 약 6.4g과 칼슘 약 220㎎이 들어 있으므로 2~3컵을 식단에 포함하여 쉽게 1일 필요량을 채울 수 있다.

③ 유아의 바른 식습관 형성에 도움이 되는 식품선택을 한다.

유아기에는 영양이 부족하지 않고 균형 잡힌 식단을 구성하는 것도 중요하지만 가능한 다양한 식품을 제공하고 경험하여 새로운 식품에 쉽게 적응할 수 있도록 돕는 것도 중요하다. 거부하는 식품이 생겼다고 다른 음식으로 보상하거나 선물을 제공하여 섭취를 유도하는 것은 바람직하지 않다. 처음 시작할 때는 유아가 좋아하는 부드러운 질감, 씹어 먹기 좋은 크기, 적정온도의 음식, 단맛 등의 조화를 염두에 두고 식품을 선택하도록 한다. 자극적인 맛이나, 향이 강한 식품, 지나치게 뜨거운 음식 등을 갑자기 경험하여 식품에 대한 거부감이 생기지 않도록 주의한다. 식품을 수용하고 경험을 다양화하는 시기에 적절한 식감과, 맛, 영양 등이 잘 조화된 식품으로 구성하여 좋은 식습관 형성이 가능하도록 돕는다.

간식으로 활용하기에 좋은 식품은 에너지 공급원으로 적당한 쿠키, 샌드위치, 감자, 고구마, 떡 그리고 단백질, 칼슘 공급원이 될 수 있는 우유, 아이스크림, 요구르트, 치즈, 푸딩 등이다. 과일과 천연주스도 간식으로 활용하면 비타민의 좋은 급원이 된다. 그러나 단순당 함량이 높은 사탕류, 청량음료, 케이크류 등은 영양 불균형을 초래하고 충치 발생의 원인이 되기도 하므로 바람직하지 않다. 또한 질식 위험이 있는 용기에 담긴 흡입 젤리나 치아에 손상을 줄 수 있는 딱딱한 식품은 주지 않도록 주의한다.

④ 유아기에 흔한 식욕부진이 발생하지 않도록 식사 구성 및 관리에 주의한다.

유아기는 영아기에 비해 성장속도가 완만해지는 시기로 식욕도 감소하여 식사량 저하가 발생하기 쉽다. 영양 균형이 잡힌 식단 구성을 위해 제공해야 할 식품은 많지만 한번에 다 소화하기는 어려우므로 1일 3끼의 식사와 간식으로 나누어 식단을 구성한다.

표 5-7 유아(1~2세)의 권장식사패턴

		아침	점심	저녁	간식
메뉴	분량	버섯채소죽 돼지고기장조림 숙주나물 오이초무침	차조밥 시금치된장국 삼치구이 감자조림 백김치	쌀밥 미역국 닭고기조림 파프리카볶음 무생채	오렌지 바나나 방울토마토 우유 호상요구르트
곡류	1회	쌀밥 63g 0.3	차조밥 63g 0.3 감자 47g 0.1	쌀밥 63g 0.3	
고기 · 생선 달걀 · 콩류	1.5회	돼지고기 30g 0.5	삼치 35g 0.5	닭고기 30g 0.5	
채소류	4회	표고버섯 9g 0.3 당근 7g 0.1 양파 7g 0.1 숙주나물 35g 0.5 오이 35g 0.5	시금치 28g 0.4 배추김치 20g 0.5	미역(마른 것) 2g 0.2 파프리카 28g 0.4 무 35g 0.5	방울토마토 35g 0.5
과일류	1회				오렌지 50g 0.5 바나나 50g 0.5
우유 유제품류	2회				우유 200㎖ 1 요구르트(호상) 100g 1
유지 · 당류	2회	유지 및 당류는 조리 시 가급적 적게 사용할 것을 권장함			

*총 에너지(kcal): 897.3kcal; 탄수화물, 단백질, 지방 섭취비율: 탄수화물(52.6%), 단백질(17.3%), 지방(30.2%)

표 5-8 유아(3~5세)의 권장식사패턴

		아침	점심	저녁	간식
메뉴	분량	감자달걀샌드위치 브로콜리스프 과일채소샐러드 우유	쌀밥 무채된장국 돼지고기버섯카레 오이나물 배추김치	현미밥 배춧국 메추리알장조림 콩나물무침 깍두기	구운밤 키위 호상요구르트
곡류	2회	식빵 35g 0.3 감자 140g 0.3	쌀밥 126g 0.6	현미밥 105g 0.5	밤 60g 0.3
고기 · 생선 달걀 · 콩류	2회	달걀 60g 1	돼지고기 30g 0.5	메추리알 30g 0.5	
채소류	6회	브로콜리 70g 1 양상추 35g 0.5 토마토 35g 0.5	무 28g 0.4 양송이버섯 24g 0.8 당근 21g 0.3 양파 21g 0.3 오이 35g 0.5 배추김치 20g 0.5	배추 21g 0.3 콩나물 28g 0.4 깍두기 20g 0.5	
과일류	1회	사과 30g 0.3 바나나 20g 0.2			키위 50g 0.5
우유 유제품류	2회	우유 200mL 1			요구르트(호상) 100g 1
유지 · 당류	4회	유지 및 당류는 조리 시 가급적 적게 사용할 것을 권장함			

*총 에너지(kcal): 1,355.2kcal; 탄수화물, 단백질, 지방 섭취비율(%): 탄수화물(57.9%), 단백질(15.3%), 지방(26.8%)

(2) 유아기의 식생활 지침

보건복지부에서는 유아기 건강을 위한 식생활 지침을 다음과 같이 마련하였다.

① 모유는 아기에게 가장 좋은 완전 식품으로 아기의 성장 및 정서발달에 도움이 되며 생후 2년까지 먹이는 것이 바람직하다.

② 조제분유는 모유를 먹일 수 없는 경우에만 먹이고 정해진 양대로 물에 타서 먹인다.

③ 자는 동안에 젖병을 물리게 되면 충치를 유발할 수 있으므로 주의한다.

④ 이유 보충식은 여러 식품을 섞지 말고 한 가지씩 시작하며, 신선한 재료를 사용하여 간을 하지 않고 조리해서 먹인다.

⑤ 이유 보충식은 숟가락으로 떠먹이고 과일주스를 먹일 때는 컵에 담아 먹인다.

⑥ 아기의 성장정도를 고려하여 유즙 이외의 고형 식품으로 아기에게 필요한 영양소를 보충해 주어야 한다.

⑦ 일정한 장소에서 먹이고 한꺼번에 많이 먹이지 않는다.

⑧ 쫓아다니며 먹이면 아이가 거부감을 느껴 더 안 먹을 수 있기 때문에 억지로 먹이지 않는다.

⑨ 영유아기는 일생의 건강에 기초가 되므로 다양한 영양소를 골고루 섭취하여야 한다.

⑩ 과일, 채소, 우유 및 유제품 등의 간식을 매일 2~3회 규칙적으로 먹인다.

⑪ 영유아 음식은 싱겁고 담백하게, 씹을 수 있는 크기와 형태로 조리한다.

⑫ 영유아는 면역력이 약하므로 위생적이고 안전하며, 되도록 식품첨가물이 포함되지 않은 식품을 선택하는 것이 중요하다.

4. 유아기의 영양문제

유아기는 각종 신체 기관의 기능이 발달하면서 기본적 식습관이 형성되고 식사도 점차 자립하게 되면서 비교적 성인에 가까운 식품과 식단을 접하게 되는 시기이다. 때문에 이전에 접하지 못하던 생소한 음식을 경험하게 되면서 자칫 잘못된 식습관이 자리 잡아 이후 교정에 어려움을 겪게 되기도 하고 때로는 심각한 영양적 건강 문제가 발생하기도 한다.

(1) 식욕부진

발달 과정에서 일시적인 식욕저하나 불안정한 음식기호를 보이는 경우가 있으며 정도,

기간, 범위는 개인차가 크다. 유아발달 초기에는 성장속도가 둔화되면서 식품에 대한 선호도가 잠시 감소하는 경향을 보이며 이 시기에 식욕부진 또는 식욕감소를 동반하게 된다. 일반적인 식욕부진이 일어나는 시기는 4세 전후이다. 이유식에 적응하지 못하거나 조리 방법에 문제가 있거나 새로 경험한 식품에 적응할 수 없는 경우 식욕부진이 일어나기 쉽다.

식욕부진은 음식물을 먹고자 하는 욕구가 떨어지거나 없어진 상태를 말하며, 실제로 평소에 먹던 양보다 음식물 섭취량이 줄거나 전혀 먹지 못하는 수도 있다. 일시적인 식욕부진은 시간이 지나면 저절로 회복되기 때문에 걱정할 필요가 없고 치료를 할 필요도 없지만 식욕부진이 오랜 기간 지속되거나 점차 심해지는 경우 그 원인을 찾는 것이 중요하다.

이 시기의 식욕부진은 신경성 식욕부진증의 한 증상일 수 있다. 유아 후반기에 자아가 발달하면서 식품에 대한 선호도가 생기기 시작하고 원하지 않는 음식 섭취에 대한 거부의사를 표현하기도 한다. 이때 무리하게 섭취하도록 강요하면 편식이나 식욕부진으로 고착되기도 한다. 따라서 이 시기에는 유아가 다소 편향적인 식욕을 표현하더라도 다그치거나 강요하지 말고 요리법을 바꿔서 시도하거나 식재료, 식사환경 등에 변화를 주어 올바른 식습관을 정립할 수 있도록 한다. 특히 식사 도중에 야단을 치거나 물리적으로 억압하여 강제로 섭취하도록 하면 역효과를 내어 더욱 식습관 교정이 어렵게 된다.

식사시간이 길어지지 않도록 20~30분 내에 마치도록 하고 1회의 식사량에 거부감이 없게 양도 적절히 조정한다. 간식은 너무 많이 주지 않도록 하고 다양한 신체활동을 접하도록 하여 식욕을 돋울 수 있게 돕는다. 또래와 함께 식사할 수 있는 환경을 조성해 보거나 야외식사 등으로 장소를 변경하거나 사용그릇에 변화를 주는 등 다양한 변화를 시도하여 식욕부진이 장기화되지 않도록 한다.

(2) 편식

영양소의 배분면에서 극히 편중된 음식물만을 섭취하는 것을 편식이라 한다. 음식물에 대해서 싫고 좋은 것이 뚜렷한 경우에 잘 나타난다. 편식을 계속하면 적절한 영양소의 섭취가 불가능하고 체내에서는 대사 이상으로 발육장애, 면역 감퇴 등이 발생하여 정상적 건강 상태를 유지할 수 없게 된다. 특히 유아기의 편식은 평생 이어질 식습관에 영향을 주고 성장기는 물론 성인기의 건강상태에도 좋지 않은 영향을 주기 때문에 가능한 빠르게 교정하도록 지도하는 게 바람직하다.

유아기에 편식이 발생하는 이유는 이 시기에 자아(3~7세)가 발달하면서 식품기호가 나타나기 시작하고 다양한 심리적인 요인으로 인해 극도로 싫어하거나 극도로 좋아하게 되는 식품들이 생겨나기 때문이다. 편식의 종류는 다양한데 특정 식품군만 편중되게 섭취하거나, 아니면 절대 먹지 않으려 하거나, 단맛이 강한 음식 이외에는 먹지 않거나 하는 등의 행동이 있으며 이 모든 편식 경향들이 영양 불균형을 초래하는 원인이 된다.

편식이 발생하는 원인들 중 가정 환경적인 요인이 가장 큰데, 특정 식품에 대한 극한의 혐오가 생기거나 선호도가 생기는 경우 대부분 육아를 담당하는 모친의 영향인 경우가 많다. 이때 발생한 편식을 너무 우려하여 강제로 고치려 할 경우 역효과를 초래하는 예가 많다. 아이의 발육 상태가 또래에 비해 크게 뒤처지지 않는다면 지나치게 예민하게 반응하지 말고 편식 교정을 위한 다양한 차원의 접근을 하는 것이 좋다. 식품의 형태에 변화를 주도록 조리하거나 잘게 썰어 다른 재료와 섞어 향을 감추거나 부족한 특정 영양소를 식사가 아닌 간식 형태로 공급하는 등의 다각적인 노력이 필요하다.

편식교정을 위해선 싫어하는 음식이라도 조금씩 먹여 점차적으로 길들 수 있도록 하고 가족 내에 편식하는 사람이 없도록 한다. 식사를 소홀히 하지 않도록 간식은 너무 많이 주지 않도록 하고 싫어하는 식품이 있다면 배고플 때 제공해 보도록 한다. 아이의 의견을 반영하여 싫어하는 조리방법이라면 바꿔 주고 여러 사람이 보는 앞에서 본인이 싫어하는 음식을 억지로 먹도록 강요하며 야단치지 않는다. 싫어하는 음식을 다른 사람이 맛있게 먹는 모습을 보여주는 것도 한 방법이다. 편식의 교정에는 어머니뿐 아니라 온가족의 꾸준한 노력과 협력이 필요하다.

Tip 유아기 편식 발생원인

1. 이유기의 잘못된 미각 훈련

수유기 이후 이유식으로 이행하는 단계에서 잘못된 미각 훈련으로 식품에 대해 싫어하는 기억을 갖게 되면 교정하기가 매우 어렵고 개선에 시간이 많이 소요된다. 이유식 미각 훈련 단계에서는 이를 시행하는 이의 책임이 매우 크며 이유기 아기가 싫어하는 향이나 촉감의 식품을 강요하지 않도록 주의가 필요하다.

2. 생리적 원인

성장단계에서 냄새, 맛, 촉감 등의 기능이 발달하면서 이전엔 경험하지 못했던 새로운 감각을 경험하게 되고 자칫 특정 냄새나 맛에 예민하게 반응할 수 있다. 유아는 성인보다 미뢰가 더 많기 때문에 미각에 더 민감하다. 혀의 점막에 닿는 감각에 놀라거나 익숙지 않은 강한 향에 자극되어 불쾌한 감각으로 인지하기도 한다.

3. 심리적 원인

반려동물의 죽음 또는 동물의 도축 장면을 목격한 이후 고기 먹는 것을 거부하는 경우가 있고 식사 도중에 구타 등의 불쾌한 경험이 연결되어 특정 식품을 싫어하게 되기도 한다. 설사나 구토 등을 경험하게 만든 식품을 평생 거부하는 사례도 주로 유아시기에 형성된 편식에 유래되는 경우가 대부분이다.

4. 사회적 요인

식품 유통이 한정적인 지역에서 성장한 경우 다양한 식품을 경험하지 못하게 되고 이후 성장하여 낯선 음식을 접하게 되면 강한 거부반응을 보이는 경우가 생긴다. 그러나 이러한 경우의 편식은 일시적인 경우가 많으며 경험하는 횟수가 잦아지면 점차 쉽게 극복할 수 있다.

5. 경제적 요인

다양한 식품을 접할 수 없는 경제적 환경에서 성장한 경우 이후 어린 시절에 경험하지 못했던 새로운 식품을 접하게 되면 먹지 않거나 싫어하게 되는 성향을 보일 수 있다. 이런 경우도 새로운 생활에 익숙해지게 되면 점차 호전되어 낯선 음식에 적응하게 된다.

(3) 소아비만

유아기에 시작되는 비만(obesity)은 지방세포의 수가 증가하는 것이 특징이다. 또한 소아비만이라 하더라도 성인병적 요소를 포함하고 있으므로 예방적 차원에서 접근하고 조기에 치료해야 한다. 비만은 전 세계적으로 소아에게 가장 흔하게 나타나는 영양장애문제로 매년 그 빈도가 증가하고 있다[그림 5-6].

비만은 성별과 나이를 기준으로 하는 체질량 지수 BMI와 백분위수를 활용한다. BMI 25kg/㎡ 이상이거나 95백분위수 이상이면 비만으로 진단하는데 일반적으로 6세 미만에서는 95백분위수 이상을 과체중(overweight)이라고 정의한다.

비만 발생은 소모되는 양보다 많은 양의 칼로리 섭취가 주원인이다. 고지방, 고칼로리, 저섬유식, 불규칙한 식사, 잦은 외식 등으로 과잉 칼로리 섭취가 가장 큰 요인이다. 그러나 섭취하는 칼로리 외에도 다양한 요인들이 비만 발생에 관여한다. 현대의 아이들은 TV 시청, 컴퓨터 게임, 장시간의 비활동적인 실내 생활, 잦은 인터넷 사용 등으로 운동의 기회가 많지 않고 따라서 칼로리를 소모할 시간이 줄어들었다. 결국 이와 같은 불균형에 의해 유아기부터 비만 발생률이 급상승하고 있는 것이다. 일부 과체중 및 비만은 두뇌 손상, 특정호르몬 이상(성장호르몬 결핍증, 갑상샘 저하증, 부신피질호르몬 과다증) 등에 의해 발생하기도 한다. 이런 경우에는 성장장애를 동반하는 경우가 많다.

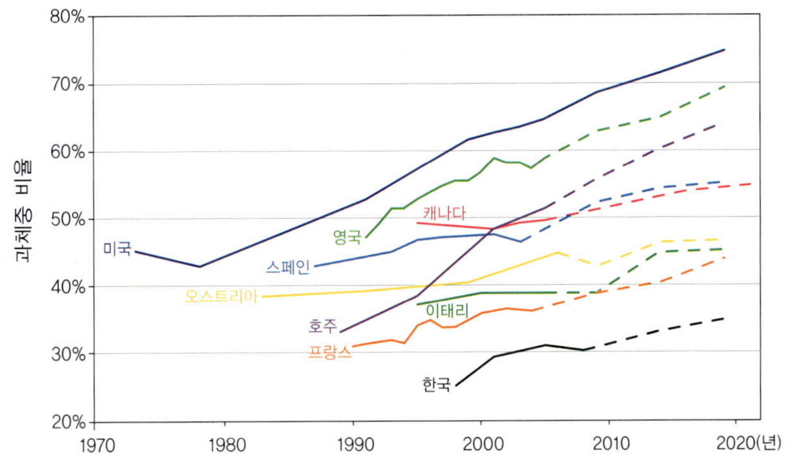

[그림 5-6] OECD 국가의 소아비만 발병률

유아기의 비만은 성인비만으로 이어지는 경우가 많아 후일 제2형 당뇨병 등의 성인병 시작의 단초가 된다. 최근에는 성인에게만 나타나던 제2형 당뇨병이 일부 소아 시기에도 증가하고 있는데 소아비만의 증가와 무관하지 않다. 비만이 지속되면 성인기의 지방간, 고 콜레스테롤 혈증, 고혈압, 당뇨병, 심혈관 질환, 호흡기 질환, 종양, 불임, 우울증, 사회 부적응 등의 다양한 원인이 된다. 일부에서는 소아기 비만이 성조숙증의 원인으로 지목되기도 하므로 비만이 발생하지 않도록 예방하는 것이 매우 중요하다.

(4) 유아의 치아우식증

치아 표면을 덮고 있는 유백색의 반투명하고 단단한 법랑질(에나멜질)이 손상된 경우이다. 입안에 서식하는 박테리아에 의해 설탕, 전분 등이 분해되면서 생기는 산(acid)은 단단한 법랑질을 부식시켜 충치가 생기게 한다. 이것을 치아우식증(dental caries)이라 한다. 원인은 치아 표면에 생성된 세균막 플라크(plaque) 속 스트렙토코커스 뮤탄스(streptococcus mutans)가 입안에 남아있는 설탕이나 전분 등을 분해하면서 발생시킨 산성분이다. 당류가 많이 함유된 음식과 음료수를 먹고 칫솔질을 하지 않고 방치하는 경우 발생하게 되며, 특히 유아의 경우 젖병의 우유를 물고 잠이 드는 경우가 많아 치아 안쪽에서부터 치아우식증이 발생하게 된다. 요구르트처럼 산도가 높은 유산균 발효유 섭취가 많은 경우에도 관리를 소홀히 하면 충치가 쉽게 발생한다. 영구치가 나기 전이라도 유치 관리를 잘 해 주어야 영구치가 바르게 자리 잡게 되므로 구강 위생관리에 각별히 신경 쓰도록 한다. 불소가 첨가된 치약으로 칫솔질을 시켜 주고 충치 예방을 위해 소아치과에서 불소도포, 씰란트 처방 등을 고려해 볼 수도 있다. 최근에는 영구치가 아닌 유치에도 충치 예방을 위해 활용하는 추세이다.

유치는 저작 운동을 통해 치아가 들어있는 악골과 그 주위 근육의 성장 발육을 촉진하고, 이후에 나올 영구치의 배열에 영향을 준다. 악골이 충분히 성장 · 발육하지 못하면 32개의 영구치를 모두 담을 수 없어 치열에 이상이 생긴다. 즉, 유치는 영구치가 나기 전까지 자리를 보존하고 바른 치열이 생성되도록 돕는다. 충치가 이미 발생한 경우에는 치료 후 영구치로 대체되어 탈락하는 시기까지 잘 유지하도록 한다. 너무 심한 충치가 발생한 경우에는 제거 후 적절한 간격이 유지될 수 있는 장치를 하여 장차 영구치가 나올 공간을 확보하도록 한다. 유아기의 올바른 유치 관리는 이후의 복잡하고 어려운 치열 교정 과정을 겪지 않도록 하는 매우 중요한 과정이다.

(5) 성장장애

정상적인 성장은 유전 및 환경적인 요인에 의하여 결정되는데 유전적 요인으로 인종, 가족력, 성별 등이 있고, 환경적 요인으로는 영양공급, 경제적 요건, 사회적 요건, 기후 등이 있다. 인간의 성장은 발달 속도에 따라 태아부터 2세까지의 제1 급성장기, 2세부터 사춘기까지의 완만한 성장기, 사춘기 이후 16세까지의 제2 급성장기, 16세 이후 성숙기의 4단계로 나눌 수 있는데 이중 영유아기는 신체적 성장과 기능적 발달이 이루어지는 아주 중요하고 결정적인 시기이다. 이 시기에 영양 부족이나 만성 질환이 있으면 '따라잡기 성장(catch-up growth)'이 어렵게 된다.

성장장애(failure to thrive)란 같은 또래의 연령 및 성별에 따른 표준치에서 3백분위수 이하인 경우를 말한다. 즉 같은 성별과 같은 생일의 아이들 100명 중에서 3번째 이내로 키가 작은 경우 '저신장' 상태에 해당한다. 해당 연령의 표준발육곡선을 통해 저신장에 해당하는지 확인해 볼 수 있다. 성장의 동적인 측면을 평가하기 위해서는 1회성의 키와 체중 측정뿐 아니라 성장 속도의 관찰이 필요하다. 이를 위해서는 최소한 6~12개월 정도 키와 체중의 증가를 추적 관찰하는 것이 필수적이다.

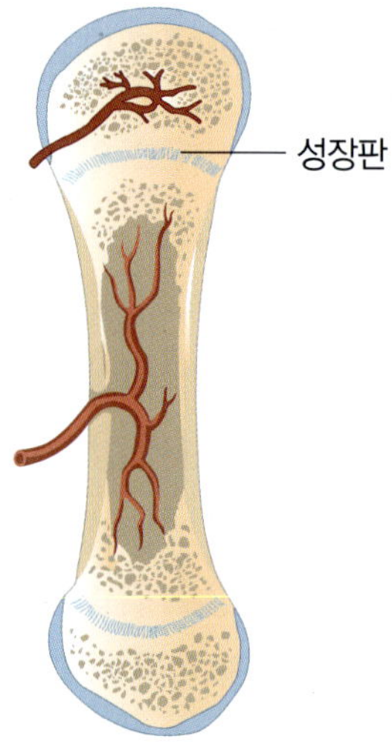

[그림 5-7] 성장판

저신장이 발생하는 가장 흔한 경우는 가족적인 유전 성향으로 인해 체질적으로 키가 작은 경우이다. 최근에는 이러한 가족력에 의한 유전적 저신장도 성장호르몬을 활용하여 치료하는데 가능한 성장판이 열려 있는 저연령 시기에 시작하도록 권유한다. 성장판은 뼈의 끝부분에 위치하는 연골판으로 세포가 분열하면서 뼈의 길이 성장을 촉진하는 부위이다. 성장판 검사는 뼈 성숙의 정도를 알아보는 검사로서 단지 성장판만 보는 것이 아니라 방사선 상에 보이는 뼈의 중심부의 크기, 모양, 농도, 윤곽의 예리성, 성장판의 융합정도를 종합적으로 평가한다. 일반적으로 손목 부위를 방사선 촬영하고 1세 미만의 영아는 무릎사진을 같이 찍을 수 있다[그림 5-7].

질병에 의한 2차적 요인으로 저신장이 발생할 수 있다. 여아에게 X 염색체 중 하나가 소실되거나 일부분이 소실될 때 저신장이 발생하는 터너(Turner) 증후군, 21번 염색체에 2개 대신에 3개가 존재하여 정신지체와 저신장이 발생하는 다운(Down) 증후군, 자궁 내 성장 지연과 출생 후 성장장애가 나타나는 실버-러셀(Silver Russel) 증후군, 선천성 심장 기형이 동반되고 저신장 증상이 있는 누난(Noonan) 증후군 등이 모두 초기부터 성장치료가 필요한 성장장애 질환들이다.

영양결핍에 의해 발생한 저신장은 원인을 교정하면 원래의 정상적 성장을 회복할 수 있는 경우이다. 영양공급은 유전적, 질병적 요인 다음으로 키 성장에 중요하며 영양공급의 장애요인을 찾아 교정해 주도록 한다. 성장에 필수적인 단백질, 칼슘, 철, 아연 등이 부족하면 키가 정상적으로 크기 어렵다. 특히 만 2세까지의 제1 급성장기에는 이러한 영양소들의 공급이 매우 중요하다. 이 시기에 영양 부족으로 제대로 성장하지 못하면 나중에 따라잡기 성장이 어려워지므로 충분한 영양분을 공급하도록 주의한다. 그러나 음식물 흡수장애가 있는 경우라면 영양소 공급이 충분하여도 성장에 활용할 수 없게 된다. 그러므로 성장기에 흡수장애 질환이 발생했다면 신속하고 완벽하게 치료받도록 하여야 성장장애가 발생하지 않는다. 성장저하를 유발하는 가장 흔한 흡수장애 질환은 염증성 장질환인 크론병(crohn's disease), 유당불내증 등이 있다.

생애주기 영양학

CHAPTER

06

아동기 영양

1. 아동기 특징

아동이란 발달단계 구분 시 6세~11세까지 초등학교 시기(학령기)의 어린이를 말하며 신체적·정신적으로 부족하거나 미숙한 상태에 있는 어린 사람을 일컫는다.

이 시기는 2차 성징을 준비하는 시기로 신체발육이 두드러지게 되며 또래 집단에 의해 생활양식과 식습관에 영향을 많이 받는다. 또한 생활 중심이 가정에서 학교로, 부모에서 또래집단으로 옮겨지게 되며 사회적·심리적 발달과 함께 자아개념의 확립도 생기기 시작하는 인격형성의 중요시기이다.

(1) 신체 발달

아동기 동안 신체 성장속도는 영유아기보다는 느리고 완만하게 성장한다. 키의 성장은 남녀 모두 6세에 약 115cm 정도이나 11세에 이르러는 145cm 정도로 출생 시 키의 약 2.9배가 되며 매년 약 5~6cm 정도씩 자란다.

체중은 남녀 모두 6세에 약 21kg에서 11세에 평균 40kg 정도로 증가하여 출생 시보다 약 13배 증가한다[표 6-1].

표 6-1 소아·청소년 성장도표 신체발육표준치(2017)

남아		만 나이(세)	여아	
체중(kg)	신장(cm)		체중(kg)	신장(cm)
21.3	115.9	6	20.7	114.7
24.2	122.1	7	23.4	120.8
27.5	127.9	8	26.6	126.7
31.3	133.4	9	30.2	132.6
35.5	138.8	10	34.4	139.1
40.2	144.7	11	39.1	145.8

이 시기에는 체중과 신장의 성장, 발달에 있어서 개인차가 나타나는데 가장 큰 원인으로 유전과 영양을 꼽을 수 있다. 10세 이전에는 남아가 여아보다 평균 키와 체중이 더 크지만 10세 이후엔 여아가 남아보다 평균 신장이 더 크다. 이것은 여아가 남아보다 사춘기 성숙이 일찍 나타나기 때문이다.

신체의 부위별 비율도 유아기 때와는 달라져 팔·다리의 성장이 몸통보다 빨라 키가 크고 팔·다리가 길어 보이며 유아의 통통한 모습은 사라지고 말라 보이는 아동기의 전형적인 신체특징을 이루며 아동기 후반에는 성인의 모습과 전체적으로 비슷해진다.

치아 상태는 아동 초기에 유치가 빠지기 시작해 아동 후반기에 영구치가 나와 얼굴 형태가 달라지게 되며 아동 후반기에는 특히, 여아에 있어 내분비계 변화에 의해 2차 성징이 나타나게 된다.

아동기에는 성장호르몬 분비가 많아 조직과 기관의 단백질 합성을 촉진하여 세포를 증식시켜 성장한다. 에너지 생산 작용 및 탄수화물, 지방, 단백질대사에 영향을 주어 성장과 신체 발달을 촉진시키는 갑상샘호르몬과 체내 동화작용을 촉진시키는 인슐린의 분비로 성장과 발달을 하게 한다. 신체 각 부분의 성장·발달 속도 또한 각각 다르다.

[그림 6-1]은 20세의 발달정도를 100% 기준으로 하여 신체 각 부분의 성장발달을 그래프로 나타낸 것으로 신체 각 부분 성장발달곡선을 살펴보면 다음과 같다.

1) 림프형

흉선, 각 부위의 림프절에 해당하는 부위는 출생 후 계속적인 성장을 하다 사춘기 전인 12세에 성인 무게의 180%를 넘는 과도한 성장을 한다. 그 후 12세를 정점으로 점차 감소하여 20세 성인에 이르러 정상인 100%를 나타낸다. 이처럼 림프조직의 발달이 12세 이후 감소하는 것은 성호르몬의 증가로 인함이다.

2) 신경형

뇌수, 척수 등과 같은 신경계 발육은 출생 후 4세까지 80% 정도 급속히 발달하다 4세 이후로 완만한 성장을 하며 16세에서 20세까지 100%에 도달한다.

3) 일반형

호흡기, 순환기, 신장, 전체적인 근육, 골격 등의 형태적 성장은 20세까지 지속적인 성장을 한다. 골격의 경우 뼈 생성량이 뼈 용해량보다 커서 직선적 증가를 보인다.

4) 생식형

고환, 난소, 자궁, 전립선, 정낭 등의 신체 부위는 12세 이전엔 성장의 변화 폭이 거의 없다가 12세를 지나면서 급성장하여 20세 성인이 될 때까지 지속적인 성장을 한다. 이는 청소년기에 급격히 증가된 성호르몬 때문이다.

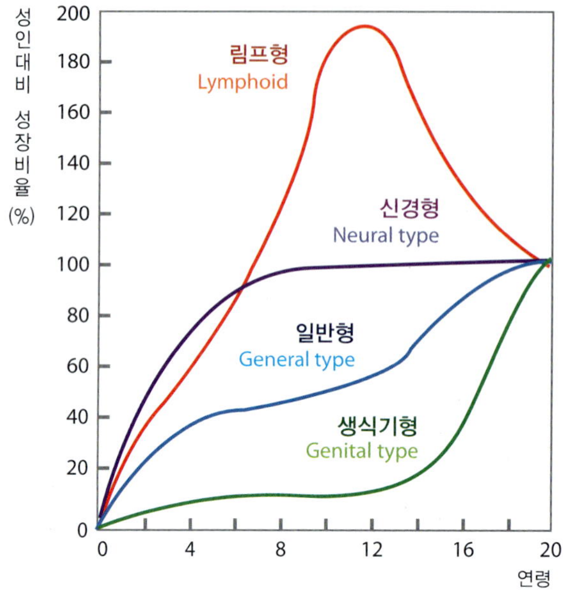

[그림 6-1] 스캐먼(Scammon)의 신체 각부의 성장발달곡선

(2) 운동 발달

5~7세 사이에 중추신경계 및 대뇌 발달로 운동기술과 지각 발달이 이루어지게 되어 반응에 소요되는 동작시간과 결정시간이 발달해 운동 발달을 촉진하게 된다.

아동기의 신체 및 운동 발달은 자존감 형성과 자아개념에도 영향을 주어 또래집단과의 관계에서 중요한 역할을 한다. 또한 신체적 발달로 인해 적극적이고 외향적이며 비의존적인 성격 발달과도 관련을 갖게 된다. 이처럼 운동 발달, 신체 발달, 성격 발달은 서로 상호작용을 하며 영향을 미친다.

(3) 지적 발달

이 시기는 유아기와는 질적으로 다른 새로운 사고 형태가 발달하는 시기로 직관적 사고가 아닌 논리적 사고 즉, 보존개념의 이해나 분류 능력, 서열화를 할 수 있는 발달 형태를 보이게 된다. 또한, 자신의 시각에서 타인의 시각으로 옮겨 지각할 수 있는 탈중심화 능력이 발달하게 된다. 따라서, 자신과 타인과의 사회적 관계에 대한 인식이 형성되어 조직과 단체 활동에 적응하게 된다.

(4) 도덕성 발달

도덕성(morality)이란 사회규범 내 옳고 그름을 구별할 수 있으며 자신의 것으로 인지하여 행동으로 옮기는 것이다. 아동기는 부모, 타인, 또래와의 관계 속에서 행동기준을 습득하고 도덕적으로 성숙하게 되는 도덕성 발달의 민감기라 할 수 있고 이후에 형성된 바람직하지 못한 도덕성은 교정하기가 어렵다고 한다. 따라서 아동기에 올바른 자율적 도덕성 함양을 위한 교육이 반드시 필요하다.

(5) 또래 집단과의 관계

프로이트(Freud)는 아동기를 심리적 성격발달 단계의 잠복기라 했다. 이 시기에 남아는 단체, 여아는 일대일 친구관계를 주로 형성하는 경향이 있다. 태어나서 처음으로 많은 시간을 또래집단과 보내게 되며 그 속에서 서로 영향을 주고받는다. 아동 전반기는 후반기에 비해 또래집단의 형태가 구조적이지 못하나 10세 이후인 후반기에는 또래집단의 구조가 뚜렷해지고 그 속에서 엄격한 규칙을 적용하기 때문에 어느 시기보다 또래집단의 영향이 중요해지는 시기이다. 유아기까지는 부모의 인정이 우선이었다면 아동기에는 부모보다 또래집단의 인정을 받고 싶어 하는 욕구가 더 강해진다.

아동기의 친구관계는 또래와의 관계를 유지하는 법을 배우고, 타인에 대한 감정을 표출하는 방법을 알게 되며 서로 심적으로 지지하고 격려해 주기도 한다. 또한 친구와의 문제해결을 통해 그 방법을 배우고 자신의 갈등과 불만을 서로 나누게 되는 심리치료효과를 갖는다는 점으로 보아 이 시기의 친구관계는 매우 중요하다 할 수 있다. 따라서 원만한 또래집단 형성을 할 수 있도록 관심과 교육, 격려가 필요하다.

2. 영양소 섭취기준

아동기는 성인이 될 때까지 지속적인 성장을 위해 성인에 비해 체중 1kg당 필요한 영양소 양이 많으며 한쪽으로 치우치지 않는 영양섭취가 가장 중요하다. 한국영양학회에서는 생리적 성장발달단계를 고려하여 아동기를 6~8세, 9~11세로 구분하여 영양소 섭취기준을 제시하였다.

(1) 에너지

에너지는 신체의 호흡, 순환, 육체적 운동, 체온 유지 등 다양한 기능을 수행하는데 있어 필수적이다. 섭취량과 소비량에 따른 에너지 균형이 바람직하다. 불균형이 오게 되면 체 성분의 변화가 생기며 특히, 체중의 변화가 일어난다.

아동기(학령기)에 해당하는 아동의 1일 에너지 필요추정량과 다량 영양소 섭취기준은 [표 6-2]와 같다. 아동의 에너지 필요추정량은 에너지 소비량에 성장에 소요되는 에너지를 추가하였다. 성별, 연령, 신장, 체중이 같더라도 아동마다 에너지 소비효율, 신체활동 수준이 다르기 때문에 에너지 필요추정량은 사실상 개인마다 조금 다르다. 남아 6~8세는 1,700㎉/day, 9~11세는 2,000㎉/day이고, 여아는 각각 1,500㎉/day, 1,800㎉/day로 책정되었다.

(2) 탄수화물

2020 한국인 영양소 섭취기준에서는 기존에 제시하지 않았던 탄수화물의 섭취량을 새로이 설정하였는데 1일 뇌에서 사용되는 포도당의 양이 100g임에 근거하여 평균필요량 100g, 권장섭취량 130g으로 설정하였다.

식이섬유소는 남아 6~11세 25g, 여아 6~8세 20g, 9~11세 25g으로 충분섭취량을 설정하였다. 아동기에 있어 과다한 식이섬유의 섭취는 성장기에 미네랄 특히 칼슘의 흡수를 방해하고 포만감으로 인해 다른 영양소의 섭취가 줄어들 수 있어 성장에 방해를 줄 수 있다. 따라서 별도의 식이섬유 보충은 필요치 않으며 일반적 식사를 통해 충분히 섭취가 가능하다고 본다.

표 6-2 아동의 영양소 섭취기준 설정을 위한 체위기준과 다량 영양소 섭취기준

구분	연령(세)	신장(㎝)	체중(㎏)	에너지(㎉/day)	탄수화물(g/day)		식이섬유(g/day)	단백질(g/day)
				필요추정량	평균필요량	권장섭취량	충분섭취량	권장섭취량
남자	6~8	124.6	25.6	1,700	100	130	25	35
	9~11	141.7	37.4	2,000	100	130	25	50
여자	6~8	123.5	25.0	1,500	100	130	20	35
	9~11	142.1	36.6	1,800	100	130	25	45

(3) 단백질

아동기에 있어서 성장이란 체단백질의 증가를 의미한다. 단백질의 기능은 인체의 정상적인 성장과 유지에 필요한 아미노산을 공급해 주는 것으로 근육, 머리카락, 뼈, 피부 등 신체 조직의 구성과 새로운 조직의 합성에 관여한다. 단백질은 효소, 호르몬, 항체로서의 작용, 체액의 산-염기 평형 유지, 체내 필수영양물질의 운반과 저장의 기능을 하므로 충분히 공급되어야 한다.

아동기의 단백질 필요량은 질소평형을 유지하는데 필요한 단백질량에 새로운 근육과 뼈의 성장에 필요한 단백질량을 추가하여 산정하였고 성장 요구량은 조직 1kg당 1~4g으로 추정된다. 아동의 1일 단백질 권장섭취량은 6~8세 남아와 여아 모두 35g으로 동일하고, 9~11세는 남아와 여아 각각 50g, 45g으로 책정하였다[표 6-2].

단백질의 구성성분인 아미노산은 체내에서 합성할 수 없어 반드시 외부에서 식품으로 섭취, 공급되어야 되는 9종의 필수 아미노산과 11개의 비필수아미노산, 총 20종의 아미노산이 있다. 특히 성장시기에 아미노산의 부족은 성장지연을 유발시킬 수 있다[표 6-3, 6-4].

표 6-3 필수/비필수아미노산 및 조건적 필수아미노산

필수아미노산	비필수아미노산	조건적 필수아미노산*	조건적 필수아미노산의 전구체
히스티딘	알라닌	아르기닌	글루타민, 글루타메이트, 아스파테이트
이소루신	아스파르트산	시트룰린	메티오닌, 세린
루신	아스파라긴	오르니틴	글루타민산, 암모니아
리신	글루탐산	시스테인	세린, 콜린
메티오닌	세린	티로신	글루타메이트
페닐알라닌		글루타민	페닐알라닌
트레오닌		글리신	
트립토판		프롤린	
발린		타우린	

* 조건적 필수아미노산: 합성이 그 대사적인 요구에 충분하지 않을 경우 식이를 통한 공급이 요구되는 아미노산
1) 메티오닌의 함유가 많은 식품: 달걀, 치즈, 닭고기, 생선, 쇠고기
2) 류신, 이소류신, 발린이 많은 식품: 육류 및 근육류 식품
3) 라이신의 함유가 많은 식품: 쇠고기, 가금류
4) 페닐 알라닌의 함유가 많은 식품: 달걀, 닭, 간, 쇠고기
5) 트레오닌의 함유가 많은 식품: 치즈, 가금류, 어류, 육류
6) 트립토판의 함유가 많은 식품: 고단백 식품, 유제품
7) 히스티딘의 함유가 많은 식품: 육류, 가금류, 생선

표 6-4 2020년 한국 아동의 필수아미노산 영양소 섭취기준(g/day)

연령(세)		6~8		9~11	
성별		남	여	남	여
신장(㎝)		124.6	123.5	141.7	142.1
체중(㎏)		25.6	25.0	37.4	36.6
히스티딘(H)	평균필요량	0.3	0.3	0.5	0.4
	권장섭취량	0.4	0.4	0.6	0.5
이소류신(I)	평균필요량	0.5	0.5	0.7	0.6
	권장섭취량	0.6	0.6	0.8	0.7
류신(L)	평균필요량	1.1	1.0	1.5	1.5
	권장섭취량	1.3	1.3	1.9	1.8
라이신(K)	평균필요량	1.0	0.9	1.4	1.3
	권장섭취량	1.2	1.3	1.8	1.6
메티오닌(M)+시스테인(C)	평균필요량	0.5	0.5	0.7	0.6
	권장섭취량	0.6	0.6	0.8	0.7
페닐알라닌(F)+티로신(Y)	평균필요량	0.9	0.8	1.3	1.2
	권장섭취량	1.0	1.0	1.6	1.5
트레오닌(T)	평균필요량	0.5	0.5	0.7	0.6
	권장섭취량	0.6	0.6	0.9	0.9
트립토판(W)	평균필요량	0.1	0.1	0.2	0.2
	권장섭취량	0.2	0.2	0.2	0.2
발린(V)	평균필요량	0.6	0.6	0.9	0.9
	권장섭취량	0.7	0.7	1.1	1.1

(4) 지질

아동기에는 에너지 섭취량은 높으나 식사량은 상대적으로 적어 충분한 에너지 공급이 어려울 수 있다. 지방은 농축된 주요 에너지원인 동시에 세포막의 필수구성성분이며 지용성 비타민의 흡수를 도와주는 영양소로 아동기에 적정량의 에너지 섭취에 도움이 될 수 있어 적정량의 지방 섭취가 필요하다. 3~18세의 지방 섭취에너지 적정비율은 15~30%, 포화지방산은 8% 미만, 트랜스지방산은 1% 미만이며 콜레스테롤의 비율은 섭취기준을 설정할 과학적 근거의 부족으로 정하지 않았다[표 6-5].

표 6-5 2020 한국인 영양소 섭취기준 -에너지 적정비율

영양소		3~18세
탄수화물		55~65%
단백질		7~20%
지질	총지방	15~30%
	포화지방산	8% 미만
	트랜스지방산	1% 미만
	콜레스테롤	–

(5) 비타민

폴란드의 화학자 풍크(C. Funk)는 1912년 '쌀겨'에서 동물의 성장에 필수적인 식품성분을 확인하여 'vitamin'이라 명명하고 1915년 맥컬럼(McCollum)은 비타민을 지용성 비타민과 수용성 비타민으로 분류하였다. 비타민은 에너지를 생성하지 않으나 신체 내 영양소 대사과정에 없어서는 안 될 필수적인 역할을 하는 것으로 알려져 있다.

신체 내 필요량은 미량이며 반드시 식품섭취로부터 공급받아야 한다. 부족 시 신체 내·외부 결핍 증상이 나타난다.

1) 지용성 비타민

지용성 비타민은 지방과 유기 용매에 용해되고 물에는 용해되지 않으며 지방과 함께 흡수되어 림프계를 통해 이송된다. 또한 담즙을 통해 체외로 서서히 방출되며 간이나 지방조직에 저장되므로 필요량을 매일 공급할 필요는 없다. 지용성 비타민으로는 비타민 A, D, E, K로, 이에 대한 영양소 섭취기준은 [표 6-6]과 같다.

① 비타민 A

활성형인 레티노이드(retinoids)와 불활성형인 카로티노이드(carotenoids)를 총칭하며 비타민 A는 세포 성장, 상피세포의 정상적인 분화 및 증식, 시각기능, 생식, 면역기능의 유지와 증진, 항산화 및 항암작용에 중요한 기능을 한다.

아동기 비타민 A의 권장섭취량은 대사체중을 이용하여 적정 저장량에 대한 계산을 이용해서 산출하고 평균필요량의 140%에 해당되는 값을 권장섭취량으로 설정하였다. 6~8세 남아의 권장섭취량은 1일 450㎍ RAE, 9~11세는 600㎍ RAE이며 6~8세 여아의 권장섭취량은 400㎍ RAE, 9~11세는 550㎍ RAE이다. 비타민 A는 지용성 비타민으로 과량 섭취 시 독성을 유발할 수 있어 1일 상한섭취량이 남녀 모두 6~8세는 1,100㎍ RAE, 9~11세는 1,600㎍ RAE으로 책정되었다.

과잉 증상으로 오심, 구토, 두통, 현기증, 무력감, 가려움증, 시력약화가 나타나며 연구보고에 의하면 세포막의 불안정화, 간 손상, 지방간 형성, 기형아 출산, 골격약화와 연골손상 등의 유해작용이 나타나는 것으로 보고되었다.

결핍 시 아동의 경우엔 비토반점의 형태로 나타나기도 하며, 피부는 건조하고 치아의 에나멜 형성에도 영향을 미치는 것으로 알려져 있다. 비타민 A의 급원 식품으로는 동물성 식품인 간과 생선 간유, 전지분유, 달걀 등에 많이 함유되어 있고 식물성 식품으로는 녹황색채소(시금치)와 해조류에 많이 함유되어 있다.

② 비타민 D

비타민 D는 스테로이드호르몬(steroid hormone)같은 대사과정 및 세포 내 작용기전을 하는 프로호르몬(prohormon)으로 식품으로만 공급받을 수 있는 다른 비타민에 반해 자외선에 의해 피부에서 콜레스테롤로 전환되어 생성될 수 있는 비타민이다.

위와 같은 특이성에 따라 부족증상이 거의 없어 중요성에 대해 강조하지 않았으나 최근 환경오염으로 인해 오존층이 파괴되어 햇볕 노출에 의한 피부암 발생과 그로인해 자외선 노출을 줄이려 노력을 하고 있는 현실로 인해 비타민 D 부족증상이 보고되고 있다. 그 예로 자외선 차단제의 남용이나 소극적인 실외활동으로 인한 실내 활동의 증가를 대표적으로 볼 수 있다.

비타민 D는 신장에서 부갑상샘호르몬(parathyroid hormone)에 의해 활성화된 후에 칼슘 재흡수 조절에 관여하며, 골격계 성장 및 유지에 중요한 역할을 하는 것으로 알려져 있다. 특히 성장기 아동에게서는 부족 시 나타나는 구루병(rickets)과 저칼슘혈증성 경련, 성장장애, 기면, 보챔 등과 같은 증상을 예방하기 위해서 충분한 비타민 D 섭취와 야외활동을 권고한다.

1일 비타민 D 충분섭취량은 남녀 6~11세 모두 5㎍, 상한섭취량은 6~8세 남녀는 40㎍, 9~11세 남녀는 60㎍으로 책정하였다.

비타민 D를 함유한 식이보충제를 통해 과다섭취 시에는 고칼슘혈증(hypercalcemia)과

고칼슘뇨증(hypercalciuria)으로 인해 여러 기관 특히, 신장에 칼슘의 침착이 일어나게 된다. 비타민 D 중독은 비타민 D의 식품섭취를 제한하고 자외선 노출을 피하는 것으로도 치료될 수 있다. 비타민 D 공급원은 식이와 자외선 B파장 290~315㎚이며 급원 식품으로는 연어, 고등어, 청어, 정어리 같은 기름진 생선과 달걀노른자, 버터, 마가린 같은 유제품이다.

③ 비타민 E

비타민 E는 토코페롤(tocopherol)과 토코트리에놀(tocotrienol)을 총칭하며 주로 식물성 유지에 많이 함유되어 있다. 체내 기능으로는 항산화 기능으로 자유기(free-radical)를 제거하며 비타민 A의 산화 방지, 적혈구막 보호작용, 세포의 철대사와 신경계 · 면역계 작용 유지에 관여한다. 또한, 혈소판 응집을 감소시켜 심혈관계 질환 발병에 도움을 주며 당뇨병의 합병증 발생 감소 등의 만성질환 예방에도 관여한다.

남녀 모두 6~8세의 1일 충분섭취량은 7㎎ α-TE, 9~11세는 9㎎ α-TE로 책정되었다.

비타민 E의 급원 식품으로는 대체로 식물성 기름, 땅콩, 종실유가 이에 해당된다. 자연상태로 식품 속에 존재하는 비타민 E는 과잉증상이 나타나지 않으나 식이 보충제나 치료제 중의 α-토코페롤 과잉섭취 시에는 과잉증상이 나타남으로 남용을 피해야 한다. 과잉 시 혈중 중성지방 증가, 크레아틴뇨증, 혈소판 응집 감소, 상처 치유 지연, 갑상샘호르몬 저하, 심한 설사와 구토, 두통, 피로, 근육약화, 발한, 맥박 증가 등의 부작용이 나타날 수 있다.

④ 비타민 K

비타민 K는 혈액응고, 골격형성, 칼슘 결합 단백질의 합성에 관여한다. 비타민 K는 장내 세균에 의해서도 합성되어 아동기에 결핍증은 거의 나타나지 않으며 지용성 비타민이라도 배설이 빨라 독성도 거의 나타나지 않는다.

급원 식품으로 시금치, 들깻잎, 무시래기, 상추, 브로콜리 등과 같은 녹색 채소류에 많이 함유되어 있으며 아보카도, 키위, 대두, 카놀라유, 마가린, 콩기름 등에도 많이 함유되어 있다.

비타민 K의 충분섭취량으로는 6~8세의 남아와 여아 40㎍/day, 9~11세 남아와 여아 55㎍/day로 설정하였다.

표 6-6 지용성 비타민 영양소 섭취기준

성별	연령(세)	비타민 A (㎍ RAE/day) 평균필요량	비타민 A 권장섭취량	비타민 A 상한섭취량	비타민 D (㎍/day) 충분섭취량	비타민 D 상한섭취량	비타민 E (㎎ α-TE/day) 충분섭취량	비타민 E 상한섭취량	비타민 K (㎍/day) 충분섭취량
남	6~8	310	450	1,100	5	40	7	200	40
	9~11	410	600	1,600	5	60	9	300	55
여	6~8	290	400	1,100	5	40	7	200	40
	9~11	390	550	1,600	5	60	9	300	55

2) 수용성 비타민

수용성 비타민은 물에 용해되고 지방에는 용해되지 않으며 탄수화물, 아미노산과 함께 소화, 흡수되며 소변을 통해 빠르게 방출된다. 신체는 일정량을 흡수하면 초과량은 배설하고 저장하지 않아 매일 필요량을 공급하여야 한다. 수용성 비타민으로는 비타민 C, B_1, B_2, 니아신, B_6, 엽산, B_{12} 등이 있으며 영양소 섭취기준은 [표 6-7, 6-8]과 같다.

① 비타민 C

비타민 C는 생명유지를 위한 필수적 수용성 영양소로, 아스코르브산(ascorbic acid)과 디하이드로아스코르브산(dehydroascorbic acid)을 통칭하며 식품을 통해 반드시 공급되어야 하는 필수 영양소이다. 체내에서 백혈구와 세포의 DNA 및 염색체의 산화적 손상에 대한 항산화 기능과 면역 기능을 수행하며 콜라겐 합성, 철의 흡수 증가에도 관여한다.

아동기의 비타민 C 1일 권장섭취량은 남아, 여아 모두 6~8세 50㎎, 9~11세 70㎎으로 책정되었다. 비타민 C의 상한섭취량은 남녀 6~8세 750㎎, 9~11세 1,100㎎으로 과다섭취 시 위장관장애가 나타난다는 연구가 있으며 수산뇨증과 신결석 형성이 증가될 수도 있다는 연구도 보고되었다. 비타민 C가 결핍될 때는 괴혈병(scurvy), 상처 치유 지연, 뼈의 통증, 골절, 설사 등이 나타나기도 한다. 비타민 C는 신선한 과일과 채소에 많이 함유되어 있다.

② 티아민(비타민 B_1)

티아민은 TMP, TDP, TTP 형태로 식물이나 동물 조직에 존재하며 탄수화물대사에 직접적으로 관여하여 에너지대사의 조효소, 신경전달물질인 아세틸콜린(acetylcholine)의 조효소로서 작용하며 필요량은 에너지 소모량과 관계가 있다.

티아민의 1일 평균필요량은 성인의 필요량으로부터 체중 비율과 성장인자를 고려하여 6~8세 남아 0.5mg/day, 여아 0.6mg/day, 9~11세 남아 0.7mg/day, 여아 0.8mg/day로 설정하였다. 권장섭취량은 남녀 모두 6~8세 0.7mg/day, 9~11세 0.9mg/day로 정하였다. 티아민의 부족 증상은 식욕부진, 체중감소, 무감각, 근무력증, 심장비대, 각기병(beriberi)이며 과량 섭취 시 과민증(anaphylaxis), 알러지 과민성 및 가려움증을 나타낼 수 있다. 급원 식품으로는 육류, 간, 삼치, 넙치, 전곡, 맥주 효모, 감자류, 두류 등에 많이 함유되어 있다.

③ 리보플라빈(비타민 B_2)

리보플라빈은 우리나라 국민들이 부족하기 쉬운 영양소로 보고되고 있으며 조직 내에서 FAD(flavin adenine dinucleotide)와 FMN(flavin mononucleotide)의 조효소 형태로 존재하며 에너지를 발생하는 TCA 회로에 관여한다.

리보플라빈의 권장섭취량은 남아 6~8세 0.9mg, 9~11세 1.1mg, 여아 6~8세 0.8mg, 9~11세 1mg으로 산정하였다.

리보플라빈의 결핍증세로는 구각염, 구순염, 설염과 같이 주로 구강과 입 주변에 염증이 나타나며 발육장애, 특히, 발육이 왕성한 아동에서 우유의 섭취가 낮을 때 많이 발생한다. 과잉증세는 리보플라빈의 빠른 배설로 인해 거의 나타나지 않는다. 급원 식품으로는 주로 동물성 식품(육류, 닭, 생선)과 유제품을 이용하며 두류, 녹색 채소, 곡류, 난류도 이용되고 있다.

④ 니아신(비타민 B_3)

NAD와 NADP의 형태인 니아신의 조효소는 산화 · 환원 반응에 작용하여 ATP생산 반응에 관여한다. 니아신의 권장섭취량은 6~8세 남아와 여아는 9mg NE로 산정하였으며 9~11세 남아는 11mg NE, 여아는 12mg NE로 산정하였다. 니코틴산은 과량섭취 시 독성을 나타내기 때문에 니코틴산 상한섭취량을 6~8세 남녀 15mg NE, 9~11세 남녀 20mg NE로 설정하였다. 니아신이 결핍되면 햇빛에 노출된 피부에 대칭적으로 나타나는 피부염, 변비 또는 설사, 신경계 장애 같은 펠라그라(pellagra)가 나타난다. 60mg 트립토판은 1mg 니아신으로 전환되므로 질 좋은 단백질의 섭취가 필요하며 급원 식품으로는 쇠고기, 돼지고기, 생선, 내장, 달걀, 우유, 밀가루 등이 있다.

표 6-7 수용성 비타민 영양소 섭취기준

성별	연령(세)	비타민 C(mg/day)			티아민(mg/day)		리보플라빈(mg/day)		니아신(mg NE/day)		
		평균필요량	권장섭취량	상한섭취량	평균필요량	권장섭취량	평균필요량	권장섭취량	평균필요량	권장섭취량	상한섭취량*
남	6~8	40	50	750	0.5	0.7	0.7	0.9	7	9	15
	9~11	55	70	1,100	0.7	0.9	0.9	1.1	9	11	20
여	6~8	40	50	750	0.6	0.7	0.6	0.8	7	9	15
	9~11	55	70	1,100	0.8	0.9	0.8	1	9	12	20

* 니코틴산 상한섭취량

⑤ 비타민 B_6

아미노산대사에 주로 관여하는 효소의 조효소이며 헤모글로빈을 구성하는 헴(heme) 형성에 작용하여 혈구세포를 합성한다. 탄수화물대사와 지방대사에도 관여하며 혈당유지, 미엘린(myelin)합성에 사용되고 트립토판이 니아신으로 전환되는 과정에 조효소로 작용한다. 비타민 B_6의 영양소 섭취기준은 [표 6-8]에 제시되어 있는 것처럼 권장섭취량이 남녀 6~8세 0.9mg, 9~11세 1.1mg으로 책정되었다. 비타민 B_6가 결핍되면 간질성 혼수, 피부염, 구내염, 구순염, 설염, 우울증, 심전도 이상 등이 나타난다. 급원 식품으로는 동물성 식품(생선, 돼지고기, 닭고기, 난류, 동물의 간, 콩팥)과 현미, 대두, 귀리 등이 있다.

⑥ 엽산

항빈혈인자로 알려져 있으며 부족 시 세포분열이 정상적으로 일어나기 어렵다. 호모시스테인으로부터 메티오닌을 합성할 때 엽산과 비타민 B_{12}가 조효소로 작용하고 신경전달물질 합성과정에도 관여한다. DNA 합성에 꼭 필요하므로 세포분열이 활발히 일어나는 유아기, 성장기에 필요량이 매우 증가한다. 엽산이 부족하면 혈장 호모시스테인 농도가 높아지고 거대적아구성 빈혈, 위장장애가 나타난다. 1일 권장섭취량은 남녀 6~8세 220μg DFE, 9~11세 300μg DFE이다. 급원 식품으로는 두류, 채소류(시금치, 쑥갓 등), 해조류 등이 있다.

⑦ 비타민 B_{12}

비타민 B_{12}는 적혈구 생성과 성숙, DNA 합성에 매우 중요한 영양소로 장내 미생물에 의해서만 합성되며 동물의 근육이나 내장 등에 축적됨으로 동물성 식품을 통해서만 섭취할 수 있다. 따라서 동물성 식품의 섭취가 없는 채식 위주의 아동은 주의가 필요하다. 비타민 B_{12}의 결핍은 심각한 악성빈혈을 일으키며 엽산의 대사과정과 관련이 있어 부족 시 거대 적아구성 빈혈로 이어지며 신경장애로 인해 감각 이상, 기억력 상실, 치매 등과 같은 정신 질환도 야기한다.

평균필요량은 남녀 6~8세 1.1㎍, 9~11세 1.5㎍이며, 권장섭취량은 남녀 6~8세 1.3㎍, 9~11세 1.7㎍이다. 급원 식품으로는 어패류, 유제품, 조개류, 소, 돼지의 간 등 동물성 식품이 있다.

표 6-8 수용성 비타민 영양소 섭취기준

성별	연령(세)	비타민 B_6(㎎/day)			엽산(㎍ DFE/day)			비타민 B_{12}(㎍/day)	
		평균필요량	권장섭취량	상한섭취량	평균필요량	권장섭취량	상한섭취량	평균필요량	권장섭취량
남	6~8	0.7	0.9	45	180	220	500	1.1	1.3
	9~11	0.9	1.1	60	250	300	600	1.5	1.7
여	6~8	0.7	0.9	45	180	220	500	1.1	1.3
	9~11	0.9	1.1	60	250	300	600	1.5	1.7

(6) 무기질

정상적인 성장·발달에 반드시 필요한 영양소로 부족 시 성장 지연이나 골격형성저해, 빈혈 등을 유발할 수 있다. 무기질은 신체 내 존재하는 양을 근거로 다량 무기질(macromineral)과 미량 무기질(micromineral)로 분류한다. 다량 무기질은 칼슘, 인, 나트륨, 칼륨, 마그네슘이고 미량 무기질은 철, 아연, 구리, 요오드로 영양소 섭취기준은 [표 6-9, 6-10]과 같다.

1) 다량 무기질

① 칼슘

칼슘은 인체에 가장 많이 존재하는 무기질이며 체내 칼슘의 99% 이상이 치아와 뼈에 존재하고 1%는 혈액과 근육, 다른 조직에 존재하면서 혈관의 수축과 이완, 신경전달기능을 한다. 칼슘의 흡수율은 아동기에는 평균 28%이며 골질량은 뼈의 생성과 용해의 균형에 의해 결정되는데, 성장하는 이 시기에는 생성량이 용해량보다 많아 골질량이 직선형으로 증가하여 성장기에 최대 골질량에 달한다.

칼슘의 평균필요량은 칼슘 흡수율과 축적량, 기본 손실량을 바탕으로 남녀 6~8세 600mg, 9~11세 650mg으로 책정되었다. 이 시기에 칼슘 섭취가 장기적으로 부족하면 골격의 석회화가 불충분해지고 성장이 지연되며 테타니(tetany), 구루병, 골연화증 및 골다공증의 발생 위험이 높다. 과잉섭취 시에는 고칼슘혈증, 신석증, 우유-알칼리 증후군, 칼슘-무기질 상호작용에 의한 무기질대사 이상 등의 증상이 나타난다. 급원 식품은 우유 및 유제품, 뼈째 먹는 생선, 두부 등이다.

② 인

칼슘 다음으로 많은 무기질이며 85%는 칼슘과 결합해 뼈와 치아를 구성하고 있다. 또한, DNA · RNA 등 핵산의 성분이며 ATP · ADP의 고에너지인산화합물로 생체막의 구성성분이기도 하다.

주요 기능은 산-염기 평형을 조절하는 완충작용, 탄수화물의 산화 및 에너지대사, 세포 내 여러 대사과정에서 효소활성조절 등이다. 인의 영양소 섭취기준은 연간 체중증가량, 체지방율, 뼈 무기질 증가량, 흡수율을 고려하여 6~8세 남아 500mg, 여아 480mg, 9~11세 남녀 1,000mg을 평균필요량으로 책정하였다.

결핍 시에는 신경계 , 골격, 근육, 혈액, 신장 등의 기능에 영향을 미치며 식욕저하, 근무력증, 뼈의 통증, 골연화증 등이 일어날 수 있다. 과잉섭취 시에는 칼슘조절호르몬의 변화, 비골격조직의 전이성 석회화, 골다공증, 칼슘흡수장애 등이 나타날 수 있다. 또한, 오심, 구토, 전해질 불균형, 부정맥, 급성 신부전 등을 초래하기도 한다. 인의 흡수는 비타민 D_3에 의해 촉진되며 식이 중 칼슘, 마그네슘이 많으면 인의 흡수율이 낮아진다.

인의 급원 식품은 양질의 단백질 식품인 육류, 어류, 달걀, 우유와 견과류, 채소, 곡류, 두부 등이며 식품첨가물로써 최근 패스트푸드 및 가공식품 소비의 증가로 섭취량이 크게 증가하였다.

③ 나트륨

나트륨은 세포외액의 삼투압 유지와 수분평형, 정상적인 근육의 흥분성 유지와 신경 자극 전달, 포도당과 아미노산 흡수에 작용을 하는 중요한 역할을 한다.

나트륨은 한국인의 식사 습관으로 비추어 볼 때 부족하진 않으며 오히려 과다섭취로 인해 영양상 문제점이 나타나기도 한다. 부족 시에는 무기력, 메스꺼움, 구토, 어지럼증이 나타나고 과잉섭취 시 혈압 상승과 심혈관 질환 발병의 위험률이 증가하게 된다. 나트륨은 천연 식품 내에도 존재하며 조리 시 첨가되는 양념류, 가공 식품 제조 시 첨가되는 나트륨으로 인해 섭취량이 증가할 수 있으므로 과다한 섭취가 되지 않도록 주의를 기울여야 한다.

아동의 충분섭취량은 에너지 섭취량을 고려하여 성인의 충분섭취량으로부터 외삽하여 산출하여 남녀 6~8세 1,200mg, 9~11세 1,500mg으로 책정하였다. 또한 2020년 한국인 영양소 섭취기준에서는 '만성질환위험감소섭취량'의 섭취기준을 남녀 6~8세 1,900mg, 9~11세 2,300mg으로 새로 제정하였다.

④ 칼륨

칼륨은 세포내액의 농도를 유지하여 나트륨과 함께 정상적인 삼투압 유지와 수분 평형을 이루며 신경근육의 흥분과 자극, 근섬유 수축 등을 조절하고 단백질 저장 시 함께 저장된다. 장기간의 칼륨 제한 식사 시나 이뇨제 복용 시, 수술 등에 의해 결핍이 되면 혈압이나 염분의 민감성, 신결석 발병, 골대사 증가, 심혈관 질환 발생이 우려되며 더 심해지면 심부정맥, 근육 약화, 당불내성 등의 증세가 나타난다. 보충제 형태로 과잉섭취 시에는 위장장애와 심부정맥을 일으킬 수 있다. 가공하지 않은 곡류, 채소, 과일, 근채류, 콩, 우유, 육류 등에 많이 들어 있다. 칼륨의 충분섭취량은 6~8세 남녀 2,900mg/day, 9~11세 남녀 3,400mg/day이다.

⑤ 마그네슘

마그네슘은 인체 내 300종 이상의 효소체계에서 보조인자로 작용하며 지방, 단백질 및 핵산의 합성, 근육의 수축 작용에도 관여한다. 건강문제로 인한 마그네슘 손실을 제외하고 식사로 인한 결핍은 쉽게 발생하지 않으며 자연식품이나 강화식품을 통한 섭취는 유해하지 않으나 보충제 또는 약물로 섭취가 과다해지는 경우 설사, 구토, 복부경련이 발생할 수 있다. 엽채소류, 견과류, 두류, 도정되지 않은 전곡류, 가공되지 않은 식품에 많이 함유되어 있다. 권장섭취량은 6~8세 남녀 150mg/day, 9~11세 남녀 220mg/day로 설정하였다.

표 6-9 다량 무기질 영양소 섭취기준

성별	연령(세)	칼슘 (mg/day)			인 (mg/day)			나트륨 (mg/day)		칼륨 (mg/day)	마그네슘 (mg/day)		
		평균 필요량	권장 섭취량	상한 섭취량	평균 필요량	권장 섭취량	상한 섭취량	충분 섭취량	만성질환 위험감소 섭취량	충분 섭취량	평균 필요량	권장 섭취량	상한 섭취량
남	6~8	600	700	2,500	500	600	3,000	1,200	1,900	2,900	130	150	130
	9~11	650	800	3,000	1,000	1,200	3,500	1,500	2,300	3,400	190	220	190
여	6~8	600	700	2,500	480	550	3,000	1,200	1,900	2,900	130	150	130
	9~11	650	800	3,000	1,000	1,200	3,500	1,500	2,300	3,400	180	220	190

2) 미량 무기질

① 철

아동기는 급성장 속도에 맞춰 혈액량의 필요량도 증가하게 된다. 여아의 아동 후반기에는 초경이 시작되어 요구량이 증가하게 되나 철분의 흡수율이 10% 정도로 낮고 식사내용, 체내 철 저장량, 요구량에 따라 달라진다. 철분의 흡수율을 높이기 위해 헴철이 많이 함유되어 있는 동물성 식품을 섭취하는 것이 좋다. 철분 섭취의 결핍 시에는 철 결핍성 빈혈증으로 운동실조, 발달장애, 인지능력 손상이 나타난다. 과잉섭취 시 구토와 설사, 위장장애, 아연 흡수 감소의 문제가 발생한다. 철의 평균필요량은 남녀 6~8세 7mg, 9~11세 8mg이며 권장섭취량은 6~8세 남녀 9mg, 9~11세 남아 11mg, 여아 10mg으로 설정되었다.

② 아연

아연은 모든 신체조직에 존재하며 60%는 근육에, 30%는 골격에 존재한다. 효소의 촉매적 활성, 단백질구조 안정화, 세포분열과 분화, 면역체계에 중요한 역할을 한다. 아연의 권장섭취량은 6~8세 5mg, 9~11세 8mg으로 남녀 동일하게 책정되었다. 아연의 결핍증상은 성장지연, 설사, 성 성숙지연, 눈과 피부의 염증, 식욕감퇴, 탈모, 신경장애, 면역능력 감소 등이 있으며 과잉 증상으로는 오심, 구토, 설사, 발열 등이 나타난다. 급원 식품은 붉은 살코기, 굴, 새우 등의 해산물, 전곡류, 콩류에 가장 많이 함유되어 있으며 가공된 시리얼, 도정한 쌀, 생선, 녹색 잎채소와 과일에도 소량이 함유되어 있다.

③ 구리

구리는 간, 심장, 비장, 신장, 뇌, 혈액에 높은 농도로 존재하며 간과 뇌조직에 농도가 높다.

다양한 효소기능과 구조에 관련된 역할을 하므로 대사 체중과 성장요인을 적용해 섭취기준을 책정하였다. 구리의 결핍증상은 빈혈, 성장장애, 백혈구 감소, 뼈 손실, 심장기능장애 등이 있다. 과잉섭취 시 구토, 오심, 복통, 설사, 간세포 손상, 혼수, 사망에 이를 수도 있다. 급원 식품으로는 견과류, 두류, 곡류 배아, 간 등 내장고기가 많고 초콜릿, 버섯, 말린 과일, 바나나, 토마토, 포도, 감자에도 많이 함유되어 있다. 채식주의자들은 식이에서 구리 함량은 높지만 흡수율이 낮아 섭취 시 주의가 필요하다. 구리의 평균필요량은 6~8세 남아 360㎍, 여아 310㎍, 9~11세 남아 470㎍, 여아 420㎍으로 동일연령에서 남아가 여아보다 다소 높게 책정되었다.

④ 요오드

요오드는 70~80%가 갑상샘에 존재하며 갑상샘호르몬의 필수 구성성분으로 단백질대사와 효소 활성 조절, 기초대사율 결정에 관여한다. 요오드의 과잉과 결핍은 모두 유해한 증상을 나타내므로 적절한 공급이 중요하다. 과잉은 갑상샘종, 갑상샘 항진증, 결핍은 갑상샘종, 갑상샘 저하증을 유발한다. 평균필요량은 6~8세 남녀 75㎍, 9~11세 남아 85㎍, 여아 80㎍으로 책정되었다. 급원 식품으로는 다시마, 미역, 김 같은 해조류와 멸치, 굴 등의 어패류에 풍부하게 함유되어 있다.

표 6-10 미량 무기질 영양소 섭취기준

성별	연령(세)	철(mg/day)			아연(mg/day)			구리(㎍/day)			요오드(㎍/day)		
		평균 필요량	권장 섭취량	상한 섭취량	평균 필요량	권장 섭취량	상한 섭취량	평균 필요량	권장 섭취량	상한 섭취량	평균 필요량	권장 섭취량	상한 섭취량
남	6~8	7	9	40	5	5	13	360	470	3,700	75	100	500
	9~11	8	11	40	7	8	19	470	600	5,500	85	110	500
여	6~8	7	9	40	4	5	13	310	400	3,700	75	100	500
	9~11	8	10	40	7	8	19	420	550	5,500	80	110	500

3. 아동기의 식생활 관리

아동기에 적절한 영양공급을 받지 못하는 경우 육체적, 정신적 성장과 학업 성취에 부정적인 영향을 미치므로 영양관리는 매우 중요하다.

경제발달과 의학발달로 인해 식품 선택의 폭이 넓어졌으며 영양결핍으로 인한 질환발병률이 감소하고 서구화의 영향으로 동물성 식품과 인스턴트 식품의 섭취가 증가하는 등 식생활의 변화가 나타났다. 따라서 다양한 식재료를 이용한 식사와 간식으로 아동의 성장 발달에 맞는 필요한 영양소를 제대로 공급받아야 한다. 충분한 에너지 공급을 위해 3끼의 균형 잡힌 식사 외에 부족한 영양소를 보충하기 위한 간식으로 영양밀도가 높은 식품을 선택하며 과다한 에너지 섭취로 인해 지방이 축적되지 않도록 고지방 식품은 적절히 조절하도록 한다. 특히 아침식사는 학습활동에 영향을 미치므로 결식이 되지 않도록 주의한다.

아동기에는 1일 식사 구성안에 맞추어 2컵의 우유를 반드시 섭취하도록 권장하고 있으며 비타민과 미네랄, 섬유질이 풍부한 채소와 과일, 어육류, 난류, 콩 같은 성장에 필요한 단백질 식품의 적절한 섭취가 필요하다.

이 시기는 부모로부터 독립적인 학교생활의 시작으로 또래집단에 의해 가치관의 정립과 사고방식의 변화가 시작되는 시기이므로 식습관에도 많은 변화를 가져온다. 가령 친구들과 어울리며 새로운 식품에 접하게 되는 경우, 연예인의 기호에 따라 선택하게 되는 경우, TV 광고를 통한 호기심에 의해 섭취하게 되는 경우 등이 있다. 이런 경우 균형 잡힌 식품 섭취보다는 편중된 영양소 섭취의 우려가 크므로 관심을 갖고 올바른 식품 선택이 이루어질 수 있도록 지도해야 한다.

또한, 부모의 식습관은 자녀의 식습관에 직접적인 영향을 끼치므로 식품에 대한 선호도가 분명하게 나뉠 수가 있다. 그러므로 올바른 식습관 모델이 되기 위해 정확한 영양지식과 정보를 알아 두고 실천하는 모습으로 노력해야 한다.

4. 학교급식

어린 시절의 올바른 식습관은 건강한 성인으로 성장하는 기초가 된다. 어린이 영양교육의 목적은 음식과 질병과의 관계에 관한 지식을 습득해 식생활에 적용시키고 영양 불균형으로부터 오는 질병의 위험을 감소시키는데 있다. 학교급식은 균형 있는 영양식을 제공해 아동의 건강유지, 체위향상, 올바른 식습관 형성, 식사예절, 식량 영양수급의 배분 효과에 기여했다. 우리나라 학교급식은 점심 한 끼의 완전 식사 형태로 제공되며 학교급식의 영양 기준량은 1일 권장량의 1/3 이상으로 가정에서 결핍되기 쉬운 영양소를 보완하도록 공급 기준이 정해져 있다. 학교급식 시 영양교육의 내용은 영양지식, 편식지도, 식사예절지도, 안전지도, 생활질서지도로 친구들과의 인간관계에 의한 사회성 훈련과 편식 교정, 부적당한 가정 식사 시 학교급식을 통한 보완, 식사태도 등의 지도가 가능하다는 점이 학교급식의 장점이며 학생 뿐 아니라 교직원, 학부모들에게도 가정 통신문을 이용해 식품, 영양, 위생, 건강교육을 실시하여 가정을 대상으로 식생활 교육을 하고 나아가 지역사회, 국민의 식생활 개선을 선도하여 학교급식의 목표를 달성할 수 있도록 해야 한다.

5. 아동기의 영양문제

(1) 성조숙증

성조숙증이란 성호르몬이 여아는 8세 이전, 남아는 9세 이전에 분비되어 사춘기 징후가 나타나는 현상을 말한다. 건강보험심사평가원 자료에 의하면 성조숙증 환자가 2012년 5만 5천명에서 2016년 8만 6천명으로 연평균 11.8% 증가한 것으로 보고하였다.

성조숙증의 주된 원인으로 비만이나 영양과잉, 인스턴트 식품 과다섭취, 환경호르몬, 정신적인 스트레스, 유전이 분석되고 있으며, 성장판이 빨리 닫혀 최종 키가 작아질 수 있고 성인이 되었을 때 유방암이나 조기폐경이 나타날 확률이 높다는 것이 문제점으로 지적된다.

성조숙증의 예방으로는 비만이 되지 않도록 꾸준한 운동과 올바른 식이 섭취를 권장한다. 콩 속에 함유되어 있는 이소플라본 성분은 체내에서 여성호르몬과 유사한 작용을 하여 성조숙증에 영향을 주므로 가급적이면 피하는 것이 좋으며, 인스턴트 식품, 패스트푸드처럼 화학물질이 많이 함유된 식품은 내분비계 기능을 방해하여 호르몬 교란을 일으킬 수 있으므로 최대한 적게 섭취하고 채소, 율무, 멸치, 저지방우유 등 성조숙증을 예방하는 데 효과적인 음식을 먹는 것이 좋다.

Tip 성조숙증에 걸릴 확률이 높은 경우

1. 아이와 아이의 부모가 비만하고 키가 작다.
2. 지방이 많고 콜레스테롤이 높은 음식을 자주 먹는다.
3. 인스턴트 음식을 선호하고 환경호르몬에 노출이 잦다.
4. 가정불화, 학업부담 등 정신적인 스트레스에 시달린다.
5. TV 시청, 인터넷 게임 등 시각적인 자극이 심하다.
6. 생활이 불규칙하고 늦게 자는 등 수면양이 적다.
7. 체중미달로 태어났거나 모유를 제대로 못 먹었다.
8. 몸에 열이 많은 체질이거나 알레르기 질환이 있다.
9. 일조량이 많은 곳에 살거나 1년 이상 머물렀다.

(2) 철 결핍성 빈혈

아동기는 급성장 속도에 맞춰 혈액량의 필요량이 증가하고 여아의 아동 후반기에는 초경이 시작되어 혈액 손실로 인해 더 많은 요구량이 증가하게 되는데 편식, 결식과 같은 잘못된 식사습관이나 무분별한 체중감량 등으로 인해 철 결핍성 빈혈의 발생빈도가 높게 나타나게 된다. 콩, 고기, 생선 등과 같은 단백질 함량이 많은 식품과 조혈에 관계하는 비타민 섭취를 위해 철분 함량이 많은 녹색 채소 등의 다양한 식품 섭취가 요구되며 패스트푸드, 가공 식품의 섭취는 줄이는 것이 바람직하다. 철분의 흡수율은 비헴철 5% 이하, 헴철 15~20%로 보고된 바 있어 철분의 바람직한 영양상태를 유지하기 위해 동물성 철분의 섭취량을 증가하는 것을 권장한다. 또한, 비헴철은 비타민 C와 함께 섭취 시 흡수율을 증가시킬 수 있다.

(3) 과체중과 아동비만

비만이라 함은 체중의 증가만을 의미하는 것이 아니라 섭취에너지가 소비에너지보다 많아 체내에 축적되는 지방량이 평균체중의 20%를 넘어섰을 경우를 말한다. 특히 아동의 경우, 성장과 함께 신체지방량이 증가하는 시기로 과다한 에너지 섭취 대비 운동부족은 지방의 축적량을 증가시켜 비만 유병률을 높이기 쉽다.

2020년 국민건강영양조사 소아청소년 비만 통계결과에 따르면, 소아청소년(만 6~11세) 비만 유병률이 5기(2010~2012) 10.3%에서 8기(2019~2020) 13.1%로 증가하였다. 성별에 따른 비만 유병률의 차이를 보면 남아(만 6~11세)는 5기(2010~2012) 12.5%에서 8기(2019~2020) 13.6%로 1.1% 증가한 반면, 여아(만 6~11세)는 8.0%에서 12.7%로 남아에 비해 4.7% 크게 증가한 것으로 나타났다.

표 6-11 소아청소년 비만 유병률*(2010~2020) (단위: %)

구 분		2010~2012(5기)		2013~2015(6기)		2016~2018(7기)		2019~2020(8기)	
		명수	분율(표준오차)	명수	분율(표준오차)	명수	분율(표준오차)	명수	분율(표준오차)
전체(세)	6~18	3,981	10.2(0.6)	3,330	10.3(0.6)	3,225	11.6(0.7)	1,935	14.8(1.1)
	6~11	1,966	10.3(0.8)	1,608	8.7(0.7)	1,674	10.5(0.9)	1,018	13.1(1.2)
	12~18	2,015	10.1(0.8)	1,692	11.5(0.9)	1,551	12.4(1.0)	917	16.2(1.6)
남자(세)	6~18	2,124	11.1(0.9)	1,747	11.3(0.9)	1,647	12.3(1.0)	1,033	16.6(1.4)
	6~11	1,035	12.5(1.3)	852	9.3(1.1)	844	11.8(1.3)	530	13.6(1.6)
	12~18	1,089	10.2(1.2)	895	12.7(1.2)	803	12.6(1.4)	503	18.9(2.0)
여자(세)	6~18	1,857	9.2(0.9)	1,553	9.3(0.9)	1,578	10.9(0.9)	902	12.9(1.5)
	6~11	931	8.0(1.0)	756	8.1(1.0)	830	9.2(1.1)	488	12.7(1.9)
	12~18	926	10.0(1.3)	797	10.1(1.2)	748	12.2(1.3)	414	13.0(2.1)

* 소아청소년 비만 유병률: '2017년 소아 · 청소년 성장도표' 연령별 체질량지수 기준 95백분위수 이상인 분율, 만 6~18세

이러한 현상은 풍부한 식품공급과 식품산업의 발달로 인해 식품선택의 폭이 넓어지면서 나타났다. 아동의 경우 과자, 패스트푸드, 음료수 등의 잦은 섭취로 에너지섭취는 증가한 반면 실외활동보다 TV, 컴퓨터, 핸드폰 등의 실내활동을 주로 하여 신체활동이 뚜렷하게 감소하였고, 이로 인해 비만의 유병률이 증가하였다. 아동비만은 성인비만에서 나타나는 고지혈증, 지방간, 고혈압, 당뇨 같은 성인병이 나타날 수 있고 특히 고도비만아는 고지혈증(61%), 지방간(38%), 고혈압(7%), 당뇨(0.3%) 등 78% 이상이 한 개 이상의 합병증을 가지고 있어 아동비만이 건강을 해칠 수 있다는 심각성을 보여주고 있다.

특히 6세부터는 체중이 키보다 빠르게 증가해 체지방이 증가하므로 4세~11세 사이 시작된 비만의 대부분은 성인비만으로 진행하여 고도비만으로 되는 경우가 많으므로 주의가 필요하다.

아동비만은 성인비만과 달리 성장기에 나타나는 것으로 소아비만의 치료 시 주의할 점은 첫째, 비만아동의 치료는 체중감량보다 비만도의 감소가 목표가 되어야 한다. 둘째, 정신적으로 미성숙한 상태로 반드시 부모들의 적극적인 협조가 필요하다. 셋째, 성장에 영향을 미치는 극단적인 저칼로리 요법은 시행하지 않는다. 넷째, 약물요법은 원칙적으로 비만아동에게 사용하지 않는 것이 바람직하다.

아동 비만의 치료 방법은 다음과 같다.

1) 식사요법

성장기임을 기억하여 800kcal 이하의 초저열량식사와 800~1,000kcal의 저열량식사는 체위성저혈압, 성장장애, 질소 손실, 탈모, 부정맥의 우려가 있어 무리한 식사량 조절은 피하도록 한다. 성장에 필요한 단백질을 충분히 섭취시키고 탄수화물과 지방은 가급적 적게, 그리고 짜지 않는 식사를 제공한다. 체중은 6개월~1년에 걸쳐 서서히 감량되도록 에너지 섭취를 줄이고 에너지 소비를 늘리도록 하는 것이 바람직하다. 규칙적이고 균형 있게 1일 3식을 먹고 식사는 천천히, 간식은 전체 열량의 10% 내에서 부족한 영양소를 공급받을 수 있는 것으로 선택하며 포화지방산 함량과 열량이 높은 패스트푸드나 나트륨 함량이 많은 가공 식품은 가급적 적게 섭취하도록 한다.

비타민, 무기질 함량이 풍부한 과일과 섬유소가 풍부한 채소는 충분히 섭취해야 하나 과다한 과일 섭취는 과일 자체의 과당섭취로 인하여 에너지 섭취가 증가할 수 있으므로 적당량 섭취를 권한다. 조리 시에는 동물성 지방은 제거하고 조리하며 기름을 많이 사용하는 조리는 피하고 버터, 돼지기름과 같은 동물성 지방보다 식물성 기름을 사용하며 설탕, 꿀, 물엿 등의 사용은 하지 않는 것이 좋고 설탕과 소금 대신 식초, 생강, 레몬 등의 향신료나 양념류를 적절히 사용하는 것이 좋다. 신호등 식사요법의 교육 활용으로 아동과 보호자가 함께 비만해결에 참여할 수 있도록 하는 것도 도움이 된다[표 6-12].

표 6-12 소아 비만환자를 위한 신호등 식사요법

식품군	초록군(자유롭게 섭취)	노랑군(과식은 삼가)	빨강군(되도록 삼가)
채소군	오이, 당근, 배추, 무, 김, 미역, 다시마, 버섯 등		샐러드(마요네즈 사용)
과일군	레몬	사과, 귤, 배, 수박, 감, 과일주스, 토마토	과일통조림
어육류군 (콩류 포함)	기름기 걷어낸 맑은 육수	기름기를 제거한 육류, 껍질을 제거한 닭고기, 생선 구이나 생선찜, 달걀, 두부	튀긴 육류(치킨, 돈가스)
우유군		흰 우유, 두유, 분유, 치즈	가당 우유(초코, 딸기 우유)
곡류군		밥, 빵, 국수, 떡, 감자, 고구마	고구마튀김, 도넛, 감자튀김, 맛탕
지방군			마가린, 버터, 마요네즈
기타	녹차	잡채	아이스크림, 설탕, 사탕, 꿀, 콜라, 과자류, 파이, 케이크, 초콜릿, 양갱, 젤리, 유자차, 꿀떡, 약과, 피자, 핫도그, 햄버거

2) 운동요법

아동의 대부분이 많은 시간을 학원이나 학습에 할애하고 있으며, 실외활동이 줄고 TV 시청, 컴퓨터게임, 스마트폰 이용과 같은 실내 활동이 증가하면서 에너지 소비량은 감소하고 있다. 비만하면 조금만 움직여도 호흡이 가파르게 되어 운동을 회피하게 되고 소비에너지가 감소되어 다시 비만이 되는 악순환을 가져오게 된다. 따라서 에너지 소비량을 증가시키기 위해선 다양한 형태의 활동으로 활동량을 증가시키는 것이 비만예방에 도움이 된다. 성인과 달리 오랜 시간 꾸준히 운동하기가 어려우므로 아동이 재미있어 하고 꾸준히 할 수 있는 종목을 스스로 선택하도록 한다. 또한 운동일지 작성을 통해 꾸준히 운동을 진행하도록 하는 것도 좋은 방법이다.

3) 행동교정요법

비만을 야기하는 식사습관이나 생활습관을 교정하여 섭취량을 감소시키고 에너지 소모량을 증가시키는 방법이다. 예를 들면, 폭식 습관을 천천히 먹는 것으로 바꾸기, 가까운

거리는 걸어서 이동하기, 혼자보다 여럿이서 식사하기, TV나 라디오 시청 시 간식을 섭취하지 않기, 급하게 식사하지 않기 등과 같은 방법 등을 사용하는 것도 바람직하며 체중감량의 효과를 장기간 유지하기 위해서는 가족의 참여로 가족의 행동과 환경을 변화시키는 것이 무엇보다 중요하다.

4) 심리요법

비만 아동은 친구관계나 이성관계에 있어 열등감과 우울증, 대인기피증, 학습장애, 신체장애 등이 나타나기 쉬우므로 더욱더 비만을 가속화시키는 환경에 놓이게 된다. 따라서 소아정신과 의사의 상담과 가족은 물론이고 주변의 관심과 격려가 필요하다.

(4) 충치

구강 내 음식 찌꺼기가 남으면 치아표면에 생성된 세균막인 플라크(plaque)를 이루고 있는 세균(streptococcus mutans)에 의해 입안에 남아있는 설탕이나 전분 등이 분해된다. 이때 발생하는 산이 치아면의 법랑질을 공격하여 치아가 손상되면서 충치가 발생한다.

당류가 많이 함유된 식품과 음료수, 요구르트는 충치를 쉽게 유발하므로 주의해야 한다. 반면 섬유소는 플라크를 제거하여 충치발생을 낮추므로 섬유소가 많은 채소와 과일 섭취를 권장한다. 세균에 대한 저항력 증진과 튼튼한 치아를 만들기 위해 단백질 식품과 지방의 충분한 섭취가 필요한데 이는 치아의 표면에 막을 형성하여 충치유발을 낮추어 주기 때문이다. 또한, 불소는 입안의 미생물이 당분을 분해하여 만들어 내는 산에 저항하여 산에 의해 치아에 구멍이 생기는 것을 막아 주므로 불소를 사용하는 것도 방법이다. 탄산수나 설탕이 들어간 간식섭취 시에는 바로 헹구어 내거나 3분 이내에 양치질을 하는 것이 좋다.

(5) 주의력결핍 · 과잉행동장애

1902년 영국의 소아과 의사 조지 스틸(G. F. Still)이 과다행동 성향을 보고하면서 그러한 증세를 의학적 질환으로 추정하였고 1987년 미국정신과협회(american psychiatric association, APA)에서 '주의력결핍 · 과잉행동질환(attention deficit hyperactivity disorder, ADHD)' 이라 정의하였다. ADHD는 한국과 미국의 소아청소년 정신과에서 가장 흔하게 진단하고 있는 아동 · 청소년 정신과적 장애 중 하나로 학령기 아동의 약 3~7%에서 유병률을 보이며 주의산만(inattention), 과잉행동(hyperactivity), 충동성(impulsivity) 등의 3대 증상을 보여 학교생활과 가정생활에 지장을 초래하고 있다. 주목해야 할 것은

ADHD 아동의 80%가 청소년기에도 같은 증상을 보이며, 많게는 50~75%의 아동이 성인기에도 ADHD 증상을 보인다는 점이다. 주로 여아보다 남아들에게서 4~10배 정도 더 많은 것으로 알려져 있다.

샤르트(Schardt, 2000)와 벤트립(Bentrup, 2011)의 연구에서는 식품이 ADHD 아동의 행동장애 문제와 밀접한 관련이 있으며 전체 아동의 5% 정도는 영양 불균형으로 인한 증상을 보이고 있다고 하였다. 또한, 정영숙(2013)의 연구에서도 ADHD 아동의 식생활 행동은 식품과 밀접한 관계가 있고 상대적으로 영향력도 큰 것으로 나타났으며 과잉 행동으로 인해 고칼로리를 필요로 하고 그로 인해 과식 및 폭식을 동반하는 것으로 추론하였다. 1970년대 소아과의사 파인골드(Fein Gold)는 식품첨가물 중 살리실레이트(salicylate)가 아동의 과다행동증의 원인이라고 지적한 바 있어 인공향과 색소가 많이 함유된 식품의 자제가 필요하다.

CHAPTER

07 청소년기 영양

01 청소년기 특징

02 영양소 섭취기준

03 청소년기의 식생활 관리

04 청소년기의 영양문제

1. 청소년기 특징

청소년기(adolescence)는 'adolescere'라는 라틴어에서 유래되었으며 '성장한다', '성숙되다' 란 뜻으로 보통 만 12~18세를 말한다. 청소년기는 아동기에서 성인기로 전환되는 과정이며 2차 성징으로 인한 급격한 신체변화와 내적혼란을 경험하고 자아정체성확립이 수립되는 학동기와 성인기 사이이다. 또한 성인이 되기 위해 성호르몬의 분비로 성적성숙이 시작되는 사춘기를 말한다. 사춘기(puberty)의 용어 또한 '어른의 시대' 라는 의미의 라틴어 'pubertas' 에서 유래되었으며 청소년기의 첫 단계를 말한다.

(1) 신체 발달

청소년기 성적성숙은 초기에 신장과 체중의 급성장이 약 2년 정도 진행된다.

성장과 발달은 뇌하수체에서 분비되는 갑상샘호르몬, 부신피질호르몬, 생식호르몬, 성장호르몬 등 성장에 관계되는 호르몬들의 활동을 자극하면서 2차 성징이 나타난다. 따라서 사춘기의 시작과 성장완료시기는 생리적 변화의 시작과 지속기간에 따라 개인마다 다르다. 이 시기의 신장과 체중은 연령이 증가할수록 남녀 모두 증가하며 특히, 남학생이 여학생에 비해 동일 연령에서 신장과 체중이 더 크고, 증가폭도 더 크다[표 7-1].

송(2006) 등의 연구에서는 체질량 지수(body mass index, BMI)에 있어서 남학생은 차이가 없지만 여학생은 학년이 높을수록 유의적으로 높았고 아동기 후반부터 청소년기 전반기에는 빠른 성장과 함께 신체조성의 변화가 급격하게 나타나는 시기로 신체조성의 변화는 남녀 차이가 확연히 나타나고 있다고 하였다. 남학생은 연령이 증가할수록 체지방 비율이 감소하고 제지방량이 큰 폭으로 증가하며 여학생은 제지방과 체지방량 모두 꾸준히 증가했다고 발표했다.

이렇듯 성장과 같이 성별의 차이가 나는 것은 청소년기의 성적호르몬인 테스토스테론과 에스트로겐 수준이 증가하면서 골형성에 영향을 주어 여성의 성적성숙이 남성보다 먼저 이루어지는 것과 밀접한 관련이 있다고 본다. 또한, 베일리(Bailey, 1999)의 연구에 따르면 평균 12~14세 성장기 아동을 대상으로 6년간 골무기질 증가와 신체활동과의 관련성 연구를 실시한 결과, 청소년기 골무기질 함량 최고치가 남학생은 14세, 여학생은 12.5세로 여학생이 남학생보다 골밀도 성장이 먼저 시작하고 먼저 끝나며 남학생은 조금 늦게 성장하기 시작해 더 많이 성장하는 패턴을 보이는 것으로 보고하였다.

청소년 시기에는 근육 발달로 인해 강력한 힘과 운동력에 변화를 보인다. 남학생들은 크기에 비례해 어깨가 넓어지기 시작하고 심장과 폐가 더 발달해 심장의 운동이 활발해지며 혈관 내 산소 운반 능력과 근육 운동 후 분비되는 젖산을 중화시키는 능력이 뛰어나게 된다.

표 7-1 학생 건강검사 표본통계 결과(2019)

학교 급별 평균 신장(키) 현황 (단위: ㎝)

구분	성별	2019	차이('19~'18)	2018	2017	2016	2015
초등학교 6학년	남	152.1	-0.1	152.2	151.9	152.1	151.4
	여	152.3	0.1	152.2	152.3	152.3	151.9
중학교 3학년	남	170.5	0.3	170.2	170.1	170.0	169.7
	여	160.4	0.1	160.3	159.9	159.8	159.8
고등학교 3학년	남	174.0	0.2	173.8	173.5	173.5	173.5
	여	161.2	0.3	160.9	160.8	160.9	160.9

학교 급별 평균 체중(몸무게) 현황 (단위: kg)

구분	성별	2019	차이('19~'18)	2018	2017	2016	2015
초등학교 6학년	남	48.8	-0.3	49.1	48.1	48.2	46.6
	여	46.1	0.1	46.0	45.8	45.5	45.2
중학교 3학년	남	65.3	0.7	64.6	63.6	63.7	62.3
	여	55.3	-0.1	55.4	54.5	54.4	54.4
고등학교 3학년	남	71.5	0.2	71.3	71.0	70.0	69.4
	여	58.0	0.5	57.5	57.8	57.2	57.1

(2) 기관과 조직발달

청소년시기 동안 심장의 무게는 약 2배 정도 증가하며 심장의 크기는 남학생이 여학생보다 더 크다. 평균 심박동수는 남학생이 여학생보다 분당 5맥박 정도 느리며 맥박은 사춘기 이전 단계부터 점차 증가해 사춘기 직전에 최고에 이르고 점차 감소한다.

폐의 발달은 심장과 마찬가지로 성장하며 폐활량 측정 시 약 11.5세 이후부터는 남학생이 여학생보다 가슴이 더 크고 운동량이 많아 전 성장기간 동안 많다.

뇌의 발달에 있어서는 뇌의 무게가 성인의 95%에 이르러 청소년기에는 거의 성장하지 않는다.

(3) 성적성숙

사춘기의 성적성숙과 관련된 요인으로 유전, 호르몬, 영양상태, 심리상태, 신체적 활동 정도, 비만, 가정환경 등이 있다. 특히, 영양상태는 성 성숙 개시시기, 성장속도, 신체구성분 등을 결정하는 중요요인이다.

사춘기의 성적성숙 정도는 영국의 소아과 의사 제임스 태너에 의해 개발된 '태너 스테이지(Tanner stage)' 척도를 이용하여 연령에 관계없이 겉으로 보이는 성징을 기반으로 신체 발달 정도를 가늠하는 데 사용한다. 1~5단계로 구분하고 남성의 성기, 여성의 유방, 남녀 음모의 크기나 발달정도를 기준으로 판단한다[표 7-2].

표 7-2 로렌스 나인스타인 MD가 정한 태너 스테이지

	stage	태너 척도
음모	1	보통 10살 이하 음모 없음(사춘기 전 상태)
	2	음경과 음낭의 기저부 또는 대음순 색소침착과 함께 약간의 길고 솜털 같은 털
	3	털이 더 거칠고 구불구불해지며 옆쪽으로 뻗쳐나가기 시작
	4	성인 같은 털의 양상, 음부에 걸쳐 있으나 내측 허벅지엔 없음
	5	털이 허벅지 내측까지 뻗침
성기 (남)	1	사춘기 전
	2	음낭피부는 얇고 붉으며 음경길이 변화 없음
	3	고환이 더욱 커지고 음경은 6cm 정도로 커짐
	4	고환은 더욱 커지고 검어지며 음경은 10cm 정도로 커짐
	5	성인의 고환, 음경 15cm 정도로 커짐
유방 (여)	1	사춘기 전
	2	유방 발달 시작시기. 가슴에 몽우리가 생기며 작게 주위에 샘조직 있으며 유륜이 넓어짐
	3	유방이 좀 더 봉긋하고 유륜 경계 너머로 확장, 유륜은 더욱 커지거나 평평해짐
	4	유방의 크기가 커지고 더 봉긋해짐, 유륜과 유두가 2차 몽우리를 만듦
	5	성인의 크기와 같아짐. 유륜은 피부와 비슷한 편평도를 가지며 중장에 유두가 솟아 있음

위의 [표 7-2]를 통해 태너 스테이지(Tanner stage)의 2단계부터가 2차 성징을 보이는 사춘기의 시작으로 보고 있음을 알 수 있다. 장(2007)의 '성 성숙 속도가 다른 사춘기 초기 여아의 체구성 및 식생활 비교연구' 에서는 사춘기 시작단계인 2단계의 평균연령은 11.3세, 여성의 음모성숙은 11.7세로 조사되었다.

흑인, 백인, 중국의 여아는 8세~11세로 우리나라보다 성 성숙 개시시기가 빠른 것으로 나타났으며 성숙이 빠른 그룹이 성숙이 늦는 그룹에 비해 과체중 위험군과 과체중군의 비율이 높은 것으로 나타났다.

그림스톤 외(Grimston et al, 1991)와 크리스티안센 외(christiansen C et al, 1979)의 연구에서는 성 성숙도에 따른 골밀도 변화에 있어 남자는 15~18세에 이를 때까지 지속적인 골밀도 증가가 일어나나 여자는 15~16세부터 골량 형성이 급속히 감소하는 것으로 나타났다. 이는 태너 스테이지(Tanner stage) 변화 동안 여자에 비해 남자가 체중과 신장의 변화가 더 현저하기 때문으로 추측되며 여아가 남아에 비해 사춘기가 먼저 시작되고 사춘기 때 성호르몬 증가와 관계가 있는 것으로 보아 사춘기에 골밀도 증가가 두드러지게 나타나는 것으로 연구되었다. 청소년 여아에 있어서는 가장 큰 발달부위가 가슴(흉위)과 골반(골반횡경)의 성장으로 나타나고 있다.

(4) 성숙과 관련된 호르몬

1) 테스토스테론

테스토스테론(testosterone)은 남성호르몬으로 근육량을 증가시키고, 수염, 음모 생성, 음성 변성에 영향을 주며 생식선과 전립선, 음경과 성기의 성장을 통해 정자 생성에도 영향을 준다. 남성의 고환에서 분비되는 스테로이드계 호르몬으로 여성의 경우 부신과 난소에서 소량이 생성된다.

2) 에스트로겐

에스트로겐(estrogen)은 그리스어로 'oestros(성욕)'과 'gennao(생기다)'의 합성어로 생식에 관련된 여성호르몬이며 난소와 태반에서 주로 분비되고 남자의 경우 정소에서도 소량 분비된다. 유방조직을 증식시켜 여성의 2차 성징에 직접적으로 관여하며 자궁내막의 혈관을 발달시켜 자궁, 나팔관, 질의 유지를 돕는다. 또한, 체단백질을 증가시키고 피하지방을 축적시킨다. 이 외에 많이 분비되면 골단폐쇄를 일으키는 호르몬으로 여성의 경우 생리를 시작한 후 키의 성장이 둔화되는 것도 이런 이유이다.

3) 프로게스테론

프로게스테론(progesteron)은 난소 안에 있는 황체에서 분비되어 임신을 유지시키는 임신호르몬으로 에스트로겐과 함께 생식주기를 조절하며 자궁조직 형성에 영향을 준다. 임신기에는 태반에서 분비되어 임신유지에 기여한다.

4) 안드로겐

안드로겐(androgen)은 주로 남성 생식계의 성장과 발달에 영향을 주는 호르몬들을 총칭하며 청소년기에 분비되며 단백질의 합성을 증가시키고 정세포의 형성과 성적흥미, 행동을 유지한다. 음모나 수염, 가슴 털을 자라게 하거나 머리카락을 잘 자라지 못하게 해서 대머리를 만들기도 한다. 신장의 무게와 크기, 골조직에서의 단백질 증가, 적혈구세포의 재생, 피부색소의 유지, 땀과 피지선의 활동증가에 관여한다. 안드로겐의 분비는 13~16세에 최고조에 이른다.

(5) 심리적 성장과 발달

청소년기는 신체적, 생리적 발달로 인한 심리적 혼란으로 오는 불안과 그에 대처하는 방어기술을 습득하는 시기로 자기 의견을 강하게 고집하거나 반항과 우울감, 고독감, 열등감 등의 불안정한 정서적 변화를 보인다. 2021년 청소년건강행태조사 통계결과에 의하면 남학생의 32.3%와 여학생의 45.6%는 스트레스를 많이 느끼고 있고, 고등학생이 중학생보다 스트레스가 더 많았다. 또한, 고학년일수록 높은 경향을 보였다. 우울감 역시 고등학생이 중학생보다 더 많이 느끼고 있으며 여학생(31.4%)이 남학생(22.4%)보다 높았으며 2020년 대비 스트레스 인지율과 우울감 경험률이 증가한 것으로 나타났다.

청소년 시기는 정체성 혼란(identity confusion)의 과정을 겪으며 부모, 교사, 연예인, 친구 등을 통해 자아정체성을 형성한다. 특히 자아정체성 확립에 있어 또래집단이 성인관계의 기초로서 매우 중요한 역할을 하고 있다. 사춘기 이전에는 친구관계가 동성의 구성원들로 제한되는 경향이 있으나 청소년 시기에는 이성에 대한 자아의식과 열망이 증대된다.

(6) 지능과 인지 발달

사춘기는 성인기 지식을 계속 습득해 이용하는 능력이 절정에 이르는 기간이며, 양적 및 질적 성장이 일어나 어렵게 해결했던 문제들을 아동기에 비해 빠르게, 효과적으로 수행하는 능력을 갖추게 된다. 청소년들의 지능은 성별에 따라 약간의 차이가 있다.

맥코비와 재클린(Maccoby & Jacklin,1987)의 성별차이에 관한 심리연구에서도 여학생의 경우 남학생에 비해 언어능력에서 앞서고, 남학생이 시·공간적 과제에 대한 처리능력과 수학능력이 더 앞선다는 것을 볼 수 있다.

한편, 정탁준의 연구에 따르면 청소년들은 주위 사람들이 나의 생각과 행동에 관심을 갖는다는 상상적 청중과 자신의 생각과 행동이 특별하다고 믿는 개인적 우화의 관념이 높을수록 자아존중감과 자아정체성 확립이 낮은 경향을 보인다고 하였다.

2. 영양소 섭취기준

청소년기는 12~14세, 15~18세로 구분하였으며 청소년은 성인과 동일한 체질량지수 기준을 적용하기 어렵기 때문에, 각 연령군의 체질량지수와 신장의 중위수를 산출하여 체위기준을 설정하고 이를 사용하여 영양소 섭취기준을 제시하였다.

(1) 에너지

우리나라 청소년의 신체활동수준은 대부분의 학업시간으로 인해 대체적으로 부족하여 저활동적 신체활동 단계계수를 적용해 에너지 소비량에 성장과 발달에 필요한 에너지를 고려해 설정하였다. 남학생 12~14세는 2,500㎉, 15~18세는 2,700㎉, 여학생에 있어서는 12~18세까지 동일하게 2,000㎉ 섭취를 권장하고 있다[표 7-3]. 탄수화물의 에너지 적정 비율은 남녀 모두 55~65%이다.

표 7-3 청소년의 영양소 섭취기준 설정을 위한 체위기준과 다량 영양소 섭취기준

성별	연령(세)	신장(㎝)	체중(㎏)	에너지(㎉/day)	탄수화물(g/day)		단백질(g/day)	식이섬유(g/day)
				필요추정량	평균필요량	권장섭취량	권장섭취량	충분섭취량
남자	12~14	161.2	52.7	2,500	100	130	60	30
	15~18	172.4	64.5	2,700	100	130	65	30
여자	12~14	156.6	48.7	2,000	100	130	55	25
	15~18	160.3	53.8	2,000	100	130	55	25

(2) 탄수화물

에너지의 55~65%를 권장하며 케토시스를 방지하기 위해 평균필요량은 남녀 100g/day로 설정하였고 권장섭취량도 청소년 남녀 모두 130g/day로 설정하였다.

(3) 단백질

청소년 시기는 성장 급등기로 적정 단백질 부족은 성장지연을 초래한다. 따라서 어떤 영양소보다 체중 kg당 권장섭취량을 섭취하는 것이 중요하며 [표 7-4]와 같이 9종류의 필수아미노산의 적정섭취수준도 사춘기에는 중요하다. 성장 시기에 따라 남녀별 권장섭취량에

차이를 두었고 [표 7-3]과 같이 남학생의 12~14세는 60g/day, 15~18세는 65g/day, 여학생은 모두 55g/day로 섭취하도록 권장하였다. 단백질의 에너지 적정비율은 7~20%이다. 대표적인 단백질 급원 식품으로는 동물성 식품으로 쇠고기, 돼지고기, 닭고기, 생선류, 우유, 치즈, 달걀과 식물성 식품으로 대두가 있다. 끼니마다 단백질 반찬 반찬을 섭취하고 유제품을 2회/1일 섭취 시 필요량은 충족된다.

표 7-4 2020 한국 청소년 필수아미노산 영양소 섭취기준(g/day)

연령(세)		12~14		15~18	
성별		남	여	남	여
히스티딘(H)	평균필요량	0.7	0.6	0.9	0.6
	권장섭취량	0.9	0.7	1.0	0.7
이소류신(I)	평균필요량	1.0	0.8	1.2	0.8
	권장섭취량	1.2	1.0	1.4	1.1
류신(L)	평균필요량	2.2	1.9	2.6	2.0
	권장섭취량	2.7	2.4	3.2	2.4
라이신(K)	평균필요량	2.1	1.8	2.3	1.8
	권장섭취량	2.5	2.2	2.9	2.2
메티오닌(M) + 시스테인(C)	평균필요량	1.0	0.8	1.2	0.8
	권장섭취량	1.2	1.0	1.4	1.1
페닐알라닌(F) + 티로신(Y)	평균필요량	1.8	1.6	2.1	1.6
	권장섭취량	2.3	1.9	2.6	2.0
트레오닌(T)	평균필요량	1.0	0.9	1.2	0.9
	권장섭취량	1.3	1.2	1.5	1.2
트립토판(W)	평균필요량	0.3	0.2	0.3	0.2
	권장섭취량	0.3	0.3	0.4	0.3
발린(V)	평균필요량	1.2	1.2	1.5	1.2
	권장섭취량	1.6	1.4	1.8	1.4

(4) 식이섬유

대변의 부피를 늘리고 변비 예방을 위해 청소년기 남학생 충분섭취량을 30g, 여학생 25g으로 설정하였다.

(5) 지질

적정한 지방 섭취는 에너지 섭취수준의 15~30%이며 청소년 시기에 2차 성징을 나타내는 성호르몬 분비에 있어 중요하다. 지방의 과잉섭취는 뇌, 심혈관 질환, 비만, 이상지혈증, 당뇨, 고혈압 같은 대사증후군이 나타날 수 있고 적정량 이하 섭취 시 성장지연, 피부염 등이 유발될 수 있다.

현대사회는 지방의 결핍보다는 과잉으로 인한 질병의 노출이 더 심각한 상황이므로, 과잉섭취가 되지 않도록 식이지침에 따른 적절한 양의 섭취가 필요하다.

(6) 비타민

1) 지용성 비타민

지용성 비타민 A, D, E, K의 영양소 섭취기준은 [표 7-5]와 같다.

① 비타민 A

평균필요량은 간의 적정저장량에 대한 계산으로 대사체중을 이용하여 성인의 자료를 근거로 설정하였다. 1일 평균필요량은 남학생 12~14세 530㎍ RAE, 15~18세 620㎍ RAE, 여학생 12~14세 480㎍ RAE, 15~18세 450㎍ RAE으로 책정하였다.

② 비타민 D

청소년 시기는 골격성장이 꾸준히 진행되며 비타민 D는 정상적인 골격형성 외에 성 성숙과도 관련이 높다. 비타민 D는 햇볕에 의해서 체내 합성이 가능하며 1일 충분섭취량을 10㎍으로 책정하였다.

③ 비타민 E

비타민 E의 영양소 섭취기준은 성인의 충분섭취량을 근거로 청소년의 체중과 성장률을 고려해 설정하였다. 1일 충분섭취량으로 남학생과 여학생 모두 12~14세는 11mg α-TE, 15~18세는 12mg α-TE로 책정하였다.

④ 비타민 K

청소년에 대한 비타민 K 평균필요량 자료가 미흡하여 식사패턴과 체형이 우리나라와 비슷한 일본의 기준에 근거를 두고 설정하였다. 1일 충분섭취량으로 남학생은 12~14세, 15~18세 각각 70㎍, 80㎍으로 책정하였으며 여학생은 모두 65㎍으로 일괄 책정하였다.

표 7-5 지용성 비타민 영양소 섭취기준

성별	연령(세)	비타민 A (㎍ RAE/day)			비타민 D (㎍/day)		비타민 E (mg α-TE/day)		비타민 K (㎍/day)
		평균필요량	권장섭취량	상한섭취량	충분섭취량	상한섭취량	충분섭취량	상한섭취량	충분섭취량
남	12~14	530	750	2,300	10	100	11	400	70
	15~18	620	850	2,800	10	100	12	500	80
여	12~14	480	650	2,300	10	100	11	400	65
	15~18	450	650	2,800	10	100	12	500	65

2) 수용성 비타민

청소년기 수용성 비타민의 영양소 섭취기준은 [표 7-6, 7-7]과 같다.

① 비타민 C

1일 평균필요량은 12~14세 남녀 70mg, 15~18세 남녀 80mg이며, 권장섭취량은 남녀 12~14세 90mg, 15~18세 100mg으로 책정하였다.

② 티아민(비타민 B_1)

남녀 각각 20대 성인 기준 체중을 적용해 1일 평균필요량은 남학생 12~14세 0.9mg, 15~18세 1.1mg이며 여학생은 12~18세 0.9mg으로 책정하였다.

③ 리보플라빈(비타민 B_2)

성인의 필요량으로부터 체중비율을 고려하고 성장인자를 고려해 1일 평균필요량은 남학생 12~14세 1.2mg, 15~18세 1.4mg이며 여학생은 12~18세 1.0mg으로 책정하였다.

④ 니아신

성인 남녀 각각 20대 기준 체중을 적용해 1일 평균필요량은 남학생 12~14세 11mg NE, 15~18세 13mg NE, 여학생 12~18세 모두 11mg NE으로 책정하였다.

표 7-6 수용성 비타민 영양소 섭취기준

성별	연령(세)	비타민 C (mg/day)			티아민 (mg/day)		리보플라빈 (mg/day)		니아신 (mg NE/day)		
		평균필요량	권장섭취량	상한섭취량	평균필요량	권장섭취량	평균필요량	권장섭취량	평균필요량	권장섭취량	상한섭취량*
남	12~14	70	90	1,400	0.9	1.1	1.2	1.5	11	15	25
	15~18	80	100	1,600	1.1	1.3	1.4	1.7	13	17	30
여	12~14	70	90	1,400	0.9	1.1	1.0	1.2	11	15	25
	15~18	80	100	1,600	0.9	1.1	1.0	1.2	11	14	30

* 니코틴산 상한섭취량

⑤ 비타민 B_6

급원 식품과 섭취경향이 성인과 비슷하여 같은 연령대 성인의 필요량으로부터 체중비율과 성장인자를 고려하여 연령 구분 없이 남학생은 1.3mg, 여학생은 1.2mg으로 1일 평균필요량을 책정하였다.

⑥ 엽산

엽산은 새로운 세포분열이 활발히 일어나는 시기인 청소년기에도 부족하기 쉬운 영양소이다. 청소년기 남·여학생 1일 평균필요량은 12~14세 300㎍ DFE, 15~18세 330㎍ DFE로 책정하였다.

⑦ 비타민 B_{12}

20대 성인의 평균 체중을 적용하여 1일 평균필요량은 남학생 12~14세 1.9㎍, 15~18세 2.0㎍, 여학생은 12~14세 1.9㎍, 15~18세 2.0㎍으로 책정하였다.

표 7-7 수용성 비타민 영양소 섭취기준

성별	연령(세)	비타민 B_6(mg/day)			엽산(㎍ DFE/day)			비타민 B_{12}(㎍/day)	
		평균필요량	권장섭취량	상한섭취량	평균필요량	권장섭취량	상한섭취량	평균필요량	권장섭취량
남	12~14	1.3	1.5	80	300	360	800	1.9	2.3
	15~18	1.3	1.5	95	330	400	900	2.0	2.4
여	12~14	1.2	1.4	80	300	360	800	1.9	2.3
	15~18	1.2	1.4	95	330	400	900	2.0	2.4

(5) 무기질

1) 다량 무기질

청소년기 다량 무기질 영양소 섭취기준은 [표 7-8]과 같다.

① 칼슘

청소년 시기에 성장의 45%가 일어나며 사춘기 초기의 칼슘 흡수율은 34%로 사춘기 전보다 증가하며 사춘기 전반에 칼슘의 축적속도는 최대가 되고 이때 2년간에 성인기의 최대 골질량의 25%가 축적된다. 이 시기에는 성장속도가 성장기 다른 연령층과 비교하면 낮으며 특히, 여자의 경우 성장속도가 매우 낮아진 상태로 칼슘 흡수율을 45%로 적용해 칼슘축적과 소변, 피부를 통한 기본 손실량을 고려해 1일 평균필요량을 남학생 12~14세 800mg, 15~18세 750mg, 여학생 12~14세 750mg, 15~18세 700mg으로 책정하였다.

② 인

청소년기의 인의 영양소 섭취기준은 체내 증가량으로 지표를 삼아 연간 체중증가량, 체지방율, 뼈 무기질 증가량, 흡수율을 적용하여 남 · 여학생 모두 인의 1일 평균필요량으로 1,000mg, 권장섭취량으로 1,200mg을 책정하였다.

③ 나트륨

신장기능이 정상적이라면 나트륨 섭취가 많아도 나트륨 평형을 유지할 수 있어서 청소년기 모든 연령, 남녀 동일하게 1,500mg/day로 충분섭취량을 책정하였다.

2020 한국인 영양소 섭취기준 개정안에서는 비만, 당뇨, 심혈관계질환 등 만성질환의 증가 추세를 고려하여 만성질환 위험감소를 위해 나트륨의 만성질환위험감소섭취량(CDRR, chronic disease risk reduction intake)을 2,300mg/day로 책정하였다.

④ 칼륨

칼륨의 장기간 결핍은 고혈압, 골격의 탈무기질화, 신결석 같은 질환의 원인이 될 수 있고 체중 대비 에너지 섭취량이 많아지면 나트륨 섭취량이 많아짐으로 칼륨 필요량도 증가한다. 칼륨의 충분섭취량은 청소년기 모든 연령, 남녀 동일하게 3,500mg/day로 책정하였다.

⑤ 마그네슘

청소년 시기는 급격한 성장률을 보이므로 아동기의 기준치에 급성장에 따른 축적량을 감안하여 1일 평균필요량을 남학생 12~14세 260mg, 15~18세 340mg, 여학생 12~14세 240mg, 15~18세 290mg으로 책정하였다.

표 7-8 다량 무기질 영양소 섭취기준

성별	연령(세)	칼슘 (mg/day)			인 (mg/day)			나트륨 (mg/day)		칼륨 (mg/day)	마그네슘 (mg/day)		
		평균필요량	권장섭취량	상한섭취량	평균필요량	권장섭취량	상한섭취량	충분섭취량	만성질환위험감소섭취량	충분섭취량	평균필요량	권장섭취량	상한섭취량
남	12~14	800	1,000	3,000	1,000	1,200	3,500	1,500	2,300	3,500	260	320	270
	15~18	750	900	3,000	1,000	1,200	3,500	1,500	2,300	3,500	340	410	350
여	12~14	750	900	3,000	1,000	1,200	3,500	1,500	2,300	3,500	240	290	270
	15~18	700	800	3,000	1,000	1,200	3,500	1,500	2,300	3,500	290	340	350

2) 미량 무기질

미량 무기질의 영양소 섭취기준은 [표 7-9]와 같다.

① 철

청소년 시기의 체표면적당 기본 철 손실량은 평균 체위수치를 적용해 추정하였고 헤모글로빈 내 철 증가량은 체중증가량, 헤모글로빈 농도, 혈액량을 이용해 산출하였다. 여학생의 경우 월경으로 인한 철 손실량을 감안해 1일 평균필요량을 남학생 12~18세 11mg, 여학생은 12~14세 12mg, 15~18세 11mg으로 책정하였다.

② 아연

청소년 시기에는 1일 10g의 새로운 조직이 형성된다고 보고 있으며 남학생의 경우 정액 손실량, 여학생의 경우 월경 손실량을 감안해 청소년의 체중을 적용하여 1일 평균필요량을 남학생 12~14세 7mg, 15~18세 8mg, 여학생 12~14세 6mg, 15~18세 7mg으로 추정하였다.

③ 구리

다양한 효소 기능과 구조에 관련된 역할을 하므로 대상체중과 성장요인을 적용하여 1일 평균필요량을 남학생 12~14세 600μg, 15~18세 700μg, 여학생 12~14세 500μg, 15~18세 550μg으로 추정하였다.

표 7-9 미량 무기질 영양소 섭취기준

성별	연령(세)	철(㎎/day) 평균필요량	철(㎎/day) 권장섭취량	철(㎎/day) 상한섭취량	아연(㎎/day) 평균필요량	아연(㎎/day) 권장섭취량	아연(㎎/day) 상한섭취량	구리(㎍/day) 평균필요량	구리(㎍/day) 권장섭취량	구리(㎍/day) 상한섭취량
남	12~14	11	14	40	7	8	27	600	800	7,500
	15~18	11	14	45	8	10	33	700	900	9,500
여	12~14	12	16	40	6	8	27	500	650	7,500
	15~18	11	14	45	7	9	33	550	700	9,500

3. 청소년기의 식생활 관리

청소년 시기는 일생 중 어느 시기보다 많은 영양소 필요량이 요구되며 식습관이 형성되는 시기이다. 이 시기의 식습관은 성인의 식습관으로 이어져 많은 영향을 주므로 적절한 영양관리가 이루어져야 한다.

경제성장의 급속한 변화는 청소년의 식생활과 생활습관에도 영향을 끼쳐 전통 식사형태에서 서구식 식사형태로 변화하였다. 조(2013)의 연구에 의하면 라면, 과자류, 아이스크림, 햄버거, 피자, 튀긴 음식과 같은 인스턴트 식품, 패스트푸드 식품 섭취가 다른 연령 군에 비해 청소년 시기에 많았으며 이는 고열량, 고지방 식품으로 과량의 지방섭취로 인하여 심혈관질환과 비만을 유발하였다고 하였다.

교육부의 2019년 학생건강검사표본분석 결과 발표자료에 따르면 주 1회 이상 라면과 패스트푸드 섭취율은 각각 중학생 88.28%와 78.71%, 고등학생 82.59%와 81.11%였으며 권장식습관지표인 우유, 유제품 매일 섭취율은 중학생 30.24%, 고등학생 21.29%로 학교급이 올라갈수록 낮았고 권장운동량(주 3일 이상 격렬한 운동) 역시 중학생 35.08%, 고등학생 22.46%로 학교급이 올라갈수록 낮은 것으로 보고하였다. 반면, 아침식사 결식률은 중학생 17.56%, 고등학생 21.60%로 학교급이 올라갈수록 높은 것으로 나타났다[표 7-10]. 칼슘의 섭취량은 다른 연령대에 비해 낮은 것으로 나타났으며, 송(2006)의 '서울지역 청소년의 식품 및 영양소 섭취실태 연구'에 따르면 지방과 콜레스테롤 섭취가 높은 것으로 보고하고 있다.

이러한 고열량, 고지방 식품으로 인한 청소년기 비만은 성인기 비만으로 이어지므로 식생활 관리에 더욱더 주의를 기울여야 한다.

표 7-10 2019 학생건강검사

영역 및 지표 (단위: %, 가중치 반영됨)		중학교				고등학교			
		1학년	2학년	3학년	계	1학년	2학년	3학년	계
영양섭취·식습관	주 1회 이상 라면 섭취율	87.68	89.43	87.79	88.28	83.74	83.99	80.29	82.59
	주 1회 이상 음료수 섭취율	88.29	90.59	89.55	89.46	92.86	91.48	90.76	91.67
	주 1회 이상 패스트푸드 섭취율	77.30	79.08	79.75	78.71	80.99	81.50	80.87	81.11
	육류 먹지 않는 비율	1.85	1.63	1.83	1.77	1.71	1.13	1.22	1.35
	우유 · 유제품 매일 섭취율	33.30	30.28	27.22	30.24	22.72	21.14	20.10	21.29
	과일 매일 섭취율	27.89	27.83	24.28	26.62	19.92	18.79	17.91	18.85
	채소 매일 섭취율	26.51	25.23	23.42	25.04	21.76	22.32	23.83	22.67
	아침식사 결식률	13.77	18.35	20.50	17.56	18.78	23.53	22.47	21.60
	다이어트 약물 경험률	0.83	1.57	2.19	1.54	3.06	3.26	3.64	3.33
운동	주 3일 이상 격렬한 신체활동	36.74	34.78	33.73	35.08	22.34	23.63	21.54	22.46
	주 5일 이상 격렬한 신체운동	14.68	14.37	14.68	14.58	8.75	10.10	9.17	9.33
하루 6시간 이내 수면율		7.50	14.07	19.27	13.66	35.94	41.67	50.34	42.89
비만, 저체중 자기 체형 이미지 비율		12.93	11.91	12.96	12.61	13.21	14.09	13.35	13.54

4. 청소년기의 영양문제

청소년기는 급격한 신체성장으로 영양소 요구량이 급격히 증가하게 되어 결핍 시 신체 발달에 영향을 준다. 또한, 만성 성인병의 발병과도 연관이 되는 생활습관 형성 시기로 아주 중요한 시기라 할 수 있다.

(1) 아침결식

2019년 교육부의 학생건강검사표본분석 결과 보도자료에 의하면 아침식사 결식률이 중학교 남자 16.35%, 여자 18.86%, 고등학생 남자 20.67%, 여자 22.60%로 중학생에 비해 고등학생의 아침식사 결식률이 높은 것으로 나타났다.

아침 결식 아동은 약 18시간 동안의 공복상태로 대사에 영향을 미쳐 집중력 저하와 계산능력, 단기기억, 이해력과 같은 학습능력 및 학업 수행도 저하를 가져오며 불안이나 공격성도 심해진다. 또한, 장기간의 결식은 만성영양불량을 초래하여 필수아미노산, 무기질, 특히 철분 결핍으로 학습능력에 영향을 미친다.

니클라스(Nicklas TA, 1998) 등과 클리몰아(Kleemola P, 1999)의 연구에서는 아침식사를 규칙적으로 하는 사람은 그렇지 않는 사람에 비해 식이섬유소, 칼슘, 아연, 철분, 비타민A, 리보플라빈을 포함한 비타민 B군의 일일 섭취량이 더 많고 칼로리와 지방, 콜레스테롤의 섭취는 낮았다고 보고하고 있다.

Ashwell M(2010)은 아침식사를 하는 경우에는 정크푸드(junk food)의 소비 빈도가 낮고 텔레비전 시청시간이 유의하게 짧으며 우유와 과일 및 채소의 섭취 빈도가 높고 주간 운동 횟수가 더 많아지는 경향을 보인다고 하여 아침식사의 중요성에 대한 인식도는 높아지고 있다.

(2) 철 결핍성 빈혈

전체 빈혈의 90%를 차지하는 가장 흔한 빈혈이 철 결핍성 빈혈(Iron deficiency anemia)이다. 철 결핍성 빈혈은 저장 철이 필요한 양보다 부족하여 적혈구 생성이 감소되어 나타나는 증상이다. 철 결핍성 빈혈의 원인은 식사에서의 철분섭취량이 부족하거나 철분 흡수 장애가 있는 경우, 임신, 수유, 월경 등으로 인한 체내 철분요구량이 증가되는 경우, 소화성 궤양이나 위염, 치질 등 만성 출혈로 철 배설량이 증가될 때 나타난다. 특히, 청소년 여학생에 있어서 급격한 신체성장과 월경으로 인한 혈액손실로 인해 위험성이 높다. 증상으로는 피로감, 어지럼증, 창백한 얼굴, 얇고 잘 부스러지는 모발, 스푼모양의 손톱 등이 나타난다[그림 7-1]. 청소년 시기의 불균형한 식사는 빈혈을 초래하기 쉬우므로 균형 잡힌 식사를 하도록 한다. 비타민 C는 비헴철(non-hem)의 흡수를 촉진시켜 체내 헤모글로빈 농도를 높이는 데 도움을 주며 단백질과 철분섭취 또한 빈혈을 예방하는 데 도움이 되므로 충분한 섭취를 권장한다.

철 보충제와 식이를 통한 철 성분 섭취를 증가시키기 위해서는 첫째, 요리를 통해 섭취한다. 예를 들어, 주철 프라이팬에 토마토소스 같은 산성 식품을 조리하여 철 성분이 프라이팬 밖으로 녹아 나오게 하여 섭취한다. 둘째, 비타민 C를 함께 섭취한다. 셋째, 생체 이용률을 높이는 식품을 함께 섭취한다. 넷째, 식이 내 높은 철 급원 식품을 섭취한다. 다섯째, 철 강화 식품을 섭취한다. 여섯째, 적당한 보충제를 섭취한다.

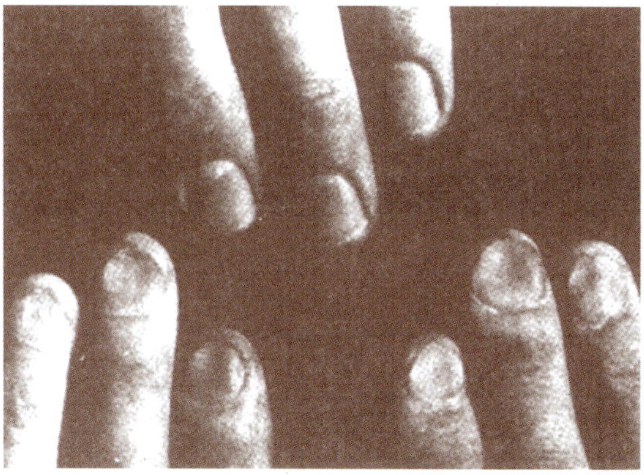

[그림 7-1] **철결핍성 스푼손톱**

(3) 비만

비만(obesity)이란 경제성장으로 인한 물질의 풍요로 인해 서구화된 식생활, 고열량, 고지방, 저영양식품 섭취, 과도한 학습시간으로 인한 신체활동 부족 등으로 인해 체중이 신장증가율에 비해 더 높아지는 것을 말하며, 세계적으로 흡연 다음으로 중요한 공중보건 문제로 인식되고 있다.

최근 5년간 체질량지수기준 비만율은 2015년부터 2019년까지 지속적으로 증가하는 것으로 나타났다[표 7-11]. 2019 학교건강검사표본통계 분석결과에 따르면 2017년 중학교 남학생의 BMI 기준 비만율이 14.8%, 여학생 11.0%, 고등학교 남학생 18.1%, 여학생 15.1%였으나 2018년엔 중학교 남학생이 16%, 여학생이 12.4%로 비만율이 증가하였으며 고등학교 남학생과 여학생 역시 각각 18.4%와 14.7%로 2017년 대비 남학생은 다소 증가하였고 여학생은 감소한 것으로 조사되었다.

비만은 단지 외모의 문제가 아니라 비만과 관련된 질환이나 정신적 문제로, 특히 소아와 청소년비만은 성인비만으로 이행할 가능성이 많아 성인기에 나타나는 대사증후군, 심혈관 질환, 위장 질환, 폐 질환, 골관절 질환, 인슐린저항성 등 합병증의 우려가 있다. 소아청소년 비만 유병자의 경우 이미 공복혈당이 높아져 있어 당뇨병 전 단계 또는 당뇨병으로 이행 중인 상황이라고 볼 수 있다.

이 외에 비만인 청소년은 주관적 행복감에 있어 부정적이며 스트레스가 높고 우울한 경향이 있다고 하였다. 따라서 청소년기에 적정체중을 유지하기 위해 올바른 식생활과 식습관을 정립해야 한다.

표 7-11 최근 5년간 체질량지수(BMI) 기준 비만율 현황(2015~2019) (단위: %)

구분		성별	저체중군	정상군	비만군		
					과체중	비만	계
2019	초등학교	남	5.1	66.8	11.5	16.6	28.1
		여	5.8	72.9	10.7	10.6	21.3
	중학교	남	5.3	66.2	11.3	17.2	28.4
		여	4.9	72.4	10.1	12.5	22.6
	고등학교	남	6.0	64.3	9.9	19.7	29.6
		여	5.4	68.6	10.0	16.1	26.0
	전체평균		5.4	68.8	10.7	15.1	25.8
2018			5.5	69.5	10.6	14.4	25.0
2017			5.8	70.3	10.3	13.6	23.9
2016			5.9	71.2	10.0	12.9	22.9
2015			5.8	72.3	9.9	11.9	21.9

Tip 소아 · 청소년 비만예방 5계명

① 아침을 꼭 먹자.

아침식사를 하지 않으면 점심식사 때 폭식하거나 간식으로 고당분 인스턴트 식품을 먹을 우려가 있다. 아침식사는 하루 활동으로 열량이 전량 소비되고 성장 발달과 학습능력 향상에 도움이 된다. 전통 한식이 가장 바람직하다.

② 세끼 식사를 골고루 하고 음식을 천천히 씹어 먹자.

뇌에서 포만감을 느끼는 데 20~30분이 걸리기 때문에 천천히 씹어 먹으면 같은 양을 먹어도 포만감을 느낄 수 있고 소화에 좋다.

③ 채소를 많이 먹자.

채소는 지방질이 거의 없고 비타민과 무기질이 풍부하다. 열량이 낮아 비만예방과 치료에 효과적이다.

④ 매주 3번 이상 운동하자.

자전거 타기나 줄넘기 등 활동량이 많은 유산소 운동이 비만예방과 치료에 효과적이다.

⑤ 컴퓨터와 TV는 하루에 최대 2시간만 보자.

컴퓨터나 TV를 자주 보면 가만히 앉아 있는 습관이 들어 활동량이 줄어든다.

(4) 섭식장애

섭식장애(eating disorder)란 거식증(신경성 식욕부진증, anorexia nervosa)과 폭식증(신경성 대식증, bulimia nervosa)으로 나뉜다. 거식증은 살찌는 것에 대한 걱정과 공포로 자신이 정상체중임에도 비만하다는 왜곡된 생각을 가지고 체중감소를 위해 식사를 제한하거나 인위적으로 토하는 등의 행동을 한다.

폭식증 환자도 거식증 환자와 마찬가지로 체중증가에 대한 두려움 및 왜곡된 신체상을 가지고 있으며 음식에 대한 자제력을 잃고 보통사람이 한 번에 먹는 양보다 많은 양으로 폭식한 후에 의도적으로 구토와 설사를 일으킨다. 국내 청소년의 거식증 발생 현황은 1990년 0.03%에서 2007년 0.2%로 약 7배가 증가했다는 연구결과로 보아 빠른 속도로 증가하고 있는 것으로 볼 수 있다.

이러한 섭식장애는 생물학적 원인과 심리적 원인이 상호작용해 발생하는데 생물학적 원인으로는 유전적 원인과 신경전달물질의 변화, 식욕 및 포만감에 관여하는 물질의 변화, 에너지대사과정의 변화 등이 있다. 심리적 원인으로는 날씬함을 강조하는 사회적 압력, 여성의 사회적 역할 변화로 인한 갈등, 낮은 자존감을 꼽을 수 있다.

유(2011)의 '중학생의 섭식장애 행동과 학업적응도와의 관계'를 연구한 논문에 따르면 여학생이 남학생에 비해 섭식장애 점수가 높으며 섭식장애 행동과 공부적응도는 서로 음의 상관관계가, 이와 김(Lee & Kim, 2011)의 연구에서는 섭식문제와 학업문제는 양의 상관관계가 있는 것으로 조사되었다. 따라서 이 시기의 섭식장애는 많은 시간을 학습에 할애하는 청소년들에게 일상생활 자체에 어려움을 줄 수 있는 환경에 놓이게 된다.

섭식장애를 치료하기 위해선 서서히 체중변화가 일어나도록 일정한 활동과 같은 시간에 식사를 하며 주위의 협조가 이루어지는 환경을 조성하여 영양공급을 하여야 한다. 또한, 행동수정 프로그램을 통해 식사 후 구토가 일어나지 않도록 관찰하며 가족의 관심이 더욱 더 필요하다.

섭식장애자들의 신체적 진단증상과 진단기준은 [표 7-12, 7-13]과 같다.

표 7-12 섭식장애자들의 신체적 진단증상

성별	거식증	폭식증
피부와 사지	찬 손과 발, 피부 건조, 배냇털 많음	구토 유발
	탈모증, 손발 청색증	손 뒤의 피부 경결(callus)
	타액선 확장으로 인한 부종	
심혈관	서맥, 저혈압, 기립성 저혈압	하제로 인한 심근증
	부정맥, 심전도 이상	구토제에 의한 심근 부정맥
		심전도 변화
위장관	타액선 확장	치아 에나멜 손상, 침샘 풍부
	변비	식도염, 위식도 역류성 질환, 식도 파열
	위 공복 지연	하제 의존과 변비
혈장과 혈액	BUN과 크레아티닌 증가	알칼리 중독
	Na, K 저하, 콜레스테롤 증가, 당 저하	K, Na 저하
	루테인호르몬 저하	저염소혈증(hypochloremia)
	난포촉진호르몬 저하	
	저인산염혈증(hypophosphatemia)	
뼈	골다공증, 미네랄 밀도 저하	

표 7-13 미국정신과학협회 섭식장애 진단 기준

신경성 식욕부진

- 정상 체중의 85% 이하
- 체중증가나 비만에 대한 지나친 두려움
- 체중, 신체크기, 외모에 대한 왜곡된 생각
- 여성의 경우 3회 이상 연속적인 무월경 상태

신경성 폭식증

- 반복되는 폭식
- 구토 유도, 완화제, 이뇨제, 약물 사용, 지나친 운동
- 최소 3개월 동안 1주에 평균 2번 폭식과 부적절한 보상 행동
- 체형과 체중에 대한 지나친 관심

(5) 음주와 흡연

교육부와 질병관리청의 제17차(2021) 청소년건강행태조사 결과에 따르면 현재 흡연율은 남학생이 6.0%, 여학생이 2.9%이며 고등학생(남 10%, 여 4.2%)이 중학생(남 2.1%, 여 1.6%)보다 높았다. 청소년의 흡연은 성인기 흡연 시작에 비해 시작의 시점이 빨라 전체적으로 흡연의 기간이 길어지며 니코틴의 담배 중독이 빠를 수 있으며 흡연으로 인해 각종 암, 심혈관 질환, 호흡기 질환이 유발할 가능성이 높아진다[그림 7-2].

현재 음주율은 남학생이 12.4%, 여학생이 8.9%로 중학생(남 6.2%, 여 5.0%)에 비해 고등학생(남 18.8%, 여 13.0%)의 음주율이 높았다. 청소년 음주는 성장의 시기에 성장호르몬 분비를 감소시켜 성장장애를 초래할 수 있으며 전두엽부위의 성장 완료로 뇌손상의 원인이 될 수 있어 강박이나 우울 등의 정신적 문제를 초래할 수 있다. 또한 지나친 음주는 비만의 관문이며 가출, 폭행, 절도 등의 사고로 이어질 수 있고 성인기 알콜중독의 원인이 될 수 있으므로 충분한 교육이 필요하다[그림 7-3].

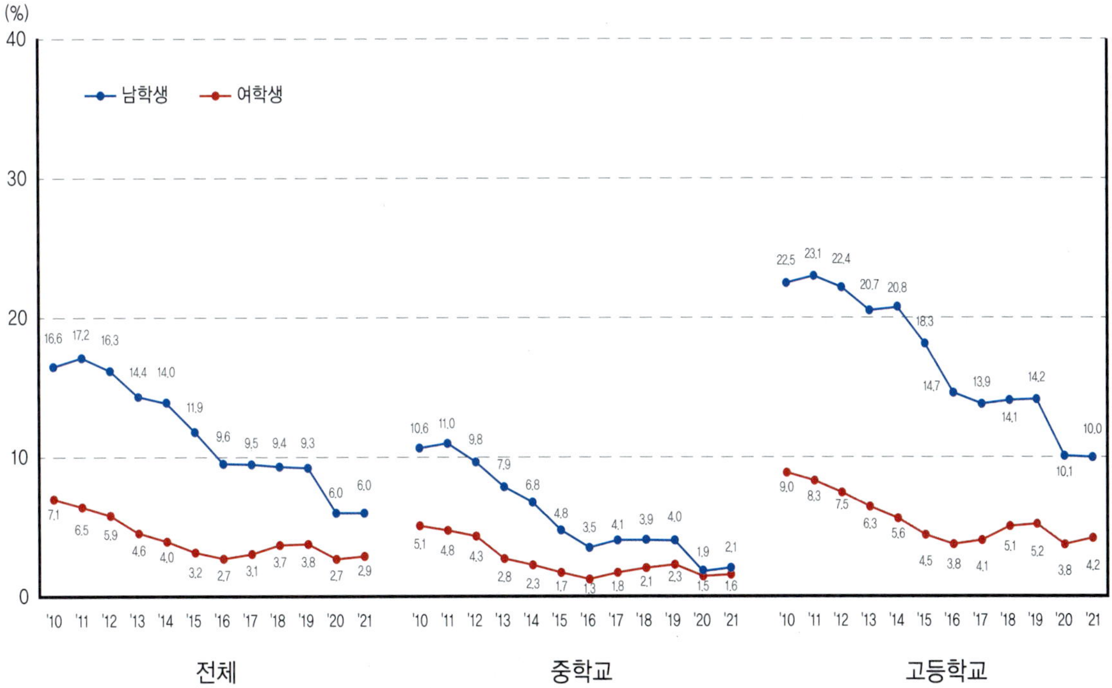

[그림 7-2] 현재 흡연율 추이

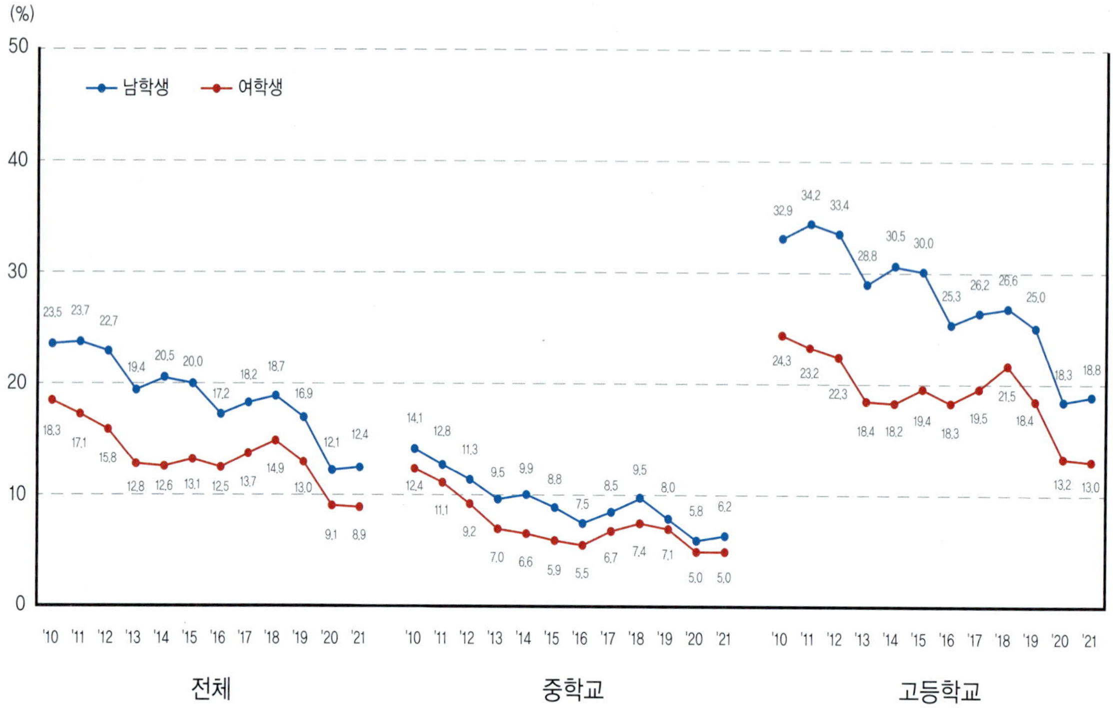

[그림 7-3] 현재 음주율 추이

CHAPTER

08

성인기 영양

1. 성인기 특징

성인기란 청소년기가 끝나고 부분적인 노화가 서서히 진행되는 20대 초반부터 노인기가 시작되는 65세까지를 말한다. 이 시기에는 정신적, 육체적으로 부모로부터 독립해 자신의 가정을 이루거나 직업을 갖게 되며 왕성한 사회활동을 하는 시기이다.

우리나라 성인의 기준은 19~64세이며 신장과 체중의 차이에 근거하여 19~29세, 30~49세, 50~64세 3개 연령군으로 구분한다. 이 시기에는 성장보다는 성숙과 유지를 위한 대사가 진행되며 따라서 성장기보다 영양필요량은 적다.

생리적 성숙상태는 청소년기 초기에 시작되어 성인기에 들어서기 전에 거의 완료되나 근골격계 성숙은 20대 초반에 완성되고 30대에 최대 골질량에 이르게 된다[그림 8-1].

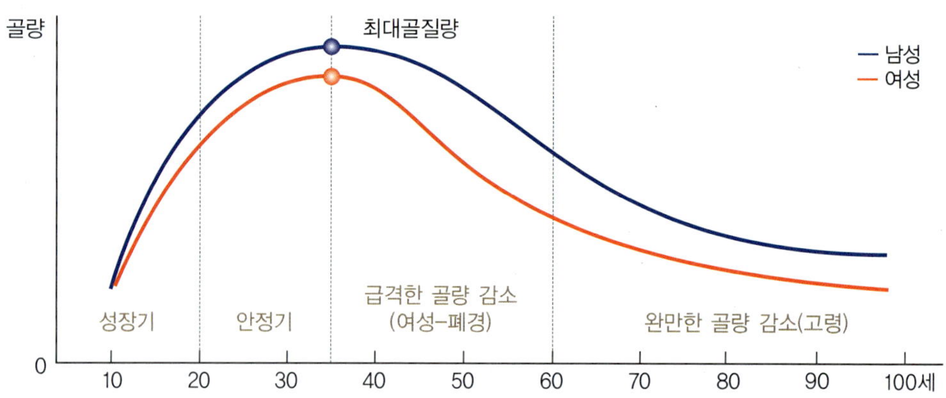

[그림 8-1] **연령에 따른 골량 변화**

성인기에는 생리적 변화가 거의 없는 것처럼 보이나 30대 이후로 체력과 효율성이 점차 감소하게 된다. 이런 미미한 점진적 변화는 개인의 영양상태와 신체활동의 정도와 시기에 따라 영향을 받는다. 특히, 여성의 경우 임신과 폐경을 통한 호르몬 변화와 더불어 체지방 증가와 골소실률 증가, 중성지방과 콜레스테롤 혈중농도 증가와 같은 체조성의 변화가 나타난다. 또한 만성질환인 당뇨, 고혈압, 이상지질혈증 등 남성보다 유병률 증가양상이 뚜렷하고 30대를 시작으로 40대 이상부터는 큰 폭으로 증가하는 것을 볼 수 있다.

그의 예로 구와 박(2012)의 연구결과를 보면 50대에서 폐경의 비율이 높고, 체질량 지수(body mass index, BMI)가 다른 연령대에 비해 높으며, 체지방비율과 허리/엉덩이둘레의 비도 높게 나타났다. 폐경 후 여성들의 골질량과 제지방량은 감소하나 체지방은 증가하여 과체중이나 비만으로 갈 확률이 높은 것으로 보고되었다. 이런 혈청 내 지질의 증가는 동맥혈관성 질환의 발생을 높이고 골질량 감소는 골다공증의 위험을 높이게 된다.

특히, 여성의 경우 폐경 후 체지방 증가는 다양한 대사증후군과도 관련이 있으므로 성인기 때부터 여성의 건강관리는 매우 중요하다.

2. 영양소 섭취기준

정제된 탄수화물 식품의 과량 섭취는 과체중과 비만을 야기하고 혈액 내 중성지방 증가, HDL-콜레스테롤 감소, LDL-콜레스테롤 증가로 이어지므로 적절한 섭취가 필요하다.

총 당류 섭취량은 총 에너지 섭취량의 10~20%로 제한하고 첨가량은 10% 이내로 섭취하도록 하며 첨가당의 주요 급원은 설탕, 액상과당, 물엿, 당밀, 꿀, 시럽, 농축과일주스 등이다.

지방의 섭취에 있어 포화지방산이나 콜레스테롤 섭취 증가는 관상동맥질환 등 만성질환 유병률이 높고 비만의 원인이 되기 쉬우므로 적절한 양의 섭취가 필요하다.

특히 최근에 혈전 형성을 억제하는 n-3계 필수지방산의 섭취가 강조되고 있으나 항혈액응고제 섭취자에게 있어 과잉섭취 시 지혈 지연 및 과출혈 발생의 우려가 있으므로 보충제 형태로 섭취할 경우에는 적정량을 섭취하도록 주의하여야 한다.

표 8-1 한국인 영양소 섭취기준-에너지 적정비율(2020)

영양소		19세 이상
탄수화물		55~65%
단백질		7~20%
지질	총지방	15~30%
	포화지방산	7% 미만
	트랜스지방산	1% 미만
	콜레스테롤	300mg/day 미만

(1) 에너지

운동선수와 특수 노동자를 제외한 한국 성인의 신체활동수준은 대부분의 사람들이 저활동적 수준에 해당하며 성인의 에너지 필요추정량은 총에너지 소비량이다. 성인은 19~29세, 30~49세, 50~64세 3군으로 신장과 체중의 차이에 근거에 분류하였고 신체활동수준별 활동계수를 적용하여 에너지 필요추정량을 산출하였다. 각 에너지 필요추정량은 남성 19~29세 2,600㎉, 30~49세 2,500㎉, 50~64세 2,200㎉이며, 여성 19~29세 2,000㎉, 30~49세 1,900㎉, 50~64세 1,700㎉이다.

(2) 탄수화물

탄수화물의 섭취기준은 1일 뇌에서 사용되는 포도당의 양과 산독증 예방을 위한 양으로 평균필요량 100g, 권장섭취량 130g을 모든 성인 연령층에 설정하였다.

(3) 단백질

입원환자, 암, AIDS, 결핵, 흡수 불량증, 신장과 간질환, 식욕감퇴증 환자에게서 단백질 결핍이 주로 나타나는데 성인의 단백질 부족은 만성적인 알코올 과다섭취자의 지방간이나 간경변증을 유발할 수 있다. 반면에 단백질의 과다섭취로 인한 유해성은 나타나 있지 않지만 동물성 단백질의 과잉섭취는 동물성 지방의 과다섭취와 관련하여 포화지방산과 콜레스테롤 섭취를 증가시켜 심순환계에 영향을 미칠 수 있다. 또한, 과잉단백질은 체지방 축적과 질소 노폐물 배설로 간과 신장에 부담을 줄 수 있고 뼈의 칼슘 용출을 증가시킬 수도 있다. 따라서 성인의 권장섭취량은 질소균형 실험자료를 바탕으로 남성 19~49세 65g, 50~64세 60g, 여성 19~29세 55g, 30~64세 50g으로 산출하였다.

(4) 식이섬유

식이섬유는 인간의 소장 내에서 소화 · 흡수되지 않고 대장에서 부분적으로 혹은 완전히 발효되는 식물의 가식부분과 탄수화물 유사체이며 이외 불소화성의 비전분 다당류들, 리그닌, 올리고당류, 난소화성전분과 관련 식물성분들을 말한다. 식이섬유는 소화 · 흡수는 되지 않으나 소화관을 따라가면서 대장의 기능을 개선하고 포만감을 높여 에너지섭취 감소, 비만위험의 감소, 혈당감소, 혈장 콜레스테롤수준 정상화, 심혈관질환, 2형 당뇨, 대장암, 게실증, 변비예방 등의 생리적 효과가 있어 현대인에게 특히 필요한 영양소다. 그러나 다량의 식이섬유 섭취는 피트산(phytate)이 존재할 때 철, 칼슘, 아연 같은 무기질의 생체 이용률을 저하시킬 수 있다고 보고되고 있어 이를 토대로 식이섬유의 1일 충분섭취량을 남성 30g, 여성 20g으로 설정하였다.

표 8-2 에너지와 다량 영양소의 섭취기준

성별	연령(세)	에너지(kcal/day)	탄수화물(g/day)		단백질(g/day)		식이섬유(g/day)
		필요추정량	평균필요량	충분섭취량	평균필요량	권장섭취량	충분섭취량
남	19~29	2,600	100	130	50	65	30
	30~49	2,500	100	130	50	65	30
	50~64	2,200	100	130	50	60	30
여	19~29	2,000	100	130	45	55	20
	30~49	1,900	100	130	40	50	20
	50~64	1,700	100	130	40	50	20

(5) 비타민

1) 지용성 비타민

지용성 비타민의 영양소 섭취기준은 [표 8-3]과 같다.

① 비타민 A

불포화 알코올이며 비타민 A의 생리적 활성형은 레티놀(retinol) 형태이다. 카로티노이드(β-카로틴)는 비타민 A의 전구체로 알려져 있다. 이 두 가지 형태는 섭취하는 일상 식품에 존재하고 있으며 장내 흡수에 영향을 주는 식이지방섭취량, 감염상태, 섭취 식품급원, 식품의 조리과정 등이 비타민 A의 필요량에 영향을 미치는 요인이다. 철, 아연, 카로티노이드, 알코올 섭취 등은 영양소 간의 상호작용에 의해 영향을 미칠 수 있다. 비타민 A 결핍 시에는 야맹증과 안구건조증(xerophthalmia)이 주로 나타난다. 비타민 A의 평균필요량은 체중에 의한 변화를 적용하여 설정하였다. 권장섭취량은 남성 19~49세 800μg RAE, 50~64세 750μg RAE, 여성 19~49세 650μg RAE, 50~64세 600μg RAE으로 산정하였다.

② 비타민 D

골격과 혈액 사이에서 칼슘 공급을 조절해 골격의 무기질화를 돕고 골격 재형성을 하며 골다공증, 골연화증 예방에 중요한 역할을 한다. 최근에는 비타민 D가 항발암성 물질로서 우울증, 유방암, 고혈압, 심순환계 질환을 예방할 수 있다는 연구들이 많이 발표되고 있어 현대인에게 재조명되는 영양소다. 유일하게 비타민 D는 식품 외에 자외선을 통해 피부에서 합성이 가능하나 현대인들에게 야외 활동이 많이 부족한 것을 감안하여 성인 남녀 모두 19~64세의 비타민 D 충분섭취량을 10㎍/day로 책정하였다.

③ 비타민 E

가장 강력한 항산화 작용을 하는 비타민으로 결핍 증세를 보이는 경우는 매우 드물다.

비타민 E의 주요 결핍 요인은 식사 부족보다는 지단백질대사나 α-TPP(α-thiamine pyrophosphate, TPP)유전자의 결함이라고 보고한 연구가 있다. 고용량을 섭취하여도 독성이 없는 것으로 알려져 있었으나 800~1,000㎎ α-TE/day의 섭취는 위장질환과 혈장 티록신 수준 감소, 비타민 K 흡수 방해로 인한 혈소판 응집감소로 수술 후 출혈을 초래할 수 있다.

체내에서 다불포화지방산 섭취량 증가는 비타민 E의 필요량을 증가시키는 가장 큰 원인이 되고 있다. 우리나라 비타민 E 섭취량은 연령이 증가할수록 낮아지고 있는 것을 고려하여 성인 남녀 모두 12㎎ α-TE로 설정하였다.

표 8-3 지용성 비타민 영양소 섭취기준

성별	연령(세)	비타민 A (㎍ RAE/day)			비타민 D (㎍/day)		비타민 E (㎎ α-TE/day)		비타민 K (㎍/day)
		평균필요량	권장섭취량	상한섭취량	충분섭취량	상한섭취량	충분섭취량	상한섭취량	충분섭취량
남	19~29	570	800	3,000	10	100	12	540	75
	30~49	560	800	3,000	10	100	12	540	75
	50~64	530	750	3,000	10	100	12	540	75
여	19~29	460	650	3,000	10	100	12	540	65
	30~49	450	650	3,000	10	100	12	540	65
	50~64	430	600	3,000	10	100	12	540	65

④ 비타민 K

혈액응고 비타민 또는 항출혈 비타민으로 불리며 다른 지용성 비타민에 비해 비타민 K의 전체 풀(pool)이 아주 작아 식이에서 섭취가 제한되면 간의 저장고는 급속히 고갈되고 결핍 시 심한 출혈을 보인다. 정상식이를 하는 성인에게는 비타민 K 결핍증이 잘 발생하지 않지만 지방의 흡수가 불량하거나 간질환 특히, 항생제와 비타민 K대사를 방해하는 약제 투여 시 위험이 있다. 잠재적 결핍상태를 피할 수 있는 충분섭취량은 남성 75㎍/day, 여성 65㎍/day이다.

2) 수용성 비타민

수용성 비타민의 영양소 섭취기준은 [표 8-4, 8-5]와 같다.

① 비타민 C

식품 내 비타민 C의 80~90%는 환원형인 아스코르브산 형태이며 혈장에서 단백질과 결합하지 않은 상태로 운반되다가 각 조직으로 이동된다. 비타민 C의 과다섭취는 흡수율을 낮추고 소변을 통한 배설을 증가시킨다. 결핍 시 나타나는 가장 민감한 증상은 잇몸 부종과 만성피로이며 과잉섭취 시에는 메스꺼움, 설사, 복통 등의 위장관 증상을 나타낸다.

1일 평균필요량은 체내 항산화 보호효과를 만족시키는 양으로 성인 남녀 75㎎으로 설정하였고 권장섭취량은 100㎎으로 설정하였다. 특히, 흡연자는 동량의 비타민 C를 섭취하여도 비흡연자보다 산화 스트레스가 높고 대사에 있어 차이를 보여 혈청 수준이 낮으므로 비타민 C 섭취량을 비흡연자보다 2배 늘려야 한다.

② 티아민

항각기인자 또는 항신경염인자로 알려져 있고 최초로 발견된 비타민 중 하나이다. 현대사회에서의 티아민 결핍증은 주로 알코올 과다섭취자에게서 볼 수 있는데 알코올 섭취는 식품 섭취를 제한하고 티아민 흡수와 대사에 장애를 초래할 수 있다.

티아민 조효소인 티아민 피로인산(thiamin pyrophosphate, TPP) 형태는 포도당 대사에 중추적 역할을 하며 에너지 소모량은 티아민 필요량에 영향을 준다. 1일 평균필요량은 성인 남성은 1.0㎎, 여성은 0.9㎎이고 권장섭취량은 남성 1.2㎎, 여성 1.1㎎이다. 동물성 식품에 다양하게 존재하며 우수급원으로 전곡류, 콩류, 돼지고기 등이 있다.

③ 리보플라빈

비타민 B 복합체의 요소이며 식품에 널리 분포되어 있다. 리보플라빈은 체세포에서 탄수화물과 지방의 에너지대사에 관련되는 플라보프로틴(flavoprotein)으로 알려진 산화효소들의 형성에 중요하며 단백질대사와 건강한 피부조직의 유지와 관련된 기능을 담당하고 있다.

혈액 내 대부분의 리보플라빈은 면역글로불린과 결합되어 운반된다. 소량은 담즙과 땀을 통해 배설되고 대부분은 리보플라빈 형태나 산화 대사물 형태로 소변을 통해 배설된다. 생화학적 결핍증상은 주로 구강에 나타나는 질환이며 경구피임약 복용여성, 당뇨 환자, 알콜중독자, 간질환자, 사회경제수준이 낮은 인구층에서 주로 나타난다. 리보플라빈을 과량 섭취해도 빠른 속도로 소변을 통해 배설되기 때문에 독성이 나타나지 않는다.

리보플라빈의 필요량은 리보플라빈의 흡수이용률, 다른 영양소와의 상호작용, 식사 중 다른 성분들의 영향을 받아 식이 내 탄수화물에 대한 지방의 비율이 낮아질수록 리보플라빈 요구량이 감소되는 것으로 추정되며 신체활동이 증가할수록 소변 중 배설량이 감소하는 것으로 나타났다. 소변 배설량을 유지하기 위해 남성 1.3mg, 여성 1.0mg을 1일 평균필요량으로 설정하였다.

표 8-4 수용성 비타민 영양소 섭취기준

성별	연령(세)	비타민 C (mg/day)			티아민 (mg/day)		리보플라빈 (mg/day)		니아신 (mg NE/day)		
		평균필요량	권장섭취량	상한섭취량	평균필요량	권장섭취량	평균필요량	권장섭취량	평균필요량	권장섭취량	상한섭취량*
남	19~29	75	100	2,000	1.0	1.2	1.3	1.5	12	16	35
	30~49	75	100	2,000	1.0	1.2	1.3	1.5	12	16	35
	50~64	75	100	2,000	1.0	1.2	1.3	1.5	12	16	35
여	19~29	75	100	2,000	0.9	1.1	1.0	1.2	11	14	35
	30~49	75	100	2,000	0.9	1.1	1.0	1.2	11	14	35
	50~64	75	100	2,000	0.9	1.1	1.0	1.2	11	14	35

* 니코틴산 상한섭취량

④ 니아신

니아신은 세포 내에서 에너지대사의 두 가지 과정에 관련되어 있다. 하나는 근글리코겐이 유·무산소로 생성하는 에너지의 해당작용에 효소로 사용되는 것과 다른 하나는 체내에서 지방합성을 촉진하기 위한 지방대사의 관련성이다. 항펠라그라 비타민으로 불리기도 하며 단백질 함량이 높은 식품에 존재한다.

펠라그라 증상은 니아신 결핍 말기에 나타나는 심각한 증세로 소화조직, 피부, 신경조직에 영향을 주며 펠라그라를 치료하지 않으면 에너지대사에 전반적인 장애가 생겨 피부염, 설사, 정신착란 등의 치명적인 결과를 유발할 수 있으며 만성 알코올 중독자, 트립토판 대사장애 환자에게서 나타날 수 있다. 또한 니아신은 고지혈증의 치료 목적으로 사용하기도 하는데 고용량 복용 시 메스꺼움, 구토, 간 독성을 유발할 수 있다.

평균필요량은 펠라그라를 예방할 수 있는 섭취량보다 높게 설정되어 남성 12mg NE/day, 여성 11mg NE/day이다.

⑤ 비타민 B_6

수용성 비타민이지만 인체 내에 상당량이 인산화 효소와 결합하여 근육 내 저장되어 있는 영양소이며 잠재적 결핍증은 리보플라빈 결핍 시 더욱 악화된다. 조효소 형태로 단백질 대사에 주로 관여하고 탄수화물과 지방대사에도 관여한다.

비필수아미노산 합성, 트립토판의 니아신 전환, 신경계에서 신경전달물질 합성, 혈색소, 근육색소, 산화 효소와 같은 아미노산의 체단백질 합성 반응 등의 효소와 함께 기능을 발휘한다. 또한 간의 당신생합성과 근글리코겐 분해에도 관여한다. 1일 평균필요량은 단백질 섭취량에 대한 비타민 B_6 섭취비율로 설정하여 남성 1.3mg, 여성 1.2mg이다.

⑥ 엽산

천연 식품에 존재하지만 강화 식품이나 보충제에서도 발견되는 합성형태로 항빈혈인자와 단일 탄소 전이 반응에 조효소 역할을 하는 것으로 알려져 있다. 엽산은 메티오닌(methionine) 대사의 조효소 성분으로 DNA 형성과 적혈구의 정상적인 형성에 필요한 물질이다. 엽산 섭취량 감소 시 호모시스테인 농도 증가, 거대적아구성 빈혈, 위장장애, 임신 초기 신경관 결손 등이 나타난다. 호모시스테인 농도 증가는 심혈관 질환의 위험을 증가시키므로 성인에게 엽산의 섭취량은 중요하다. 따라서 남녀 모두 320㎍ DFE/day를 평균필요량으로 설정하였다.

⑦ 비타민 B_{12}

모든 체세포에 존재하는 조효소들의 구성성분이며 DNA 합성에 필수적인 물질이다. 엽산과 함께 적혈구 발달에 중요한 역할을 한다. 내적인자와 식이섭취부족, 흡수불량, 선천적 질환, 만성알코올중독 등은 비타민 B_{12} 결핍 요인이다.

급원 식품은 주로 동물성 식품이므로 채식주의자, 노인, 환자 등에서 섭취부족이 나타날 수 있다. 결핍 증상은 거대적아구성 빈혈과 신경장애가 있으며 비타민 B_{12}는 엽산과 동일한 대사과정을 거치므로 비타민 B_{12} 부족은 엽산 부족을 동반하게 된다. 따라서 악성빈혈 환자, 채식주의자 또는 비타민 B_{12} 섭취량이 매우 낮은 사람을 대상으로 결핍 증상을 회복하는 데 필요한 양인 2.0㎍/day가 남녀 모두의 평균필요량이다.

표 8-5 수용성 비타민 영양소 섭취기준

성별	연령(세)	비타민 B_6(㎎/day)			엽산(㎍DFE/day)			비타민 B_{12}(㎍/day)	
		평균 필요량	권장 섭취량	상한 섭취량	평균 필요량	권장 섭취량	상한 섭취량	평균 필요량	권장 섭취량
남	19~29	1.3	1.5	100	320	400	1,000	2	2.4
	30~49	1.3	1.5	100	320	400	1,000	2	2.4
	50~64	1.3	1.5	100	320	400	1,000	2	2.4
여	19~29	1.2	1.4	100	320	400	1,000	2	2.4
	30~49	1.2	1.4	100	320	400	1,000	2	2.4
	50~64	1.2	1.4	100	320	400	1,000	2	2.4

(6) 무기질

1) 다량 무기질

다량 무기질의 영양소 섭취기준은 [표 8-6]과 같다.

① 칼슘

칼슘은 35세까지는 골격형성을 위해, 35세 이후에는 골건강을 유지하기 위해 충분한 섭취가 필요하다. 성인의 체내 칼슘 보유량은 체중의 약 1~2% 정도이며 뼈 생성량과 용해량은 평형상태를 이루지만 골질량은 연령에 따라 서서히 감소한다. 칼슘의 만성적인 부족은 골질량을 감소시켜 골연화증과 골다공증을 유발한다. 최근에는 이외에도 순환기계 질환, 고혈압, 동맥경화, 고지혈증, 대장암 등과 같은 만성질환과의 관련성에 대해서도 연구가 진행되고 있다. 필요량 설정은 칼슘 손실량과 섭취량 간의 관계로부터 표준체중과 흡수율을 고려하여 남성은 1일 평균필요량이 19~49세 650㎎에서 50~64세 600㎎으로 감소하고 여성은 폐경 후 에스트로겐 감소로 인한 칼슘 배출로 인해 19~49세 550㎎에서 50~64세 600㎎으로 설정되었다.

② 인

체액에서 완충제 역할을 하는 화합물로서 인체의 항상성 유지와 칼슘 농도 유지에 관여한다. 흡수율은 칼슘의 약 2배로 60~70% 정도이며 흡수 속도 또한 2배 이상 빠르다. 성인의 경우 인의 섭취기준 설정은 혈청 무기인산 농도와 인의 흡수율을 고려해 1일 평균필요량은 성인 전 연령에서 580㎎이다.

③ 나트륨

건강한 성인의 1일 충분섭취량은 남녀 19~64세 1,500mg으로 땀을 통한 나트륨 손실을 고려하여 책정하였다. 2020년 한국인 영양소 섭취기준에서는 비만, 당뇨, 심혈관질환 등 만성질환의 증가 추세를 고려하여 만성질환 위험감소를 위해 만성질환위험감소섭취량을 설정하고 성인기 전체 2,300mg/day로 정하여 만성질환의 위험도를 낮출 수 있을 섭취량을 설정하였다.

④ 칼륨

건강한 성인의 경우 식사로 섭취한 칼륨의 약 85%는 흡수가 된다. 나트륨과 칼륨은 서로 상관관계를 가지므로 나트륨과 칼륨의 적절한 비율을 고려하고, 고혈압 예방을 위한 섭취량을 반영해 3,500mg/day의 충분섭취량을 설정하였다.

표 8-6 다량 무기질 영양소 섭취기준

성별	연령(세)	칼슘 (mg/day)			인 (mg/day)			나트륨 (mg/day)		칼륨 (mg/day)
		평균필요량	권장섭취량	상한섭취량	평균필요량	권장섭취량	상한섭취량	충분섭취량	만성질환위험감소섭취량	충분섭취량
남	19~29	650	800	2,500	580	700	3,500	1,500	2,300	3,500
	30~49	650	800	2,500	580	700	3,500	1,500	2,300	3,500
	50~64	600	750	2,000	580	700	3,500	1,500	2,300	3,500
여	19~29	550	700	2,500	580	700	3,500	1,500	2,300	3,500
	30~49	550	700	2,500	580	700	3,500	1,500	2,300	3,500
	50~64	600	800	2,000	580	700	3,500	1,500	2,300	3,500

2) 미량 무기질

미량 무기질의 영양소 섭취기준은 [표 8-7]과 같다.

① 철

철의 65%는 헤모글로빈에서 발견된다. 성인기에는 성장을 위한 철 공급은 필요치 않다. 평균필요량은 기본적인 철 손실량과 헤모글로빈 철, 여성의 경우 월경으로 인한 철 손실량을 고려해 [표 8-7]과 같이 설정하였다[그림 8-2]. 특히 50세 이상 여성의 경우 폐경을 가정하고 월경소실량을 정하여 남성보다 설정량이 낮다. 19~64세 남성의 권장섭취량은 10mg이고 여성은 19~49세 14mg, 50~64세 8mg이다.

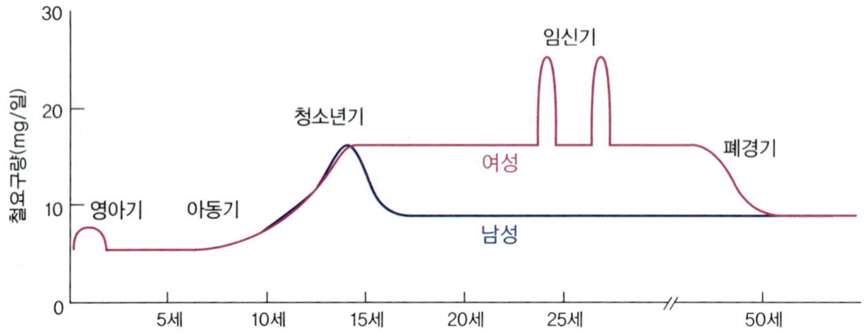

[그림 8-2] **연령에 따른 철 요구량의 변화**

② 아연

체내 효소의 촉매 역할과 면역체계에서 중요한 역할을 하며 DNA와 RNA 합성을 조절한다. 평균필요량은 내인성 손실량을 보충할 수 있는 최소의 섭취량으로 설정하였다. 남성은 성인 전 연령에서 10mg을, 여성은 8mg을 권장섭취량으로 정하였다.

③ 구리

효소의 구성요소이며 구리의 보충, 고갈 실험을 통해 평균필요량을 남성 650㎍/day, 여성 500㎍/day로 설정하였으며 만성적인 과다섭취는 간 손상을 유발할 수 있어 상한섭취량을 10,000㎍/day로 설정하였다.

표 8-7 미량 무기질 영양소 섭취기준

성별	연령(세)	철(mg/day)			아연(mg/day)			구리(㎍/day)			요오드(㎍/day)		
		평균필요량	권장섭취량	상한섭취량	평균필요량	권장섭취량	상한섭취량	평균필요량	권장섭취량	상한섭취량	평균필요량	권장섭취량	상한섭취량
남	19~29	8	10	45	9	10	35	650	850	10,000	95	150	2,400
	30~49	8	10	45	8	10	35	650	850	10,000	95	150	2,400
	50~64	8	10	45	8	10	35	650	850	10,000	95	150	2,400
여	19~29	11	14	45	7	8	35	500	650	10,000	95	150	2,400
	30~49	11	14	45	7	8	35	500	650	10,000	95	150	2,400
	50~64	6	8	45	6	8	35	500	650	10,000	95	150	2,400

④ 요오드

성인의 경우 요오드가 부족하면 갑상샘종(goiter)이 유발될 수 있다. 평균필요량은 갑상샘의 요오드 축적 및 교체 연구를 통해 개인변이를 고려해 남녀 성인 전 연령에서 95㎍/day로 설정하였다.

3. 성인기의 식생활 관리

성인기의 균형 잡힌 식생활은 건강한 상태를 유지시켜 노화의 속도를 늦추며 만성질환의 발병을 예방할 수 있다. 따라서 보건복지부에서 발표한 식생활 지침을 통해 건강한 성인기를 보내기 위한 노력이 요구된다.

(1) 각 식품군을 매일 골고루 먹자.

① 곡류는 다양하게 먹고 전곡을 많이 먹는다.
② 여러 가지 색깔의 채소를 매일 먹는다.
③ 다양한 제철과일을 매일 먹는다.
④ 간식으로 우유, 요구르트, 치즈와 같은 유제품을 먹는다.
⑤ 가임기 여성은 기름기 적은 붉은 살코기를 적절히 먹는다.

(2) 활동량을 늘리고 건강 체중을 유지하자.

① 일상생활에서 많이 움직인다.
② 매일 30분 이상 운동을 한다.
③ 건강 체중을 유지한다.
④ 활동량에 맞추어 에너지 섭취량을 조절한다.

(3) 청결한 음식을 알맞게 먹자.

① 식품을 구매하거나 외식을 할 때 청결한 것으로 선택한다.
② 음식은 먹을 만큼만 만들고, 먹을 만큼만 주문한다.
③ 음식을 만들 때는 식품을 위생적으로 다룬다.
④ 매일 세끼 식사를 규칙적으로 한다.
⑤ 밥과 다양한 반찬으로 균형 잡힌 식생활을 한다.

(4) 짠 음식을 피하고 싱겁게 먹자.

① 음식을 만들 때는 소금, 간장 등을 적게 사용한다.
② 국물을 짜지 않게 만들고, 적게 먹는다.
③ 음식을 먹을 때 소금, 간장을 더 넣지 않는다.
④ 김치는 덜 짜게 만들어 먹는다.

(5) 지방이 많은 고기나 튀긴 음식을 적게 먹자.

① 고기는 기름을 떼어내고 먹는다.
② 튀긴 음식을 적게 먹는다.
③ 음식을 만들 때, 기름을 적게 사용한다.

(6) 술을 마실 때는 그 양을 제한하자.

① 남자는 하루 2잔, 여자는 1잔 이상 마시지 않는다.
② 임신부는 절대로 술을 마시지 않는다.

Tip 한국인을 위한 식생활지침

1. 매일 신선한 채소, 과일과 함께 곡류, 고기 · 생선 · 달걀 · 콩류, 우유 · 유제품을 균형 있게 먹자.
2. 덜 짜게, 덜 달게, 덜 기름지게 먹자.
3. 물을 충분히 마시자.
4. 과식을 피하고, 활동량을 늘려서 건강 체중을 유지하자.
5. 아침식사를 꼭 하자.
6. 음식은 위생적으로, 필요한 만큼만 마련하자.
7. 음식을 먹을 땐 각자 덜어 먹기를 실천하자.
8. 술은 절제하자.
9. 우리 지역 식재료와 환경을 생각하는 식생활을 즐기자.

4. 성인기의 영양문제

(1) 대사증후군

대사증후군이란 여러 가지 신진대사와 관련된 질환이 함께 동반된다는 의미의 용어로 고중성지방혈증, 낮은 고밀도콜레스테롤, 고혈압 및 당뇨병을 비롯한 당대사이상 등 각종 성인병이 복부비만과 함께 동시 다발적으로 나타나는 상태를 말한다.

대사증후군의 주요 원인은 인슐린 저항성으로 인해 고혈당은 개선되지 않고 인슐린 농도만 높아지는 데 있다. 이외에 유전요인, 비만, 교감신경의 활성 증가, 스트레스, 미토콘드리아 기능 이상, 신체활동 감소, 저체중 출산 등의 요인이 있다. [표 8-8]의 진단기준은 미국 국립 콜레스테롤 교육프로그램(NCEP-ATPⅢ(2001): national cholesterol education program third adult treatment panel) 지침의 복부비만 기준을 한국인에게 맞추어 일부 변경한 것으로 이 5가지 지표 중 3가지 이상이 기준치를 넘으면 대사증후군으로 보고 있다.

표 8-8 대사증후군 진단 기준

대사증후군	진단기준
복부비만	허리둘레 남성 90㎝, 여성 85㎝ 이상
중성지방	150㎎/㎗ 이상
HDL콜레스테롤	남성 40㎎/㎗, 여성 50㎎/㎗ 미만
공복 혈당	100㎎/㎗ 이상 또는 당뇨병 치료 중
혈압	수축기 130mmHg 이상 또는 이완기 85mmHg 이상

대사증후군은 심혈관 질환의 위험을 2배, 당뇨병의 위험을 10배 이상 증가시킨다. 따라서 대사증후군의 근본원인이 되는 비만의 해결을 위해 1년에 5~10% 체중 감량을 위한 칼로리 제한과 운동, 식사내용의 변화, 술과 담배를 줄이는 것이 요구된다. 또한, 허리둘레를 줄여 내장비만의 위험을 감소시켜 대사증후군의 확률을 낮추어야 한다. 올바른 식습관을 위해 탄수화물 섭취는 전체 칼로리 중 50% 미만으로 낮추며 단순 다당류보다 정제하지 않는 곡류로 만든 빵이나 현미, 정제하지 않은 흑설탕이 더 좋다. 보건복지부 발표 대사증후군 관리를 위한 생활습관 개선 목표는 [표 8-9]와 같다.

표 8-9 대사증후군 관리를 위한 생활습관 개선 목표

항목	세부내용
담배	금연
체중	이상체중 유지 및 중심 비만 예방 체질량 지수 20~25kg/m² 허리둘레 남자<90cm, 여자<85cm(한국인)
지방 섭취량	전체 열량의 30% 이하
포화지방산 섭취	전체 지방섭취량의 10% 이하
콜레스테롤 섭취	300mg/day
다가불포화지방산	섭취 권장
신선과일, 채소 섭취	하루 5회 이상 섭취
생선, 오메가-3	일주일에 2회 이상 섭취
알코올 섭취	남자<21단위/주, 여자<14단위/주 단위: 주류의 양×알코올 함량비율(%) 예) 4% 맥주 500cc 섭취 4×0.5=2단위
염분 섭취	소금 하루 6g 이하, 나트륨<2.4g/day
유산소 운동	매일 30분 이상(수영, 빠르게 걷기)

(2) 고혈압

고혈압은 관상동맥질환, 허혈성 및 출혈성 뇌혈관질환의 주요 위험요인이다. WHO에 의하면 25세 이상 성인 인구 중 40%가 고혈압이며 이로 인한 질환으로 연간 9백만명이 사망에 이른다.

2019 국민건강영양조사 결과에 따른 한국성인의 고혈압 유병률은 2019년 28.1%이며 남자와 여자 모두 성인연령이 높을수록 증가하고 있다. 청년층과 장년층에서는 남자가 여자보다 고혈압 유병률이 더 높은 것으로 나타났고 노년층에서는 여자가 남자보다 유병률이 높은 것으로 나타났다. 2019년 기준 한국성인의 고혈압 유병자는 약 1,210만 명, 60세 이상 약 665만 명으로 보고하고 있다[그림 8-3].

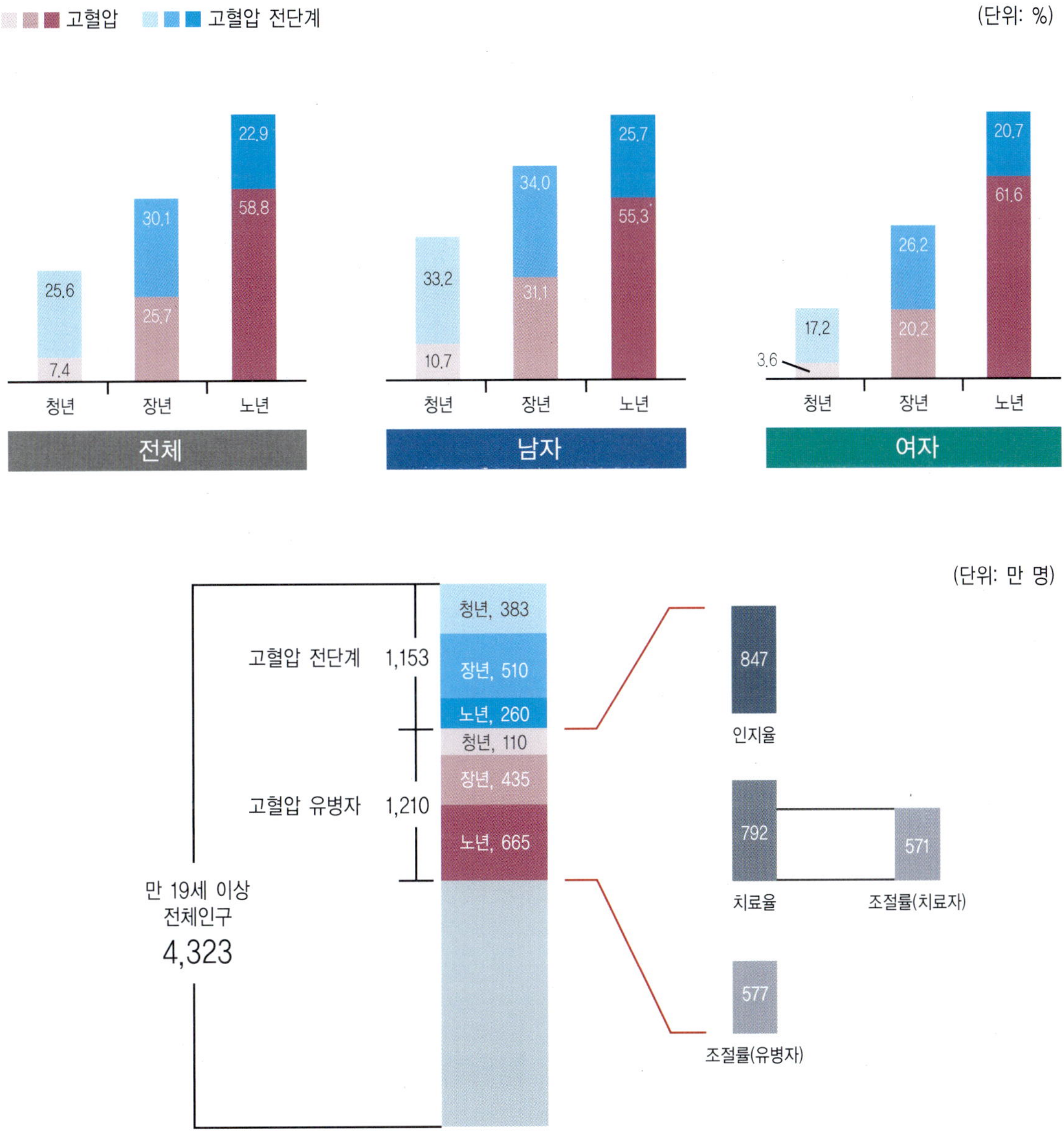

[그림 8-3] **고혈압 유병률 및 추계인구**

고혈압을 통해 발병하는 질환으로는 청년층에서 비만 63.1%, 노년층에서 당뇨병 32.7%, 고콜레스테롤혈증 42.1%가 가장 많았으며 비만, 당뇨, 고콜레스테롤혈증 중 하나 이상 동반하고 있는 고혈압 유병자 또한 36.3%에 해당되었다[그림 8-4].

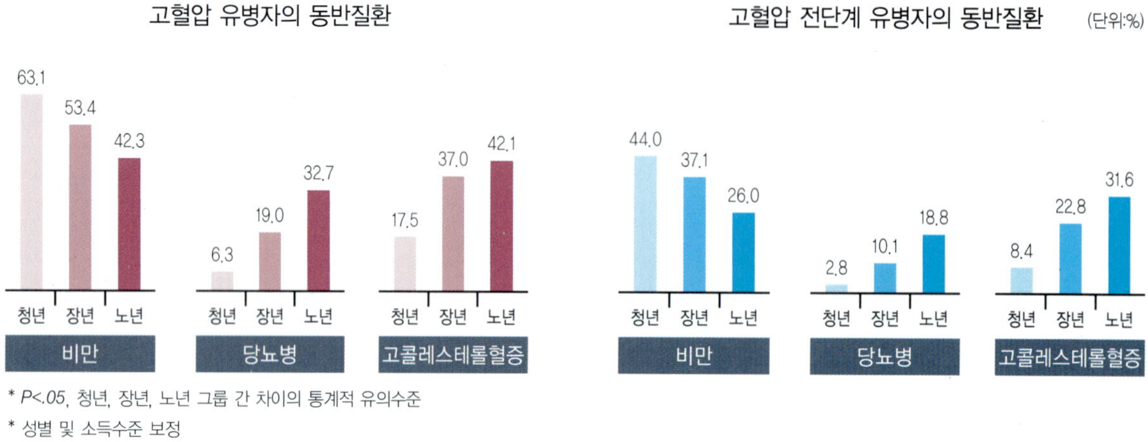

[그림 8-4] **고혈압과 동반질환**

고혈압유병자 중 청년층이 장, 노년층에 비해 현재흡연율, 월간폭음율, 나트륨 목표 섭취량 이상 섭취가 많은 것으로 보고되었다[그림 8-5].

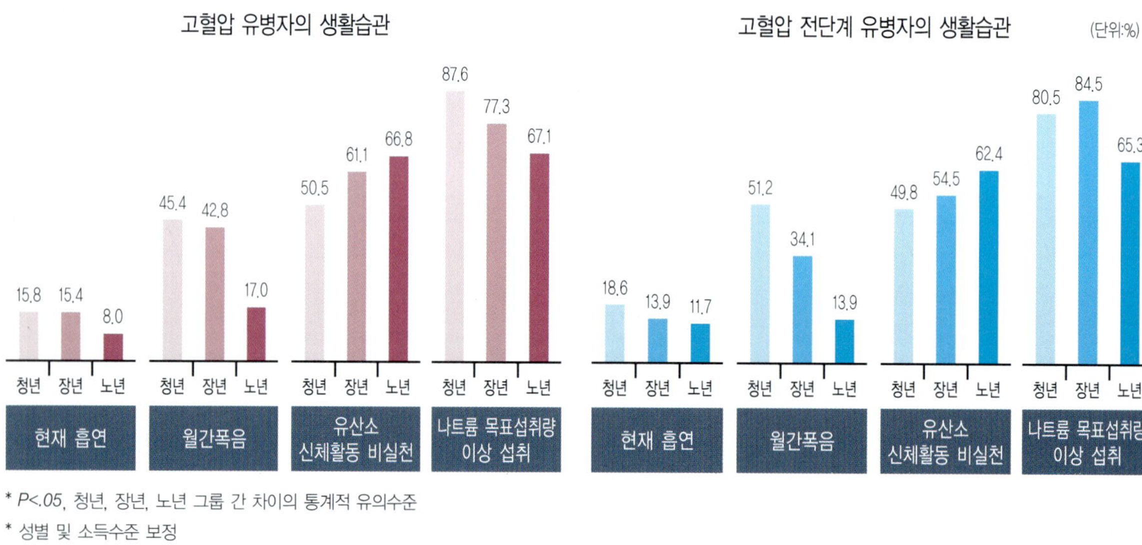

[그림 8-5] **고혈압과 생활습관**

고혈압의 형태는 대부분이 본태성 고혈압이나 원인이 확실하지 않으며 유전, 식사 습관, 비만, 스트레스 및 생활환경 등 복합적인 요인들을 고혈압의 원인으로 보고 있다. 따라서 식생활과 혈압과의 관계에 대한 이해가 우선되어야 한다. 염분의 과다섭취, 칼륨 또는 칼슘의 섭취 부족, 알콜의 과다섭취 등이 고혈압 발생에 관여하는 영양학적 요인들로 식사조절과 운동을 통한 체중 감량이 기본적이고 가장 오래 지속되는 고혈압의 예방과 치료방법이다. 최근 미국 심장학회에서는 혈압에 영향을 미치는 가장 강력한 과학적 근거인 4가지 요소 중 염분 섭취와 알코올 섭취는 혈압을 올리며, 칼륨과 오메가-3지방산 섭취는 혈압을 내리는 것으로 발표하였고 수터(Suter, 2002)의 연구에서도 나트륨의 과잉섭취는 혈압 상승을, 칼륨과 칼슘, 마그네슘, 항산화 비타민의 충분 섭취는 혈압을 낮춘다고 하였다.

1) 고혈압에 영향을 미치는 요소

① 나트륨

2020 국민건강영양조사에 의하면 19세 이상의 나트륨 평균섭취량이 3,358mg으로 세계보건기구(WHO) 권고 기준(나트륨 2,000mg/소금 5g)보다 높은 것으로 나타났다. 특히 30~39세는 다른 연령대보다 높은 섭취량을 보였다. 우리나라는 일본, 영국, 미국에 비해서도 월등히 높은 나트륨 섭취량을 보이고 있다. 따라서 2020년 한국인 영양소 섭취기준 개정안에서는 비만, 당뇨, 고혈압, 심혈관계 질환 등 만성질환의 증가 추세를 고려하여 나트륨의 만성질환위험감소섭취량을 2,300mg/day로 제시하였다. 만성질환위험감소섭취량이란 건강한 집단에서 만성질환의 위험을 감소시킬 수 있는 영양소의 최저 수준의 섭취량을 의미한다. 모든 성인의 충분섭취량은 1,500mg/day이다.

보건복지부의 2030년 목표 제5차 국민건강증진 종합계획에서 나트륨을 하루에 2,300mg 이하로 섭취하는 만 9세 이상 인구비율을 42.0%로 수립하고 있다[그림 8-6].

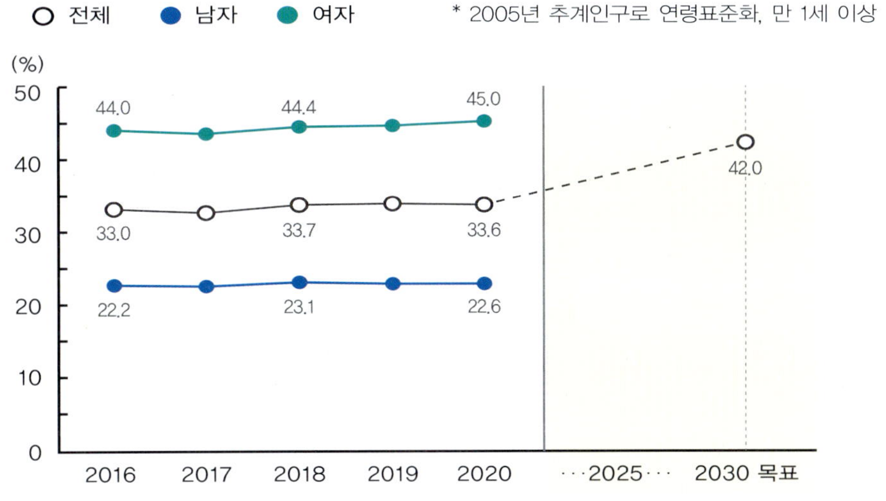

[그림 8-6] 나트륨 적정섭취자 분율

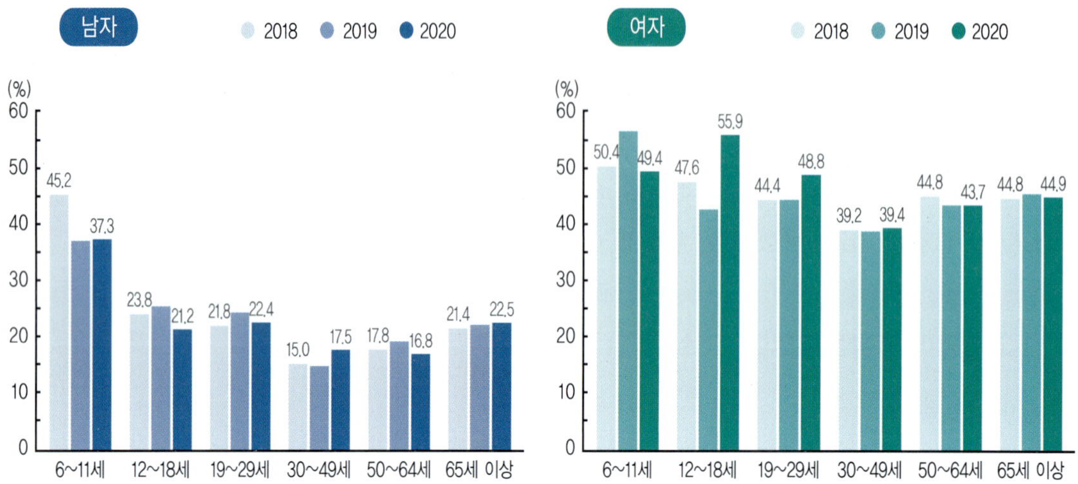

[그림 8-7] 생애주기별 나트륨 적정섭취자 분율

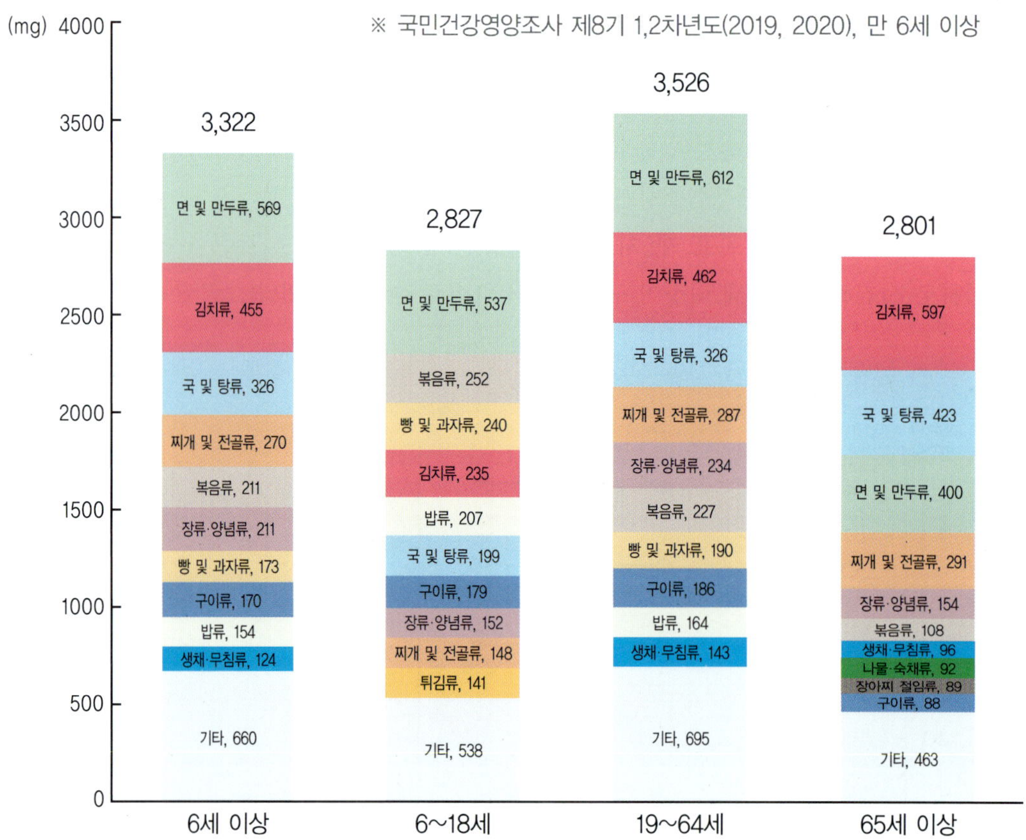

[그림 8-8] 음식군별 나트륨 섭취량

[그림 8-8]을 통해 나트륨은 주로 면 및 만두류, 김치류, 국 및 탕류를 통해 섭취됨을 알 수 있다. 나트륨의 1순위 급원식품은 아동과 청소년, 성인의 경우 면 및 만두류이고 노인은 김치류이다. 다른 연령과 달리 아동과 청소년은 빵과 과자류가 높은 순위를 차지하고 있다.

② 칼슘

덩과 리(Deng & Li, 2005)의 연구에서 칼슘은 혈관 평활근의 안정화, 교감신경의 정상 활동 유지, 혈액 내 강력한 혈관 확장제인 칼시토닌 유전자 관련 펩티드(calcitonin-gene-related peptide, CGPR)의 상승 기전으로 혈압 저하 효과가 있다고 알려져 있다. 또한, 최(choi et al, 2005)의 한국 성인남녀를 대상으로 무기질 섭취와 혈압과의 관련성 연구에서도 칼슘의 섭취량이 수축기 혈압과 유의적인 음의 상관관계가 있어 고혈압 예방을 위해 충분한 칼슘 섭취가 중요하다고 하였다. 그러나 홍(Hong, 2012)의 여대생 대상으로 한 칼슘 섭취량 조사에서는 권장량 대비 74% 수준의 섭취를, 연과 성(Yeon & Sung, 2011)의 폐경 후 여성을 대상으로 한 칼슘 섭취량은 권장량 대비 74.96% 수준으로 여성들의 칼슘 섭취량이 대체적으로 낮은 것으로 나타났다. 2021 국민건강 통계자료에서도 칼슘 적정섭취자 분율이 여성이 남성보다 낮고 특히 청소년과 노인에서 낮은 수준이라고 보고하였다[그림 8-9]. 구(Koo et al, 2013)의 연구에서는 골밀도가 낮을수록 혈압이 높았으며 고혈압이 골다공증에도 영향을 줄 수 있다는 것으로 보고 있다. 따라서 고혈압 예방을 위하여는 충분한 칼슘 섭취가 요구된다.

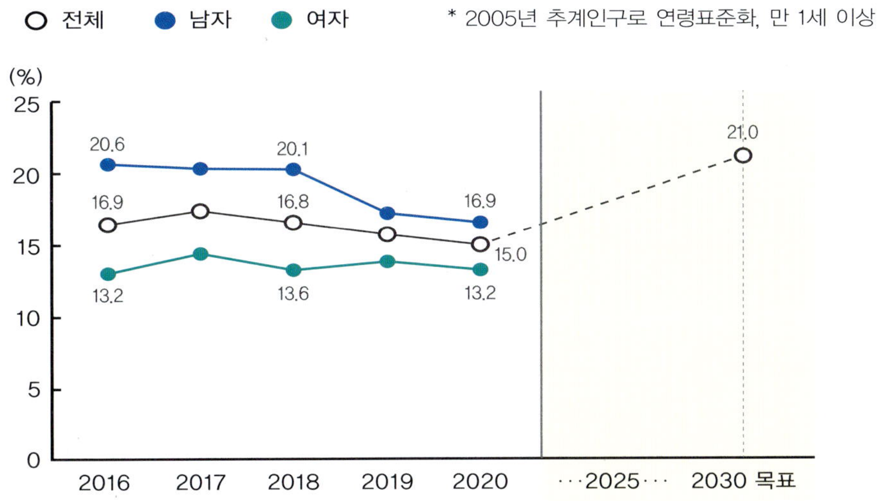

[그림 8-9] 칼슘 적정섭취자 분율

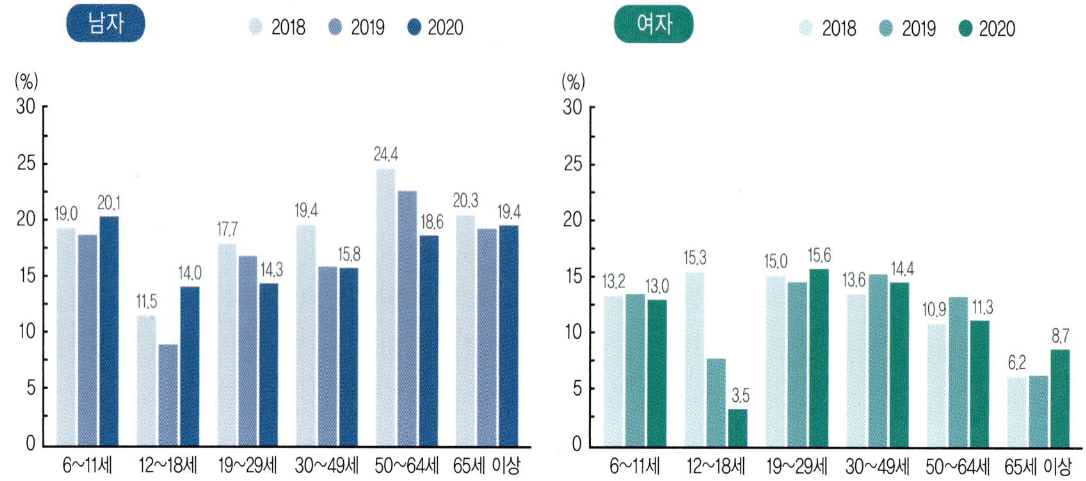

[그림 8-10] 생애주기별 칼슘 적정섭취자 분율

Tip 고혈압을 위한 식사요법(dietary approaches to stop hypertension, DASH)

DASH 다이어트란 지방은 적게, 과일과 채소는 충분히 섭취하고 저지방 유제품을 섭취하면 혈압을 빠르고 효과적으로 낮출 수 있는 식사를 말한다[표 8-10].

표 8-10 고혈압을 위한 식사요법: DASH Diet

많이 섭취
• 과일과 채소(하루에 4~5회) • 식이섬유(하루에 7~8회) • 저지방 유제품(하루에 2~3회) • 칼슘 • 칼륨 • 마그네슘 • 단백질이 많고 지방이 적은 생선, 가금류(하루에 2회)
적게 섭취
• 포화지방 • 콜레스테롤 • 소금

보건복지부와 대한의학회에서는 생활습관의 교정을 통해 고혈압을 관리하기 위한 가이드라인을 [표 8-11]과 같이 제시하고 있다.

표 8-11 생활습관 교정 가이드라인

교정법	권고
체중 감량	정상체중을 유지한다.
DASH 식사요법	과일과 채소와 저지방 유제품을 많이 먹고 포화지방산과 지방이 많은 음식을 피한다.
염분 섭취 줄이기	염분을 하루에 6g 이하로 섭취하거나 의사와 상의한다.
신체 활동	매일 적어도 30분 정도의 유산소 운동을 한다.
절주	남성은 매일 두 잔 이하, 여성은 한 잔 이하로 음주를 제한한다.

(3) 골다공증

골다공증(osteoporosis)은 뼈의 양이 줄어들고 뼈가 얇아지며 뼛속에 구멍이 많이 생긴다는 뜻으로 세계보건기구(WHO, 1994)에 따르면 골밀도(Bone Mineral Density, BMD) 검사결과 시 T-scores가 -1 이상이면 정상, -1~-2.5 사이는 골감소증 상태, -2.5 이하는 골다공증으로 분류한다[그림 8-11].

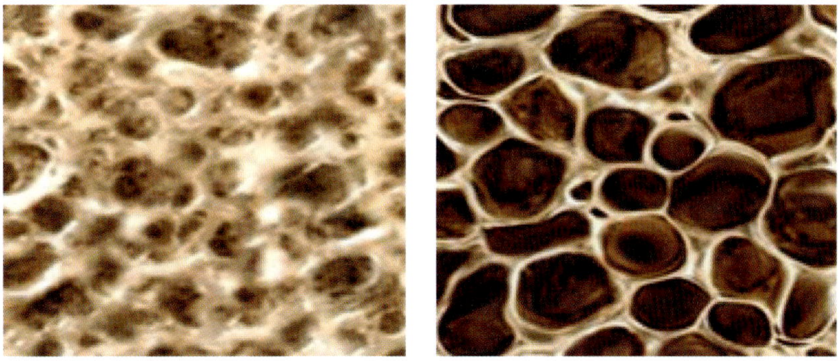

정상인 골다공증 환자

[그림 8-11] 정상인과 골다공증 환자의 뼈 상태

골질량은 사춘기에 성인의 90%가 형성되며, 35세부터 서서히 감소하다가 폐경이 시작되는 50세 전후 매우 빠른 속도로 골질량이 감소한다. 뼈의 강도는 뼈의 양과 질에 의해 결정되며 뼈의 구조, 교체율, 무기질화, 미세손상 등이 뼈의 질에 영향을 주는 요소들로 알려져 있다. 카니스(Kanis, 1994)의 연구에 의하면 골다공증 발생률이 백인과 아시아인 21%, 스페인계 16%, 흑인 10%로 인종에 따라 다르며 아시아인의 발생률이 높은 것으로 보고되고 있다.

골다공증에 걸리기 쉬운 요인은 [표 8-12]와 같다.

표 8-12 골다공증 위험인자

유전	가족력
인종	백인 또는 동양인
성별	여성
월경상태	폐경기, 빈혈성
연령	연령 증가
운동	신체적 활동력 감소
식사	Ca 섭취 부족, 비타민 D 부족, 커피, 알코올
흡연	흡연할수록 증가
스트레스	과도한 스트레스
투약	항응고제(헤파린), 항경련제, 갑상샘호르몬, 부신피질호르몬, 이뇨제 등의 치료제들은 칼슘 손실 증가
칼슘 흡수장애	위절제수술, 만성장염증성질환, 쿠싱병, 신경성 식욕 저하
호르몬 상태	에스트로겐, 테스토스테론 감소

1) 골다공증의 예방

골다공증을 예방할 때는 규칙적인 운동과 뼈를 건강하게 해주는 칼슘이 풍부한 식사, 햇빛 노출을 통해 비타민 D의 충분한 합성이 이루어지도록 한다. 술, 담배, 카페인, 인스턴트 식품, 패스트푸드, 청량음료, 흰 설탕 등의 가공 식품은 칼슘배출을 증가시키므로 섭취를 피한다. 과량의 나트륨은 소변으로 배출 시 칼슘과 함께 배출되기 때문에 싱거운 식사를 하는 것이 골다공증 예방에 도움이 되며 식사로 칼슘과 비타민 D 섭취가 부족할 때에는 칼슘과 비타민 D 건강기능식품의 섭취도 도움이 된다. 그러나 전적으로 식품 외에 기능식품에만 의존하는 것은 피하는 것이 바람직하다. 적당량의 단백질 식품섭취 또한 칼슘 흡수에 도움이 되나 단백질 보충제나 동물성 단백질의 과도한 섭취는 오히려 칼슘흡수율을 떨어뜨리므로 적정량의 섭취를 권한다.

표 8-13 칼슘 함유 식품 및 함유량

식품군	식품명	식품량	칼슘량(㎎)	식품군	식품명	식품량	칼슘량(㎎)
우유 및 유제품	우유 요플레 치즈	1컵 1개 1장	224 156 123	채소류	달래 근대 시금치	생것 1/3컵 또는 익힌 것 1/3컵	224 156 130
어류 및 해조류, 두류	뱅어포 잔멸치 고등어 물미역 두부	1장 2큰술 한 토막 2/3컵(생) 1/5모	158 90 56 107 145		고춧잎 무청 냉이	생것 1/2컵 또는 익힌 것 1/4컵	123 158 90
					배추김치	9쪽	107
육류	달걀 쇠고기	1개 탁구공 크기	20 4	과일류	귤 사과	1개 중 1개	145 20
곡류	밥 고구마	1공기 중 1개	21 30	견과류 및 종실류	아몬드 땅콩 깨소금	20개 20개 1/2큰술	4 21 30

(4) 비만

인체는 호르몬, 생식, 면역계, 온도조절, 외부 충격의 흡수 및 에너지 저장을 위해 지방을 필요로 하지만 지방이 과다하게 축적되면 대사문제로 인한 질병이 발생하게 된다. 체내에 과다하게 많은 양의 체지방이 쌓여 있는 상태, 또는 체중증가와 관련된 고혈압, 당뇨병, 고지혈증과 같은 질병의 발생 위험이 높으며, 이로 인한 사망률이 증가된 상태를 비만(obesity)이라 정의한다. 세계보건기구(WHO)에서는 비만을 질병으로 분류하고 있고 우리나라에서는 2030년 목표 제5차 국민건강증진종합계획에서 목표치를 설정하여 비만을 관리하고 있다.

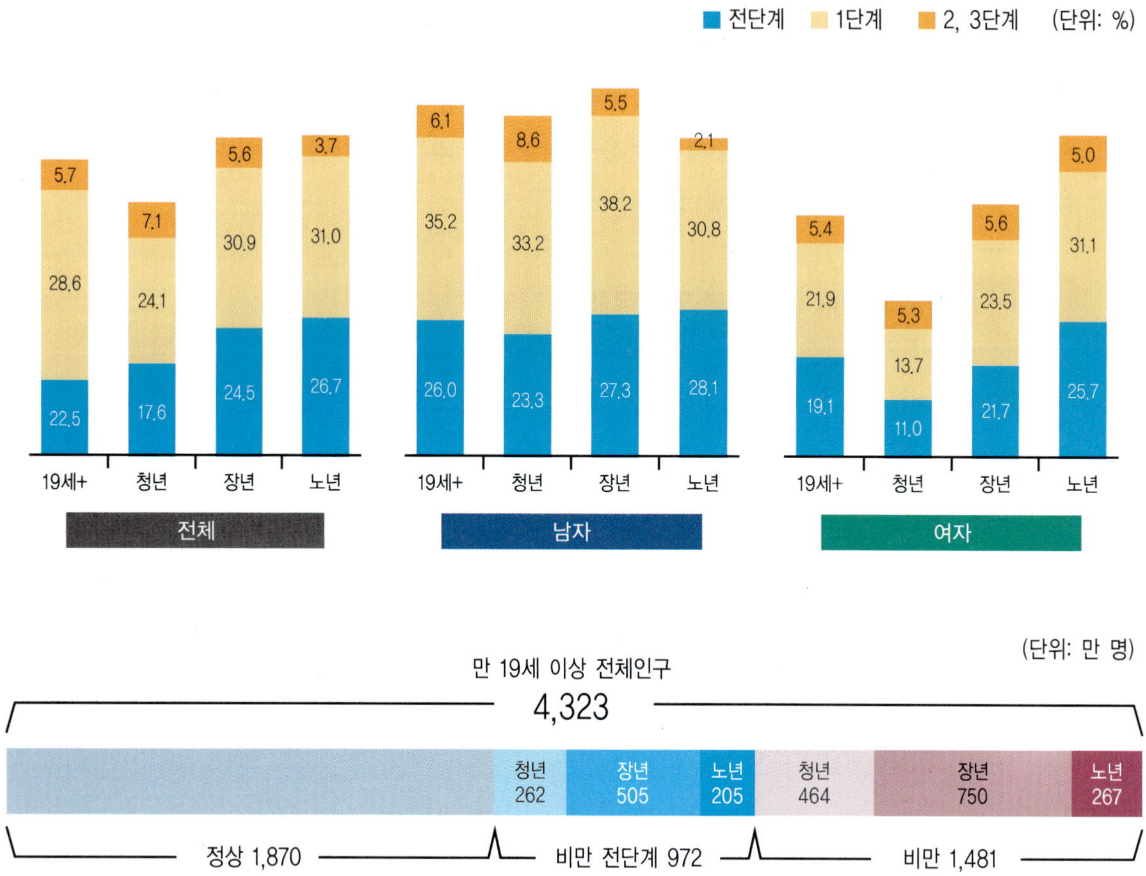

[그림 8-12] **비만 유병률과 비만 유병자 추계인구**

2021년 국민건강영양조사 결과 성인비만의 유병률은 2019년 34.4%, 비만 전단계는 22.5%이며 남자 청년층과 장년층의 비만 유병률이 다른 연령에 비해 높았고 여자의 경우에는 청년층, 장년층, 노년층으로 갈수록 비만유병률이 높은 것으로 보고되었다[그림 8-12].

또한 비만과 함께 동반한 질환으로는 고혈압 34%, 고콜레스테롤혈증 25.5%, 당뇨 14.5%이었다[그림 8-13]. 비만의 위험요인으로는 고위험음주가 장년층에서, 유산소신체활동 비실천이 노년층에서 가장 높은 것으로 나타났으며 영양위험요인으로는 아침결식 44.7%, 일일 1회 이상 외식 38.1%, 에너지과잉섭취 20.3%가 청년층에서 가장 높은 것으로 나타났다[그림 8-14].

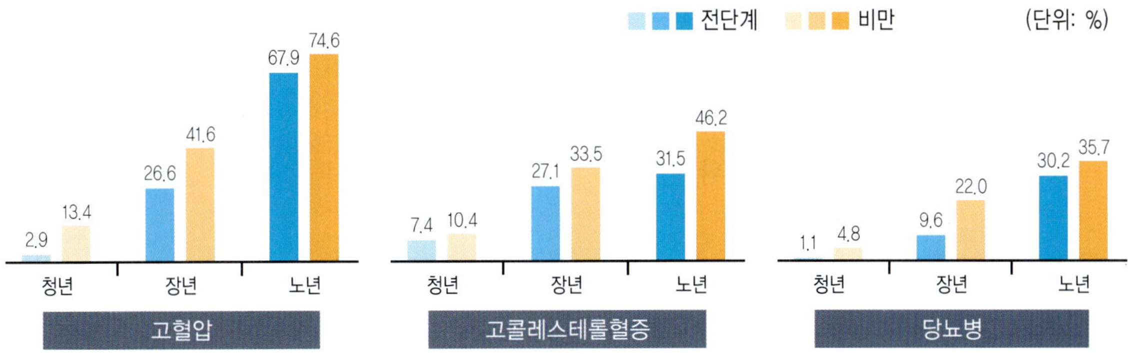

* *P<.05*, 청년, 장년, 노년 그룹 간 차이의 통계적 유의수준
* 성별 및 소득수준 보정

[그림 8-13] 비만 유병자의 동반질환

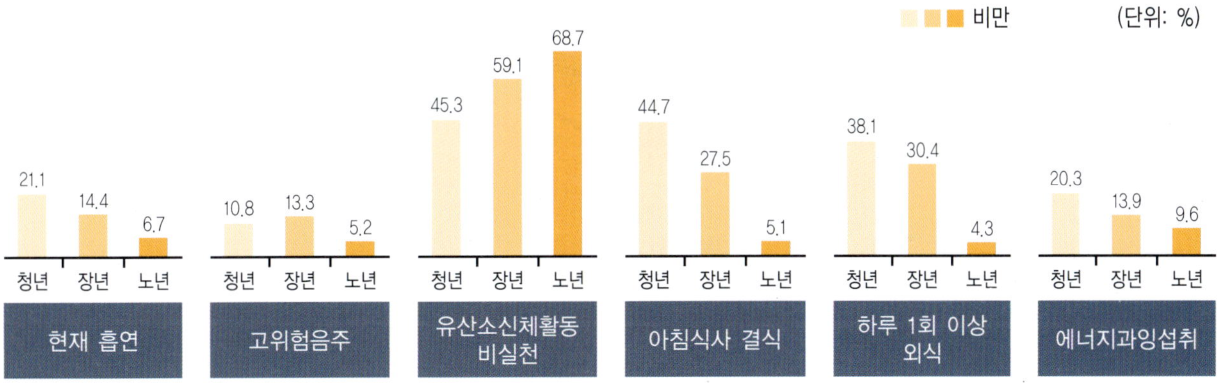

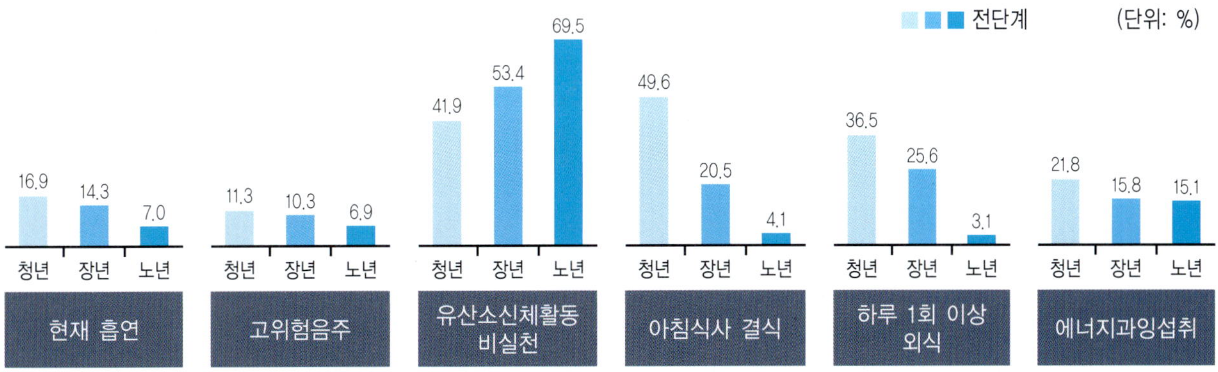

* *P<.05*, 청년, 장년, 노년 그룹 간 차이의 통계적 유의수준
* 성별 및 소득수준 보정

[그림 8-14] 비만 유병자의 생활습관

1) 비만의 원인

불규칙한 식습관, 과다한 음식 섭취, 운동 부족, 내분비계통질환, 유전적 요인, 정신적 요인 및 약물 등이 원인이 되어 나타난다.

2) 비만의 증상

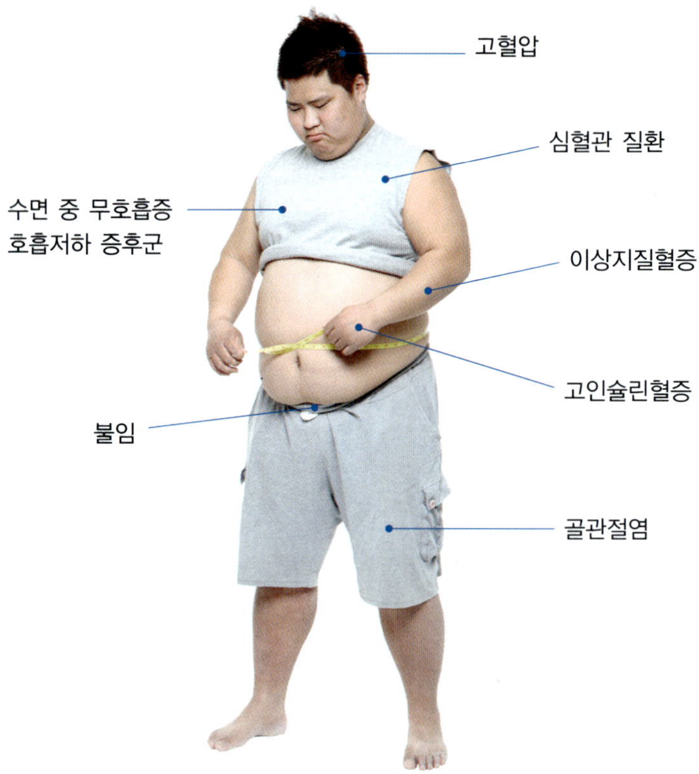

[그림 8-15] **비만환자의 증상**

3) 비만의 진단

① 체질량 지수(body mass index, BMI)

체중(kg)을 신장(m)의 제곱으로 나눈 값을 말하며 신장에 비해 체중이 적당한지를 파악하는 방법이다. 가장 널리 쓰이지만 근육과 지방량을 구분하지 못하는 단점이 있다. 세계보건기구(WHO)에서는 체질량지수 18.5 미만은 저체중, 18.5~24.9는 정상, 25~29.9는 과체중, 30~39.9는 비만, 40 이상은 고도비만으로 나눈다. 대한비만학회에서는 체질량 지수 18.5 미만을 저체중, 18.5~22.9는 정상, 23~24.9는 위험체중, 25~29.9는 1단계 비만, ≧30은 2단계 비만으로 분류하고 있다.

② 생체전기저항측정법(bioimpedence analysis, BIA)

생체전기저항측정법을 이용하여 체지방율이 여성은 30% 이상, 남성은 25% 이상일 때를 비만이라 한다.

③ 허리둘레 기준

허리둘레로 복부비만을 진단하는 것으로 WHO에서는 동양인의 경우 남성은 90cm 이상, 여성은 80cm 이상일 때 복부비만이라 하고, 대한비만학회에서는 남성 90cm, 여성 85cm 이상일 때 복부비만으로 진단한다.

④ 내장지방 기준

복부비만의 정밀분석방법으로 복부지방 컴퓨터 단층 촬영이 있으며 내장지방과 피하지방의 비율이 0.4 이상인 경우 내장지방형 비만이라고 한다.

4) 비만의 합병증

비만인은 심혈관질환이 정상인에 비해 2배 이상 높은 사망률을 보이며 고혈압, 당뇨병, 고지혈증, 지방간, 담석증, 폐쇄성 수면 무호흡증, 생리불순, 다낭성 난소질환, 불임증, 성욕감퇴, 우울증, 퇴행성 관절염, 통풍과 같은 합병증의 유병률을 높이기도 한다. 또한 대장암, 췌장암, 전립선암, 유방암 등의 각종 암이 생길 위험성도 증가시킨다.

(5) 당뇨병

당뇨병(diabetes mellitus)은 혈당조절관여 호르몬인 인슐린의 분비나 기능장애로 인해 고혈당이 나타나 소변으로 포도당이 배출되는 대사성 질환으로 우리나라 2019년 10대 사망원인 중 6위를 차지하고 있다. 2019년 기준 우리나라 만 19세 이상 성인 당뇨병 유병률은 12.2%, 당뇨 전단계 유병률은 39.6%로 우리나라 성인 인구의 절반이 당뇨 관리대상에 해당한다. 특히 장년층에서는 남자가 여자보다 당뇨병 유병률이 1.7배 높은 것으로 나타났다.

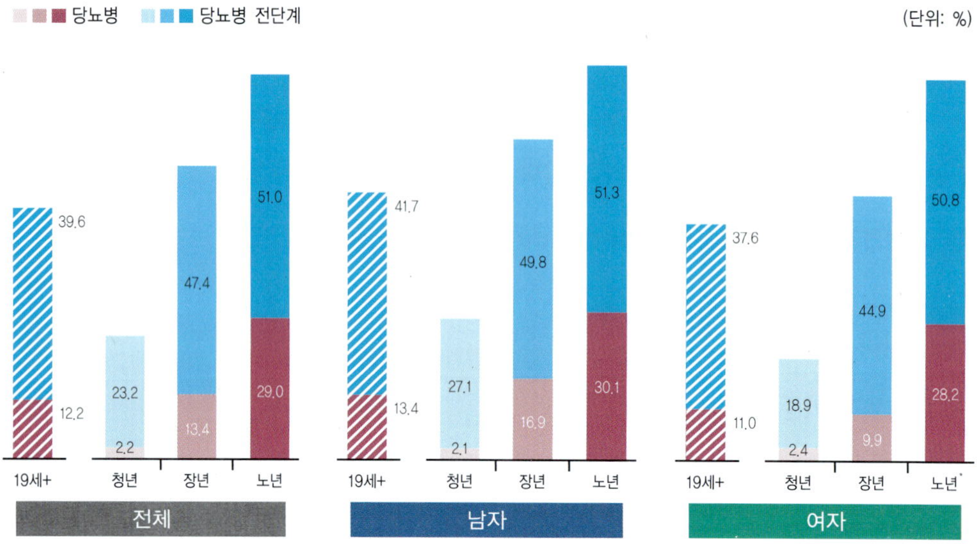

[그림 8-16] 당뇨병 및 당뇨병 전단계 유병률

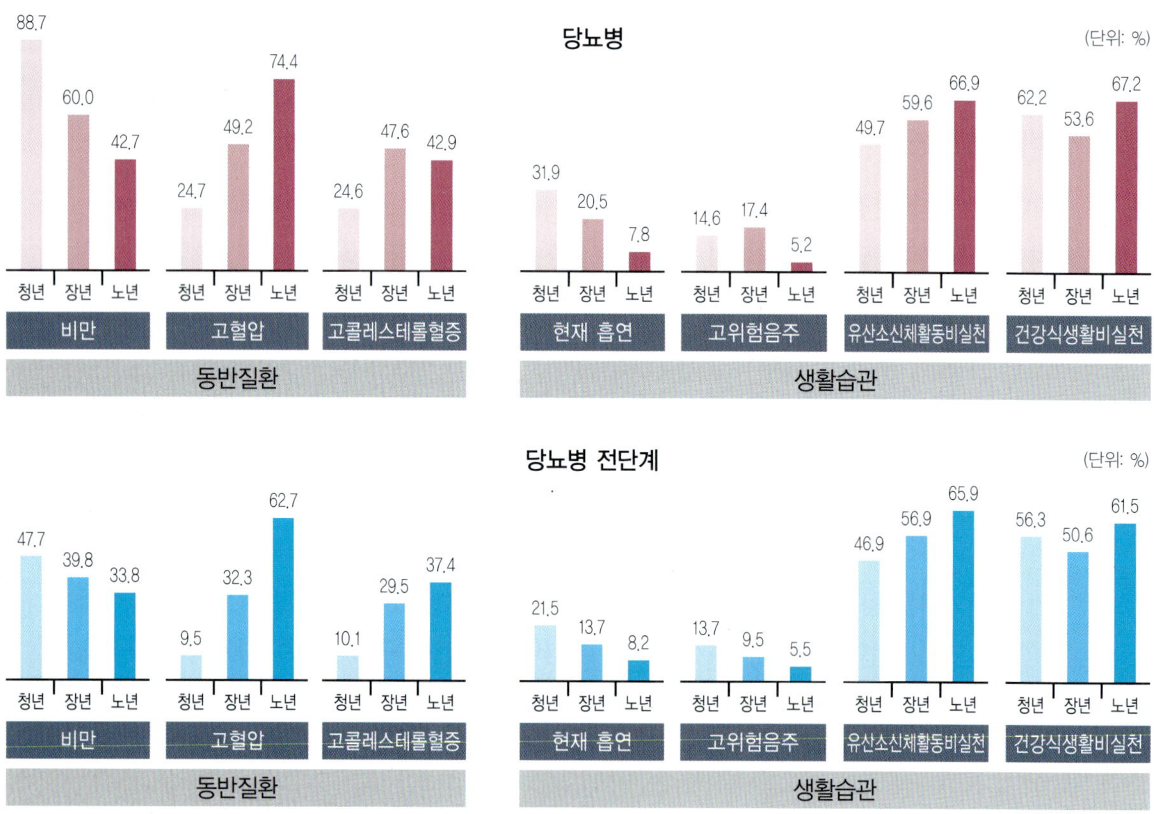

* *P*<.05, 청년, 장년, 노년 그룹 간 차이의 통계적 유의수준

* 성별 및 소득수준 보정

[그림 8-17] 당뇨병 및 당뇨병 전단계 유병자의 동반질환과 생활습관

유전, 고령, 비만, 임신, 감염, 약물(스테로이드제제, 면역억제제, 이뇨제) 등은 당뇨병 유발인자로 알려져 있으며 현대인의 과도한 음식물 섭취와 운동량 감소로 인해 비만이 증가하고 그로 인해 인슐린 비의존형 당뇨병의 유병률이 높은 것으로 생각되고 있다. 즉, 인슐린 작용이 약해져 포도당이 세포 내로 유입되지 못하고 혈액에 쌓여 소변을 통해 체외로 배설되는 것이다. 당뇨병은 망막, 신장, 미세혈관 합병증, 동맥경화, 심혈관, 뇌혈관질환과 같이 각 기관의 손상과 기능부전을 초래하게 되어 사망률을 증가시킨다. 연구에 의하면 식이 조절과 운동, 체중감량은 당뇨병을 예방할 수 있다고 알려져 있다. 혈당 조절은 췌장(이자)에서 생성되는 인슐린과 글루카곤에 의해 이루어지는데 인슐린은 혈당을 낮추고 글루카곤은 혈당을 높이는 역할을 하는 것으로 알려져 있다.

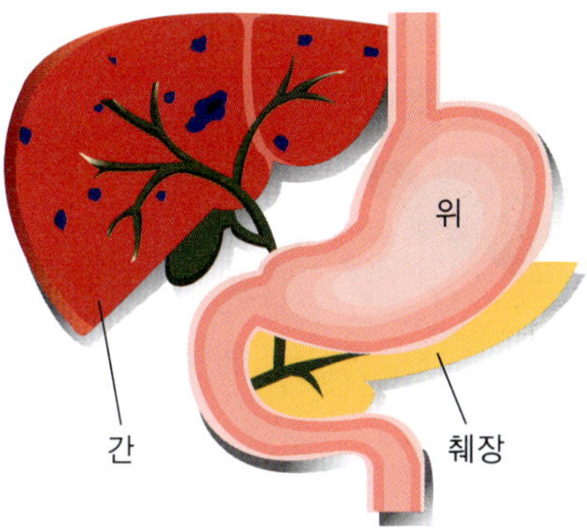

[그림 8-18] **췌장의 구조**

당뇨병의 대표적인 증상은 다음(多飮), 다뇨(多尿), 다식(多食)이 있으며 그 외 증상으로는 눈의 침침함, 손발 저림, 여성의 경우 질 소양증 등이 있다. 그러나 혈당이 그다지 높지 않은 경우에는 특별한 증상을 느끼지 못하는 경우가 대부분이다.

당뇨병은 그 자체 질환보다 합병증으로 인한 여러 가지 질환의 발생으로 인해 적절한 조치를 취하지 않을 때 위험할 수 있다. 당뇨병이 오래 지속되면 심장, 뇌, 하지에 혈액을 공급하는 혈관이 좁아지거나 막히고 망막, 신장, 신경에 문제를 일으켜 시력상실, 만성신부전, 상하지의 감각 저하 및 통증을 유발할 수 있다[그림 8-19].

당뇨병의 위험이 높은 대상자들은 45세 이상 성인과 45세 미만이라도 과체중이거나 비만이면서 가족력이 있는 자, 고혈압, 이상지혈증, 공복혈당장애나 과거 내당능장애를 앓은 자, 임신성 당뇨병이 있던 자 또는 거대아 출산 유경험자, 심혈관질환, 평소 운동 부족인 사람들로 성인 당뇨병을 예방하기 위해선 비만이 되지 않도록 적정 체중을 유지하는 것이 우선이다. 따라서 고지방 식사와 음주는 피하고 적당한 식사 섭취를 통해 에너지 섭취를 조절하며 규칙적인 운동을 하는 것이 중요하다.

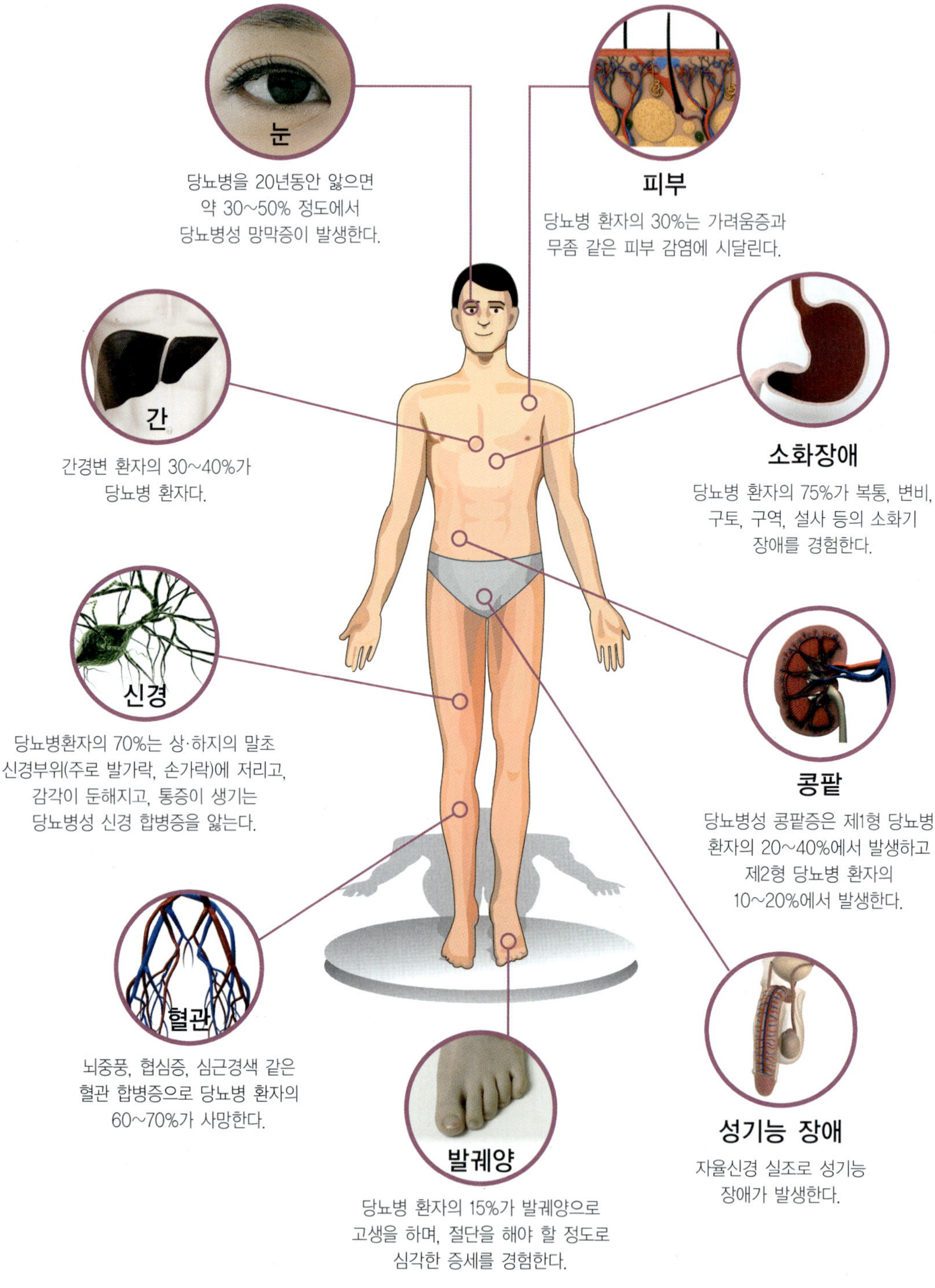

[그림 8-19] **당뇨의 합병증**

Tip 당뇨병의 진단 기준(1997년 당뇨병의 진단기준 및 분류에 관한 전문위원회 제시)

① 물을 많이 먹고, 소변을 많이 보며, 이유 없는 체중 감소가 있으면서, 식사 시간에 관계없이 측정한 혈당이 200mg/dℓ 이상인 경우
② 공복 혈당이 126mg/dℓ 이상
③ 경구 당부하검사 시 75gm의 포도당을 섭취 후 2시간째 측정한 혈당이 200mg/dℓ 이상

(6) 암

암이란 생체조직 내에서 무제한으로 증식하는 미분화 세포로 구성되어 악성종양을 형성하는 병으로 주위의 정상조직 또는 기관을 침범하거나 다른 기관으로 전이하여 생체를 죽음에 이르게 한다.

암의 원인물질은 흡연, 음주, 직업적 노출, 환경오염, 전리방사선의 노출, 자외선, 각종 약물, 바이러스, 식이 및 영양상태, 유전적 요인 등이 있으며 암 발생증가의 주요 원인으로는 인구의 고령화, 암 진단기술의 발달, 조기검진 활성화 및 서구형 식생활, 신체활동 감소 등 생활습관의 변화로 추정하고 있다[표 8-14].

표 8-14 암의 원인과 발암 기여도

원인	발생하는 암	발암기여도(%)
담배	폐암, 구강암, 방광암, 신장암, 위암, 자궁경부암	30
식생활	유방암, 대장암, 전립선암	20
감염	간암, 자궁경부암	15
유전	대장암, 위암, 유방암, 난소암	5~10
방사선	폐암, 백혈병	3
알코올	간암, 식도암, 구강암	3
화학물질	방광암, 중피암	4

2015~2019년 모든 암의 발생률 추이를 볼 때 남녀 전체는 1.2% 증가하였으나 남자는 다소 감소하였고 여자는 상승률이 높은 것으로 나타났다[그림 8-20].

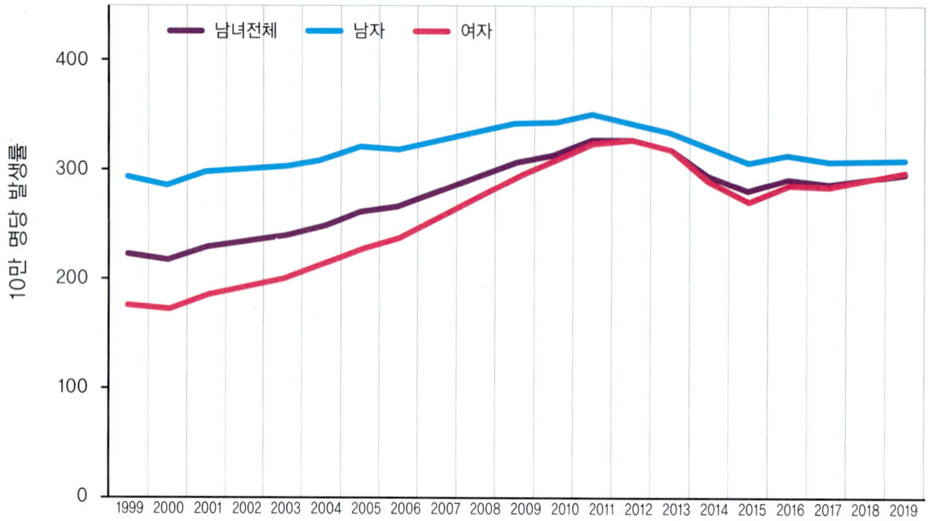

성별	최근 추이	
	발생 기간	연간% 변화율
남녀 전체	2015~2019	1.2
남자		−0.1
여자		2.3*

* P<0.05

[그림 8-20] **모든 암 연도별 발생 추이**

주요 암 중에서의 남녀 전체 연령표준화발생률 추이는 [그림 8-21]과 같다.

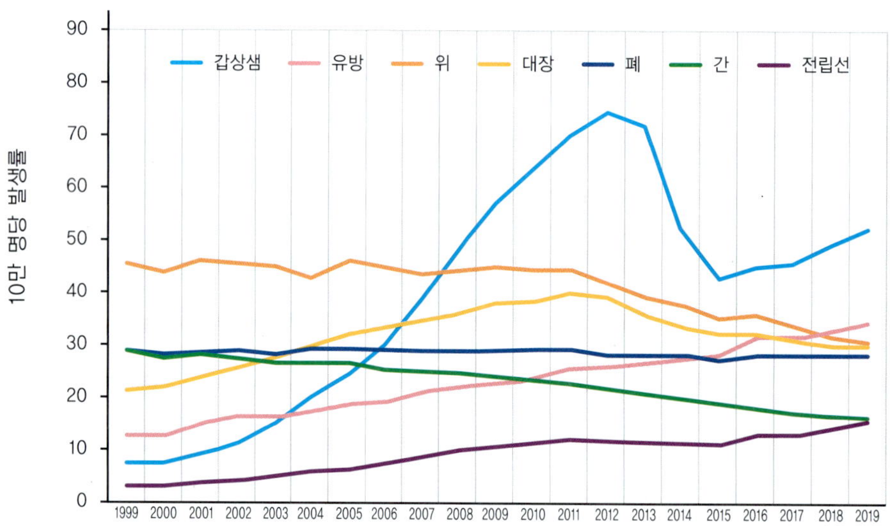

암종	최근 추이	
	발생 기간	연간% 변화율
갑상샘	2015~2019	4.2*
유방	2007~2019	4.3*
위	2011~2019	−4.5*
대장	2015~2019	−2.0*
폐	2015~2019	0.6
간	2009~2019	−4.1*
전립선	2015~2019	7.3*

* P<0.05

[그림 8-21] **연도별 암발생률 추이**

15~34세는 갑상샘암, 35~64세는 갑상샘, 유방, 위, 대장, 폐, 기타 암 순서로 발생률이 높았다[그림 8-22].

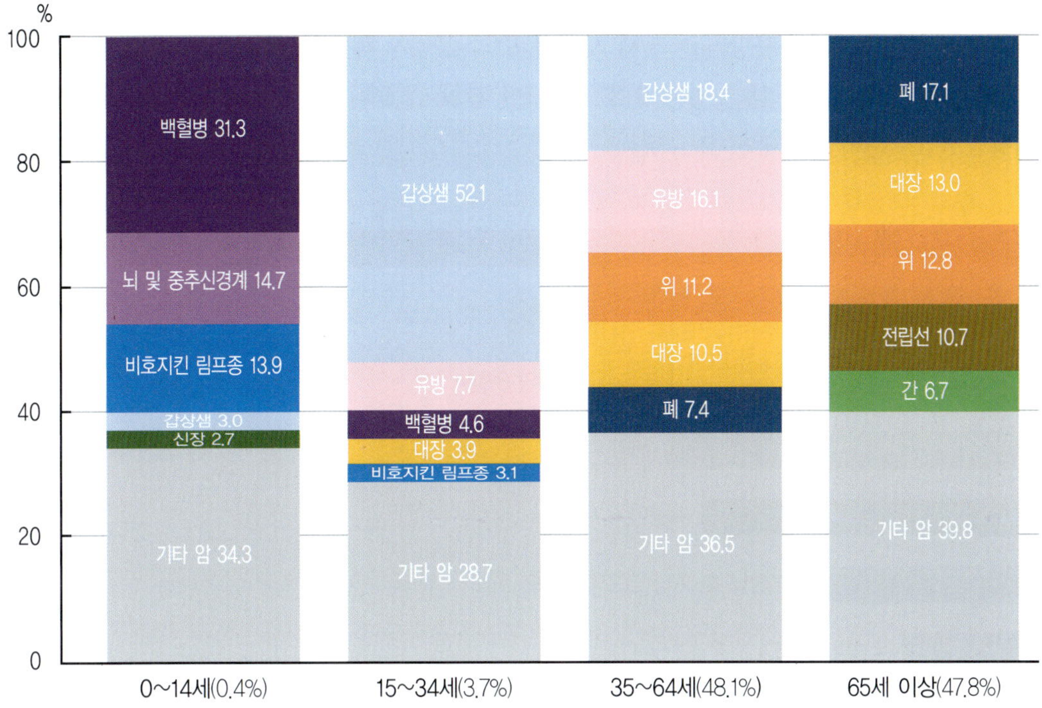

* ( )의 %는 전체 암 발생자 중 연령별 암 환자수 분율

[그림 8-22] 연령군별 주요 암종 발생분율(2019)

표 8-15 주요 암종별 사망률(2020)

암종	국제질병분류(ICD-10)	사망자수	분율(%)
모든 암	C00~C97	82,204	100
폐암	C33~C34	18,673	22.7
간암	C22	10,565	12.9
대장암	C18~C21	8,944	10.9
위암	C16	7,510	9.1
췌장암	C25	6,775	8.2
담낭 및 기타 담도암	C23~C24	5,192	6.3
유방암	C50	2,745	3.3
전립선암	C61	2,194	2.7
비호지킨림프종	C82~C86	2,069	2.5
백혈병	C91~C95	1,825	2.2

2020년 암으로 인한 사망자는 전체 사망자 중의 27%가 해당이 되며 사망률이 가장 높은 암은 폐암으로 전체 암 사망자의 22.7%이며 간암 12.9%, 대장암 10.9%, 위암 9.1%, 췌장암 8.2% 순이었다[표 8-15, 그림 8-23].

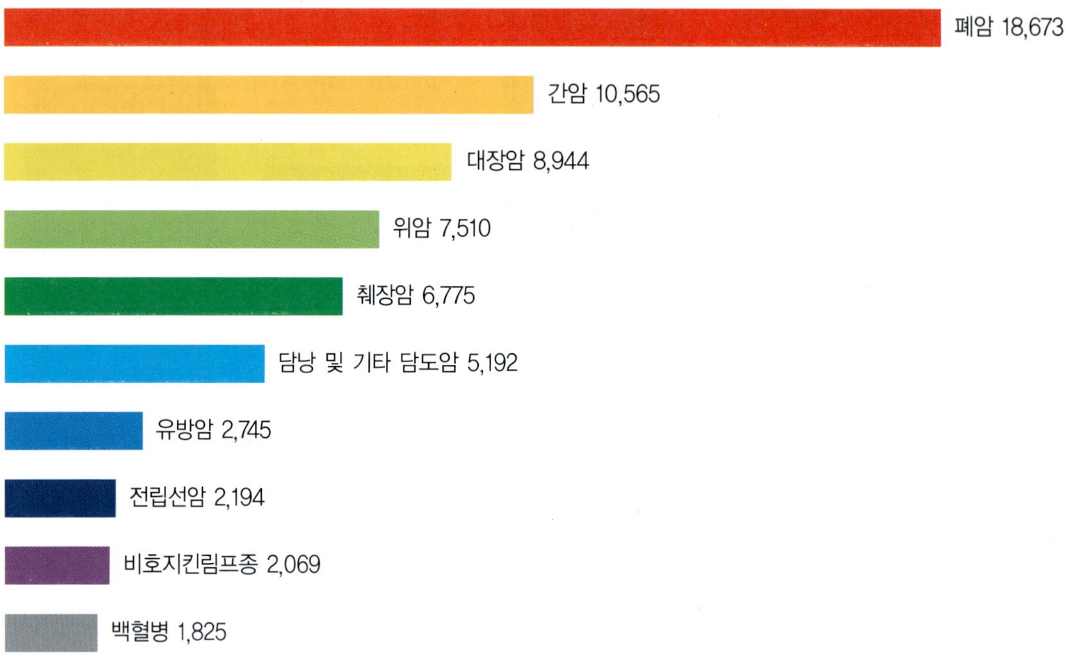

[그림 8-23] **암종별 사망자수: 남녀 전체(2020)**

암 발병 원인 중 음식에 함유된 발암물질도 중요요인으로 알려져 왔다. 따라서 올바른 식생활 관리는 암을 억제할 수 있는 방법이다. 예를 들면 질소계통 함유 식품은 조리 시 태우거나 짜게 조리하면 발암물질 중 하나인 니트로소아민으로 변할 수 있다. 그러나 충분한 비타민 C의 섭취는 니트로소아민을 억제시키는 것으로 알려져 있어 제암에 도움이 된다. 쌀, 땅콩, 옥수수 등의 관리가 소홀할 때도 곰팡이 독이 발생할 수 있어 암 발생의 우려가 되니 관리에 주의해야 한다. 암과 식생활과의 상관성은 이 외에도 [표 8-16]에 제시하였다.

표 8-16 암과 식생활의 관련성

암의 종류	증가 요인	감소 요인
위암	염장, 절임류, 뜨거운 음식 섭취, 불규칙한 식사	유제품, 신선한 과일, 채소, 된장국 섭취
대장암, 직장암	고지방식, 저섬유식, 맥주 섭취	고섬유식, 단백질 섭취
폐, 췌장암	흡연, 오염된 공기	녹황색 채소, 신선한 채소 섭취
전립선암	고지방, 포화지방식 섭취	녹황색 채소, 콩류, 셀레늄 섭취
유방암	운동 부족, 고에너지 식품, 알코올 섭취	녹황색 채소, 과일, 콩류 섭취
식도암	알코올, 흡연, 보존 식품, 비타민 · 무기질 섭취 부족	채소, 과일 섭취
간암	알코올, 곰팡이독, 커피, 중금속, 농약	고단백질, 두부, 신선한 채소와 과일 섭취

생애주기 영양학

CHAPTER

09 노인기 영양

01 노인기 특징

02 노인기 신체 변화

03 영양소 섭취기준

04 노인기의 식생활 관리

05 노인기의 영양문제

1. 노인기 특징

노인은 신체적, 심리적, 사회적 측면에서 생활주기에 따라 변화하는 노화과정에 있는 남녀 또는, 생리적, 신체적 기능의 퇴화와 더불어 심리적인 변화가 일어나 개인의 자기유지기능과 사회적 역할기능이 약화되고 있는 사람이라 정의되고 있다. 한국 노인의 연령은 노인복지법 기준 65세 이상을 말하며 전체 인구의 7%일 때 고령화 사회, 14% 이상일 때 고령사회라 한다. 우리나라는 2000년부터 7%를 넘어서 고령화 사회가 되었고 2020년 10월 65세 이상 비율 15.7%로 고령사회에 진입했다[그림 9-1].

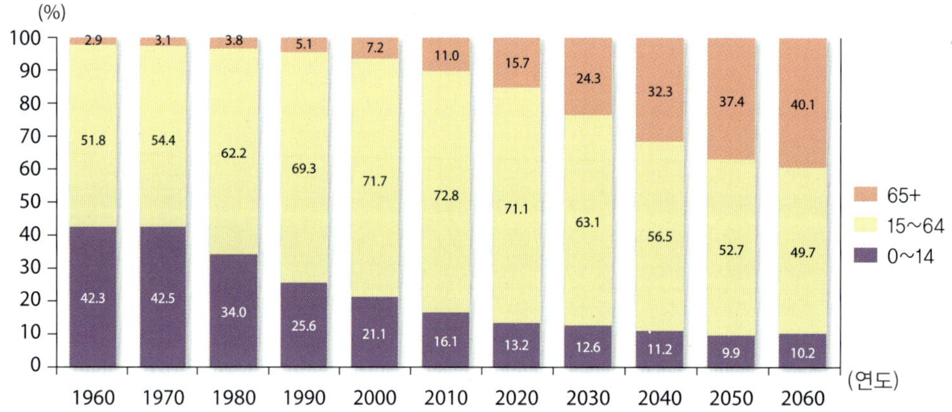

[그림 9-1] 연령계층별 인구 구성비(1960~2060년)

노인인구의 지속적인 증가는 의학의 발달과 경제 성장에 따른 것으로, 전 세계적으로 증가 추세다. 우리나라 인구피라미드는 2010년 20대 이하가 전체 인구의 37.3%, 30~50대 47.2%, 60대 이상 15.5%로 중간 연령층이 많은 종형구조를 이루고 있고 점차 아랫부분이 좁아지는 형태이며, 윗부분(특히 고령)이 넓어지면서 2060년 20대 이하는 21.8%로 감소하는 반면, 60대 이상이 47.4%로 가장 큰 비중을 차지하는 역삼각형의 항아리 구조로 변화할 것으로 예측하고 있다[그림 9-2].

노인은 신체의 구조 및 기능면에서 질병이나 상처 등의 회복 능력이 점차 감소하고 결국엔 완전히 상실하게 되는데 이런 과정을 노쇠현상(senescence, senility)이라 하며 일생 중에서 성숙단계가 지나면서 나타나는 것을 '노화(aging)'라 한다. 다시 말해 노화란 가령과 함께 장기 조직의 쇠퇴, 변질 및 노쇠현상을 말한다.

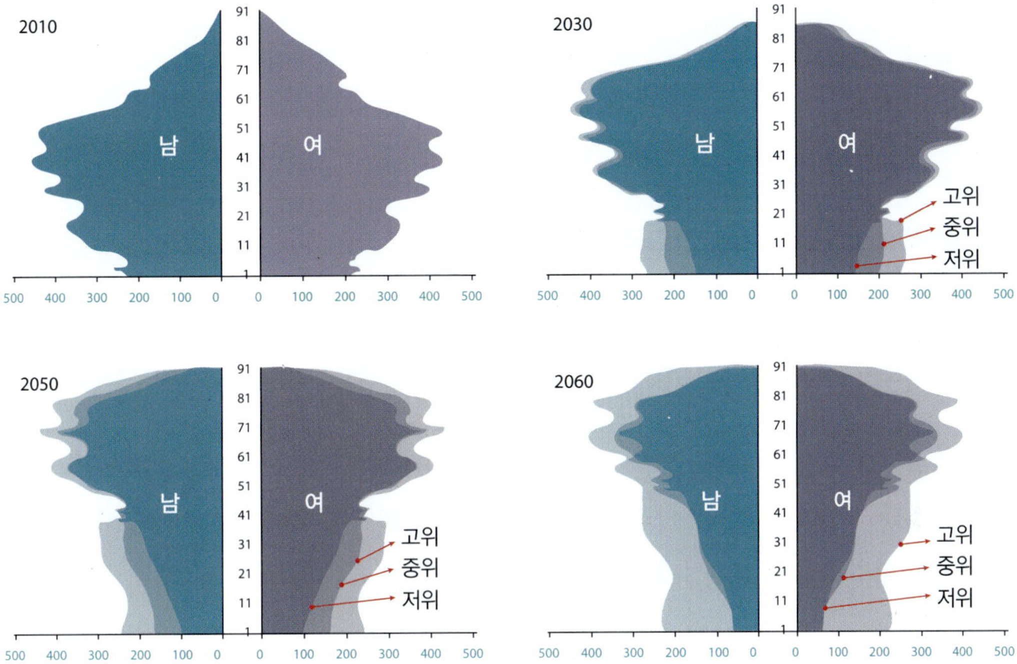

[그림 9-2] 성 및 연령별 인구피라미드(2010~2060년)

현재까지 노화의 원인은 정확하게 밝혀지지 않았다. 그러나 많은 학자들이 유전, 환경, 생활습관요인들이 서로 영향을 주고 있는 것으로 보고 있다. 노화 이론은 프로그램이론과 손상이론으로 크게 나눈다. 생물학적 노화가 이미 프로그램으로 짜여 있어 이 유전적 계획에 따라 노화가 진행되고 멈춘다는 이론이 프로그램 이론이며, 환경요인에 따라 노화가 진행되면서 인체가 손상을 입어 정상 기능을 잃는다는 것이 손상이론이다. 이외에 체세포 돌연변이설, 노화예정설, 과오설(오류 축적 이론), 텔로미어설, 세포사멸설(apotosis), 유해산소설, 교차결합설 등이 있다. 그러나 노화현상을 정확하게 설명하기엔 아직도 어렵다.

노화현상이 나타나면서 발생하는 가장 큰 문제점은 삶의 질이 낮아진다는 점이다. 삶의 질이란 신체적, 정신적, 사회적 상황 속에서 개인이 표현한 경험과 주관적 만족이라고 존슨(Johnson, 1982)은 정의했고, 파딜라(Padilla, 1985)는 정신적 건강, 신체적 건강, 신체상에 대한 관심, 사회적 관심, 진단 및 치료에 대한 반응들을 평가하는 것이라 정의했다. 따라서 노인기에는 신체적 변화, 사회에서의 경제적 은퇴, 그에 따른 자신감 상실, 고독감과 우울감 등의 정신적 변화로 인해 의욕 상실과 빠른 노화현상이 나타나므로 노인에 대한 높은 관심이 앞으로도 더 절실하다.

2. 노인기 신체 변화

(1) 체격과 체조성

30세 이후부터 10년 당 0.5~10㎝ 정도 감소하고 여성이 남성에 비해 감소정도가 빠르다. 체지방은 노화에 따라 증가하고 근육량은 감소한다.

(2) 뇌

뇌의 무게는 가령과 함께 서서히 줄어들어 80세경에는 최고치인 약 1.4kg보다 7% 감소하여 1.3kg정도가 된다. 이런 뇌세포 수의 감소와 함께 신경세포의 수초도 소실되고 뇌의 주성분 물질인 지방과 단백질은 20세 이후부터 꾸준히 감소하여 신경전달물질 수준의 저하가 나타나 신경자극전달속도는 30대 이후부터 서서히 감소한다. 그로 인해 반사능력, 계산능력, 기억력 등이 떨어지게 되고 노인성 치매나 파킨슨 증후군 노출의 위험이 높아지게 된다.

(3) 혈액조성

80세까지 혈액량은 유지되나 혈액량/활성 조직량 비가 증가한다. 적혈구 수는 65세 이후부터는 서서히 감소한다. 혈장 단백질 농도는 감소하고 LDL-콜레스테롤은 증가한다.

(4) 심혈관계

가령과 함께 혈압이 상승해 심장에 부담을 주어 심장의 크기와 무게는 커진다. 또한, 동맥의 탄성도는 떨어지고 정맥벽이 약해져 정맥류 가능성도 높아지며 60세 이후부터 현저히 최대 심장 박동수와 혈액 박출량이 감소한다.

(5) 신장

신장의 크기가 줄고 기능이 떨어지며 방광의 용량도 감소한다. 기능 감소로 혈장 질소대사물, 요산, 크레아틴 및 요소 등의 농도는 상승하며 사구체 소실로 인한 사구체 여과량은 40대 이후 감소하여 소변 농축력이 현저히 떨어진다. 세뇨관의 재흡수능력이 저하되며 노폐물을 배출하는 여과기능도 저하된다.

(6) 간

40대 이후부터 간의 중량이 감소되고 위축되며 기능 저하가 나타난다. 영양소대사와 약물대사에 관여하는 과립효소계(microsomal enzyme system)의 기능저하로 해독기능과 알코올 분해 능력과 혈당조절 능력이 저하된다.

(7) 생식기관

에스트로겐, 프로게스테론, 테스토스테론 등의 성호르몬 분비의 감소로 여성은 자궁과 질이 위축되며, 질 분비물이 감소하면서 질 점막이 건조해지고 남성은 정자 생산량이 감소한다.

(8) 내분비계

수면주기를 조절하는 멜라토닌(수면호르몬)이 감소하며 항이뇨 작용에 의해 혈압을 상승시키는 바소프레신(vasopressin)은 신장과 간에서 제거율이 낮아져 높게 나타나는 것으로 보이며 알도스테론(aldosterone)의 수준 또한 낮아진다. 면역기능 또한 저하되어 각종 감염성 질환, 암, 자가면역성 질환 등이 증가한다. 인슐린 분비수준은 변화가 없으나 인슐린 감수성이 낮아져 비정상적인 당내성이 나타나기도 한다. 부갑상샘호르몬의 경우에 여성은 폐경 이후 골다공증이 유발된 여성에게서 높게 나타난다.

(9) 골격계

노화와 함께 골내 무기질이 감소하여 골밀도가 감소하고 뼈의 변화를 가져와 골다공증과 골절의 발생 위험도를 높인다. 골의 무기질 감소원인으로 여성은 폐경으로 인한 에스트로겐 분비중지와 칼시토닌으로 인한 칼슘 배설량 증가, 비타민 D_3 감소로 칼슘의 흡수가 적어지는 것으로 본다[그림 9-3].

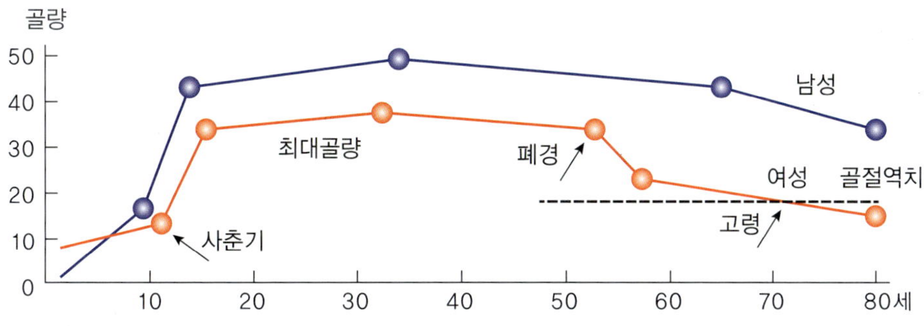

[그림 9-3] 연령에 따른 골량의 변화

(10) 근육

근섬유의 크기, 수, 근섬유 분절 등의 소실로 80세의 근육량은 30세보다 30% 정도 감소한다. 근육량 감소는 인대와 건(힘줄)의 수분 감소를 초래하고 유연성이 떨어지며 경직현상이 증가한다. 근육 내의 글리코겐, 크레아틴 인산의 함량은 감소되고 신경전달물질의 분비도 적어진다. 근육 강도의 저하로 균형감각 상실과 골절, 낙상 등의 위험이 높아진다.

(11) 피부와 모발

피부가 얇아지고 에크린 땀샘(eccrine sweat glands)과 피지선(sebaceous glands) 분비능력이 저하되고 피부가 건조하게 되어 주름이 생기며, 탄성이 줄어들어 피부가 늘어지게 된다. 남성은 30세 이후, 여성은 폐경기 이후부터 모발이 점점 빠지기 시작하고 희어진다.

(12) 청력

이도의 벽은 얇아지고 고막은 두꺼워져 고음부의 탄력성이 줄어들어 고음을 들을 수 있는 능력이 감소하며, 노화로 인해 최대 가청진동수가 10세에는 20kHz였지만, 50세는 14kHz, 60세는 5kHz정도로 점점 떨어지게 된다[그림 9-4].

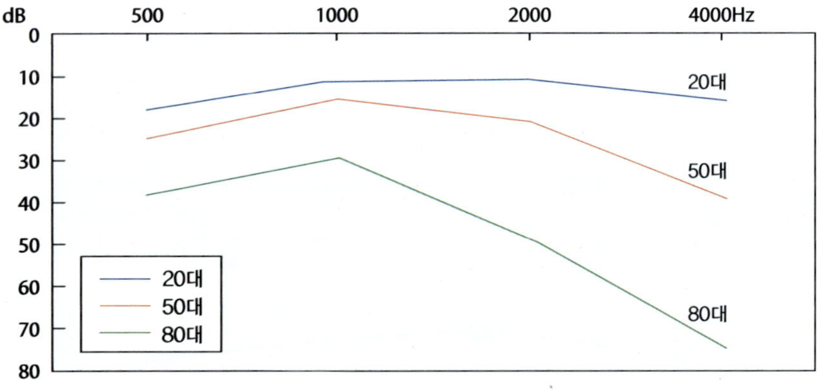

[그림 9-4] **연령에 따른 청력의 변화**

(13) 시력

시각세포 수는 노화로 인해 산화적 손상을 입어 감소한다. 망막이 얇아지고 수정체의 혼탁현상이 나타나 수정체의 조절 능력, 동공의 반사능력, 빛의 강도에 적응하는 능력이 감소하고 시력도 떨어진다.

(14) 미각

미뢰 수의 감소와 수축으로 맛의 민감도가 떨어지며 침샘의 분비 저하와 구강 점막의 발달 둔화로 미각이 둔해진다.

(15) 치아

치주질환이나 치아 자체의 여러 가지 요인에 의해 치아탈락이 나타난다.

(16) 타액선

타액의 분비 감소로 소화효소(프티알린)가 감소하여 소화기능에 영향을 미친다.

(17) 위

위의 중량과 수축력이 가령과 함께 감소 · 감퇴되어 근위축이나 경화현상이 나타난다. 위액 분비 감소현상은 산도를 떨어뜨려 살균작용이 저하되고 소장에서의 소화흡수를 방해한다.

(18) 췌장

소화효소인 아밀라아제와 리파아제, 트립신 분비가 감소되어 탄수화물, 단백질, 지방의 소화 흡수가 지연된다.

(19) 호흡계

폐조직의 탄성이 떨어지고 폐포 면적이 줄어든다. 폐활량은 20세부터 서서히 감소하여 수축과 이완시간이 연장되고 산소섭취량이 떨어져 최대호흡능력(maximal breathing capacity)이 낮아진다.

3. 영양소 섭취기준

(1) 에너지

65~74세 남녀의 1일 에너지 필요추정량은 신체활동수준을 저활동적 상태로 보고 남성 2,000㎉, 여성 1,600㎉로 설정하였고 75세 이상은 남성 1,900㎉, 여성 1,500㎉로 설정하였다.

(2) 탄수화물

케토시스를 방지하고 체내 필요한 포도당 공급을 근거로 1일 100g의 평균필요량과 130g의 권장섭취량을 설정하였다.

(3) 단백질

단백질의 평균필요량은 노인의 경우 단백질 이용효율은 감소하지만 체중당 근육의 비율이 감소해 체중당 단백질 1일 권장섭취량은 남성 60g, 여성 50g으로 책정하였다.

(4) 식이섬유

식이섬유의 충분섭취량 설정은 1일 에너지 섭취량의 중앙값에 근거해 남성 25g, 여성 20g으로 책정하였다[표 9-1].

표 9-1 에너지와 다량 영양소의 섭취기준

성별	연령(세)	에너지(kcal/day)	탄수화물(g/day)		단백질(g/day)		식이섬유(g/day)	수분(mℓ/day)
		필요추정량	평균필요량	권장섭취량	평균필요량	권장섭취량	충분섭취량	충분섭취량 총수분(액체)
남	65~74	2,000	100	130	50	60	25	2,100(1,000)
	75 이상	1,900	100	130	50	60	25	2,100(1,100)
여	65~74	1,600	100	130	40	50	20	1,800(900)
	75 이상	1,500	100	130	40	50	20	1,800(1,000)

(5) 수분

노인은 갈증반응 감각이 저하되어 탈수 증상이 발생할 수 있으므로 목이 마르지 않더라도 충분한 수분을 섭취하는 것이 중요하다.

(6) 비타민

1) 지용성 비타민

지용성 비타민의 영양소 섭취기준은 [표 9-2]와 같다.

① 비타민 A

1일 평균필요량은 체내의 비타민 A 풀(pool)을 유지하는데 필요한 양을 기초로 남성 65~74세 510㎍ RAE, 75세 이상 500㎍ RAE, 여성은 65세 이상 410㎍ RAE로 책정하였다.

② 비타민 D

골질환과 관련된 영양소로, 폐경 후 여성의 골다공증과 관련이 있다. 골다공증은 연령의 증가, 햇빛 노출 시간, 폐경 이후 호르몬 결핍과 관련이 있다. 전 세계적으로 폐경 후 여성의 약 64%가 비타민 D 부족으로 나타났다는 립스(Lips, 2006)의 연구 결과가 있다. 70세 이상의 고령이 되면 피부에서의 비타민 D 합성능력 저하, 신체활동 저하, 비타민 D 섭취 저하 등으로 인해 비타민 D가 부족하기 쉽다. 따라서 65세 이상 노인에 있어 충분섭취량은 남녀 모두 15㎍/day로 설정하였다.

③ 비타민 E

2008~2012년 국민영양조사자료와 한국영양학회 영양소 자료를 활용하여 비타민 E 섭취 중앙값을 조사하였더니 노년층에 갈수록 매우 낮아지고 있는 것으로 나타났다. 노년층의 식사에서의 비타민 E 섭취부족은 식사량이나 지방 섭취의 부족 때문으로 여겨 1일 충분섭취량은 남녀 모두 12㎎ α-TE으로 책정하였다.

④ 비타민 K

낮은 골밀도와 대퇴골근위부 골절위험인자로 골절 예방을 위해 충분한 섭취가 필요하다. 비타민 K 흡수량 저하요인으로 노년층에서는 담즙산과 췌액의 분비량 감소, 식사 시 지방 섭취량 감소, 항생제 투여, 만성질환 등이 있다. 따라서 비타민 K 1일 충분섭취량은 남성 75㎍, 여성 65㎍으로 책정하였다.

표 9-2 지용성 비타민 영양소 섭취기준

성별	연령(세)	비타민 A (㎍ RAE/day)			비타민 D (㎍/day)		비타민 E (㎎ α-TE/day)		비타민 K (㎍/day)
		평균 필요량	권장 섭취량	상한 섭취량	충분 섭취량	상한 섭취량	충분 섭취량	상한 섭취량	충분 섭취량
남	65~74	510	700	3,000	15	100	12	540	75
	75 이상	500	700	3,000	15	100	12	540	75
여	65~74	410	600	3,000	15	100	12	540	65
	75 이상	410	600	3,000	15	100	12	540	65

2) 수용성 비타민

수용성 비타민의 영양소 섭취기준은 [표 9-3, 9-4]와 같다.

① 비타민 C

백혈구(호중구, 림프구, 단핵구)에서 항산화 기능으로 중요하다. 평균필요량은 소변 배설 없이 충분하게 체내 항산화 보호효과를 만족시키는 남녀 모두 75mg/day로 산정하였고 평균필요량의 130% 수준에서 100mg/day를 권장섭취량으로 설정하였다.

② 티아민

에너지대사에 중요한 역할을 한다는 점을 고려하여 1일 평균필요량은 티아민 소변 배설량 또는 적혈구 티아민 농도를 적정 수준으로 유지하거나 결핍으로 인한 임상증세를 나타내지 않는 최소의 양으로 남성 0.9mg, 여성 0.7~0.8mg으로 설정하였고, 1일 권장섭취량은 평균필요량의 120%인 남성 1.1mg, 여성 0.8~1.0mg으로 설정하였다.

③ 리보플라빈

소변 배설량이 단백질 섭취량, 질소 균형과 관련이 있어 이를 유지하기 위해 1일 평균필요량을 남성 1.1~1.2mg, 여성 0.8~0.9mg으로 설정하였고, 1일 권장섭취량은 평균필요량의 120% 수준인 남성 1.3~1.4mg, 여성 1.0~1.1mg으로 설정하였다.

④ 니아신

니아신 결핍증인 펠라그라 증세를 나타내지 않는 양으로 1일 평균필요량은 남성 10~11mg NE, 여성 9~10mg NE으로 설정하고, 1일 권장섭취량은 평균필요량의 130%로 남성 13~14mg NE, 여성 12~13mg NE으로 설정하였다.

표 9-3 수용성 비타민의 영양소 섭취기준

성별	연령(세)	비타민 C(mg/day)			티아민(mg/day)		리보플라빈(mg/day)		니아신(mg NE/day)		
		평균필요량	권장섭취량	상한섭취량	평균필요량	권장섭취량	평균필요량	권장섭취량	평균필요량	권장섭취량	상한섭취량
남	65~74	75	100	2,000	0.9	1.1	1.2	1.4	11	14	35
	75 이상	75	100	2,000	0.9	1.1	1.1	1.3	10	13	35
여	65~74	75	100	2,000	0.8	1.0	0.9	1.1	10	13	35
	75 이상	75	100	2,000	0.7	0.8	0.8	1.0	9	12	35

⑤ 비타민 B_6

수용성 비타민이지만 인체 내 상당량 저장되어 있는 것으로 알려져 있고 다른 비타민 B와 같이 에너지 생성과정에 직접 참여하지는 않으나 비타민 B_6의 조효소 형태인 PLP(피리독살-5-인산)는 아미노산대사에서 매우 중요한 기능을 갖고 있다. 따라서, 혈장 PLP농도를 고려해 1일 평균필요량을 남성 1.3mg, 여성 1.2mg으로 설정하고, 1일 권장섭취량은 평균필요량의 120% 수준인 남성 1.5mg, 여성 1.4mg으로 설정하였다.

⑥ 엽산

최근 노화와 관련된 인지기능 저하, 청력 저하, 알츠하이머, 우울증, 암, 뼈 건강악화 등과 관련이 있다고 보고되었지만 노화가 진행되어도 흡수나 이용의 감소가 없다는 연구에 따라 성인과 같이 설정하여 1일 평균필요량을 남녀 모두 320㎍ DFE, 1일 권장섭취량은 평균필요량의 120%인 400㎍ DFE으로 설정하였다.

⑦ 비타민 B_{12}

악성 빈혈 환자가 정상 범위를 유지하기 위한 필요량에 식품으로부터 섭취한 비타민 B_{12}의 흡수율 50%를 적용해 1일 평균필요량을 남녀 2㎍으로 설정하였다.

표 9-4 수용성 비타민 영양소 섭취기준

성별	연령(세)	비타민 B_6(mg/day)			엽산(㎍ DFE/day)			비타민 B_{12}(㎍/day)	
		평균필요량	권장섭취량	상한섭취량	평균필요량	권장섭취량	상한섭취량	평균필요량	권장섭취량
남	65~74	1.3	1.5	100	320	400	1,000	2	2.4
	75 이상	1.3	1.5	100	320	400	1,000	2	2.4
여	65~74	1.2	1.4	100	320	400	1,000	2	2.4
	75 이상	1.2	1.4	100	320	400	1,000	2	2.4

(7) 무기질

1) 다량 무기질

다량 무기질의 영양소 섭취기준은 [표 9-5]와 같다.

① 칼슘

폐경 이후 및 노인기에는 뼈 용해가 뼈 생성량을 상회하여 골질량은 상당히 감소하며, 칼슘흡수율도 노령화와 함께 감소한다. 총 칼슘섭취량과 체중 당 칼슘섭취량, ㎉당 칼슘섭취량과 필요추정량과의 관계를 통해 한국성인의 표준체중에 적용하였다. 흡수율은 남성 30%, 여성은 가임기 여성에 비해 흡수율 감소가 보고되어 25%로 간주하여 1일 평균필요량을 남녀 600㎎으로 설정하였고, 1일 권장섭취량은 남성 700㎎, 여성 800㎎으로 설정하였다.

② 인

칼슘과의 섭취비율이 중요요인으로 알려져 있으나 노인에게는 큰 의미가 없는 것으로 알려졌다. 따라서 혈청 무기인산농도와 흡수율을 고려해 남녀 모두 1일 평균필요량을 580㎎, 권장섭취량을 700㎎으로 설정하였다.

③ 나트륨

국민건강영양조사 남자 및 여자 에너지 섭취량 중앙값에 근거해 성인의 1일 충분섭취량으로부터 도출하여 65~74세 남녀 1,300㎎/day, 75세 이상 남녀 1,100㎎/day로 설정하였고 만성질환위험감소섭취량은 남녀 65~74세 2,100㎎/day, 75세 이상 1,700㎎/day로 설정하였다.

④ 칼륨

칼륨과 나트륨의 비율이 혈압과 관련성이 높아 고혈압 예방을 위한 섭취량을 반영하고, 노인의 연령이 증가할수록 고혈압 위험도가 증가하므로 성인에 비해 에너지 섭취량은 적으나 성인과 동일하게 1일 충분섭취량을 3,500㎎으로 설정하였다.

⑤ 마그네슘

가령에 따라 계속적인 신장 기능감소와 폐경으로 인한 결핍을 고려해 30세 이상 성인과 동일하게 1일 평균필요량을 남성 310㎎, 여성 240㎎으로 설정하였다.

표 9-5 다량 무기질 영양소 섭취기준

성별	연령(세)	칼슘 (mg/day)			인 (mg/day)			나트륨 (mg/day)		칼륨 (mg/day)	마그네슘 (mg/day)		
		평균필요량	권장섭취량	상한섭취량	평균필요량	권장섭취량	상한섭취량	충분섭취량	만성질환위험감소섭취량	충분섭취량	평균필요량	권장섭취량	상한섭취량
남	65~74	600	700	2,000	580	700	3,500	1,300	2,100	3,500	310	370	350
	75 이상	600	700	2,000	580	700	3,000	1,100	1,700	3,500	310	370	350
여	65~74	600	800	2,000	580	700	3,500	1,300	2,100	3,500	240	280	350
	75 이상	600	800	2,000	580	700	3,000	1,100	1,700	3,500	240	280	350

2) 미량 무기질

미량 무기질의 영양소 섭취기준은 [표 9-6]과 같다.

① 철

철분의 1일 평균필요량은 기본 철 손실량을 고려하여 체중 당 필요량으로 환산해 65세 이상 남성은 모두 7mg, 여성은 65~74세 6mg, 75세 이상은 5mg으로 설정하였다.

② 아연

위장관을 통한 내인성 손실량, 소변, 피부, 정액, 월경 등 위장관 이외의 경로를 통한 손실량 등의 요인을 합해 보충할 수 있는 양으로 1일 평균필요량을 산정하여 남성 65~74세 8mg, 75세 이상 7mg, 여성은 65세 이상 6mg으로 산정하였다.

③ 구리

혈장구리농도, 혈청 세룰로플라스민 농도, 적혈구 SOD활성도가 변함이 없는 양으로 1일 평균필요량을 65세 이상 남성 600㎍, 65세 이상 여성 460㎍으로 산정하였다. 구리의 만성적인 과다섭취는 간 손상을 유발하므로 1일 상한섭취량을 10,000㎍으로 설정하였다.

④ 요오드

갑상샘 기능과 관련이 있어 갑상샘의 요오드 축적량으로 남녀 95㎍으로 1일 평균필요량을 설정하였다.

표 9-6 미량 무기질 영양소 섭취기준

성별	연령(세)	철(mg/day) 평균필요량	철 권장섭취량	철 상한섭취량	아연(mg/day) 평균필요량	아연 권장섭취량	아연 상한섭취량	구리(μg/day) 평균필요량	구리 권장섭취량	구리 상한섭취량	요오드(μg/day) 평균필요량	요오드 권장섭취량	요오드 상한섭취량
남	65~74	7	9	45	8	9	35	600	800	10,000	95	150	2,400
	75 이상	7	9	45	7	9	35	600	800	10,000	95	150	2,400
여	65~74	6	8	45	6	7	35	460	600	10,000	95	150	2,400
	75 이상	5	7	45	6	7	35	460	600	10,000	95	150	2,400

4. 노인기의 식생활 관리

2022년 통계청 독거노인비율 조사에 따르면, 2015년 대비 65세 이상 노인 인구수의 증가율은 약 58%, 65세 이상 1인 가구 수 약 21% 증가하였으며 독거노인의 비율은 2015년 18.4%에서 2022년 19.5%로 증가하였다[표 9-7].

노인들은 다양한 만성질환에 시달리며 나이가 들수록 일상생활의 영위 또한 쉽지 않다. 또한 1인 노인가구의 증가는 고독감과 우울감을 많이 느끼며 경제활동의 감소로 경제적으로도 어려움을 겪게 되고 사회적, 경제적, 신체적, 정신적으로 식욕감퇴 현상과 함께 다양한 문제점을 야기하고 있어 노인들의 영양섭취와 전반적 생활관리가 필요하다.

표 9-7 독거노인 비율 (단위: 명, 가구수, %)

	2015	2016	2017	2018	2019	2020	2021	2022
65세 이상 인구(명)	6,541,168	6,757,083	7,066,060	7,366,085	7,688,994	8,151,867	8,571,347	9,018,412
65세 이상 1인 가구 수	1,202,854	1,275,316	1,346,677	1,430,748	1,500,413	1,589,371	1,670,416	1,761,594
독거노인 비율(%)	18.4	18.9	19.1	19.4	19.5	19.5	19.5	19.5

* 독거노인 비율(%)=(65세 이상 1인 가구 수÷65세 이상 인구)×100

2020년 국민건강영양조사에 따르면 2019년 기준 에너지 부족 섭취 분율이 65세 이상에서 높은 경향을 보였고 비만의 분포 또한 65세 이상이 전체적으로 보았을 때 높은 경향을 보였다. 특히 여성의 65세 이상은 전 연령층에서 가장 높은 비만도를 보이고 있어 건강상 주의가 더욱더 필요해 보인다[그림 9-5].

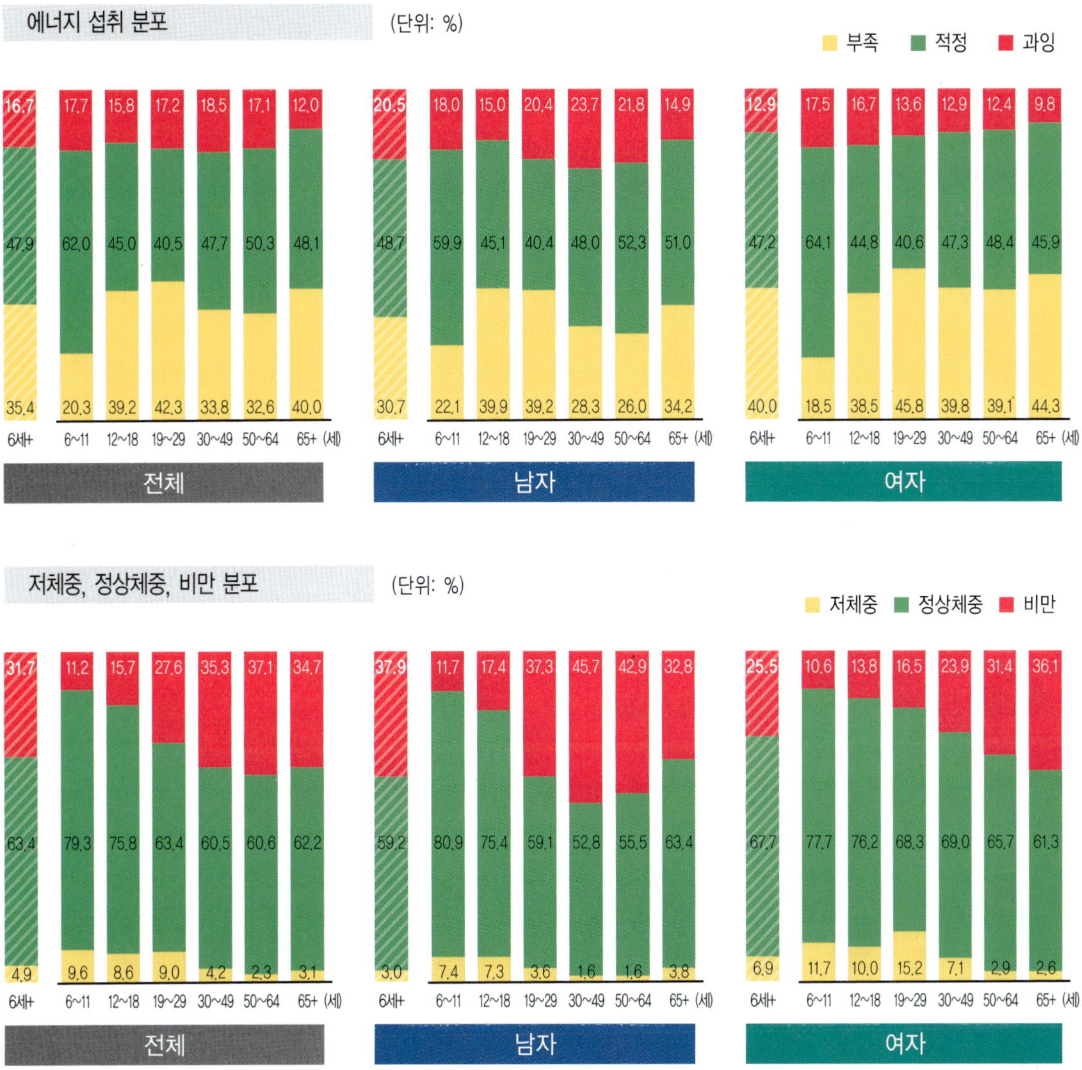

[그림 9-5] 에너지 부족, 적정, 과잉 섭취자 분율

영양소별 에너지 섭취 분율에 따르면 65세 이상의 경우 총 에너지 섭취량의 약 70%를 탄수화물로 섭취하고 있으며[그림 9-6] 칼슘 적정섭취자 분율이 여성 노인에서 10% 미만의 가장 낮은 수준을 보였다[그림 9-7]. 이외 비타민 A, C, B_1 등이 섭취기준에 도달하지 못하는 것으로 나타났고 영양표시 인지율과 이용률이 모두 매우 낮은 수준으로 여러모로 건강에 취약한 상태인 것으로 보여 적극적인 관심이 필요하다[그림 9-8].

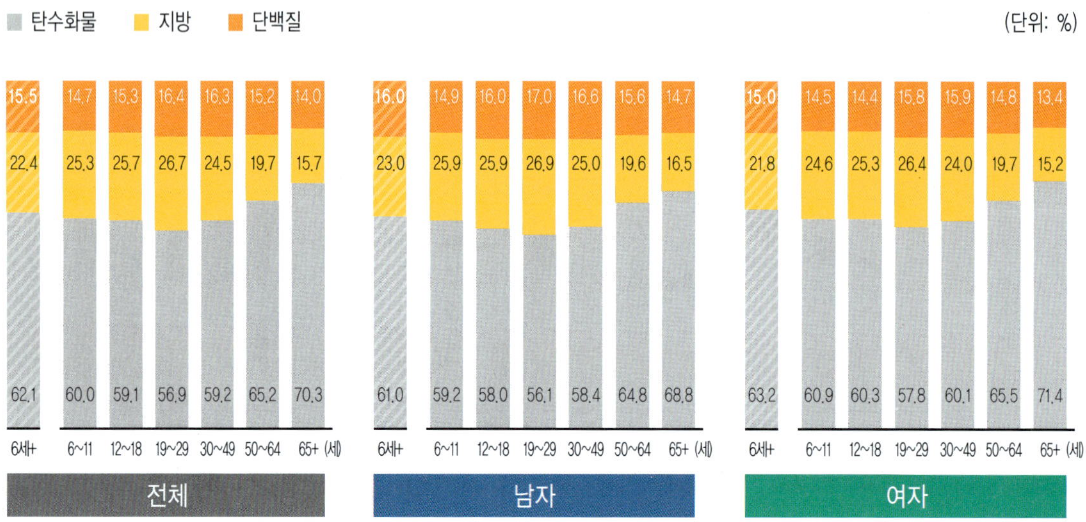

[그림 9-6] 영양소별 에너지 섭취 분율

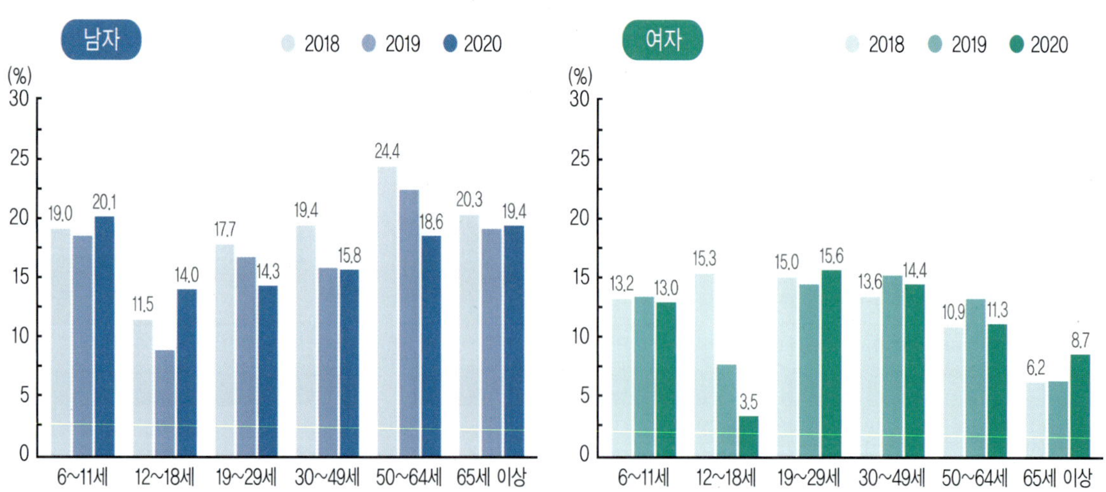

[그림 9-7] 생애주기별 칼슘 적정섭취자 분율

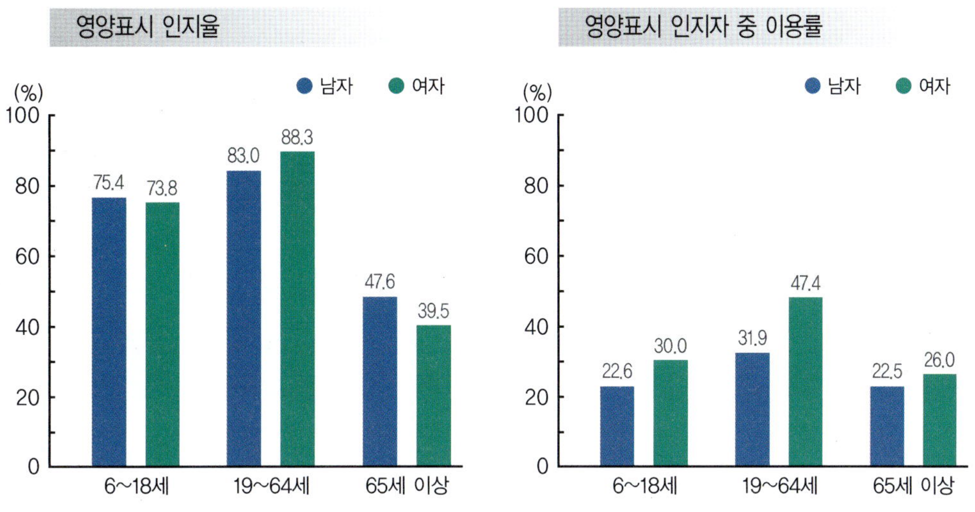

[그림 9-8] 영양표시 인지

2010~2019년 나트륨 섭취현황을 보면 2010년 대비 2019년 나트륨의 섭취량은 4,789mg에서 3,287mg으로 감소하였으며 남자가 여자보다 나트륨 섭취량이 높다. 65세 이상 노인들 또한 목표섭취량 2,000mg, 만성질환위험감소섭취량(1,700~2,100mg)보다 높은 2,769mg/day 섭취하는 것으로 나타났다[그림 9-9].

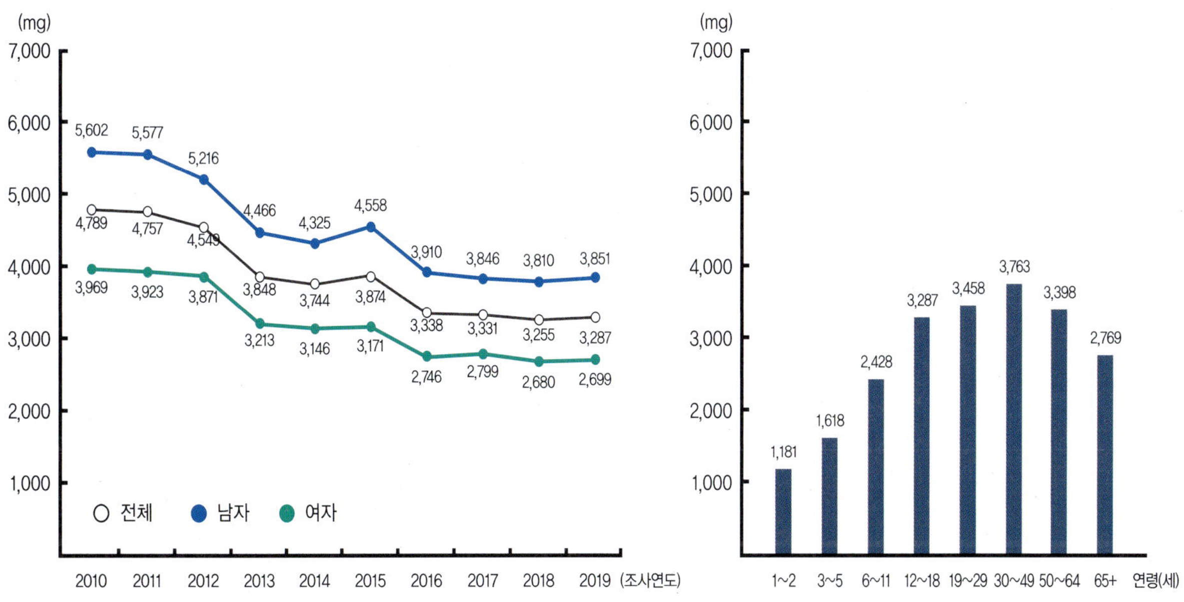

[그림 9-9] 나트륨 섭취량

노인기에는 맛의 민감도가 둔해져 짠맛에 대한 역치가 증가하여 과다한 소금의 섭취와 함께 혈압 상승으로 인해 건강문제를 초래할 가능성이 높아지므로 주의하여 섭취하여야 한다.

소화 기능이 떨어지면 위 점막의 수축이 나타날 수 있고 그로 인해 위산 분비량이 줄어들어 비타민 B_{12}가 부족해지기 쉬우므로 부드러운 음식을 선택해 소량씩 자주, 천천히 씹어 먹도록 한다.

노인이 되면 근육량, 영양 대사량, 활동량이 감소하므로 식품 섭취량을 줄여 균형 잡힌 식사를 하여야 하며 혈중 콜레스테롤 양이 증가하므로 지방의 종류 선택에 신중해야 한다. 변비 예방에는 아침 식전 냉수나 채소, 과일의 섬유소 섭취가 도움이 되므로 충분한 섭취가 필요하다. 우유 및 유제품류, 멸치, 뱅어포, 녹색 채소(무청, 고춧잎, 시금치)와 해조류(미역, 다시마) 등은 칼슘 함유 식품으로 충분한 섭취를 통해 골다공증 예방과 치료에 도움을 줄 수 있으며 커피나 청량음료 섭취는 칼슘 흡수를 방해하므로 섭취 시 주의해야 한다.

[그림 9-10] 노인의 건강한 식생활 지침

또한, 노인의 건강하고 안전한 식생활을 위해 마련된 지침을 통해 노인들이 쉽게 실천해 갈 수 있도록 제시하고 있다[그림 9-10]. 많은 노인들은 만성 질환에 따른 약물을 복용하고 있고 약물은 영양소대사 과정 시 상호작용에 의해 영양소 흡수 방해를 야기하므로 약물과 영양소와의 관계를 확인하고 영양소 섭취를 할 수 있도록 해야 한다.

Tip 노인들의 안전한 식품 구입 및 취급, 조리 방법을 위한 세부 지침

① 장 보기 전에 냉장고에 남아 있는 식품과 필요한 식품분량을 확인하고 장에 갈 때는 식품 목록과 돋보기 등을 가지고 간다.
② 장 볼 때 우유와 가공식품 등의 유통기한을 확인한다.
③ 구입한 식품은 서로 닿지 않도록 안전하게 포장하여 가지고 오고 1시간 이내에 냉장고에 보관한다. (여름철 밖에서 남은 음식은 되도록 집에 가지고 오지 않는다)
④ 조리한 음식은 냉장고에 보관하고 3~5일 이내에 먹는다.
⑤ 냉장 보관되었던 조리음식을 다시 먹을 때는 끓인 후 먹는다.
⑥ 조리한 음식은 냉장고 위 칸에, 날고기와 생채소는 아래 칸에 보관한다.
⑦ 반찬 등 냉장음식은 먹을 만큼만 덜어서 먹는다.
⑧ 한 번 해동하고 남은 식품은 다시 얼리지 않는다.
⑨ 칼, 도마, 싱크대는 세제와 뜨거운 물로 세척한다.
⑩ 고기, 생선을 다루던 칼로 과일, 채소에 사용하지 않는다.
⑪ 육류나 가금류는 내부가 완전히 익을 때까지 가열한다.

5. 노인기의 영양문제

치아 상태 불량, 소화기능 저하, 타액분비 감소, 소화효소 감소와 연동운동 저하, 미각과 후각의 예민도 감소, 시력 저하, 건강상태 저하, 약물 복용의 남용, 경제력 변화, 알코올 과다 섭취 또는 잦은 음주, 식품영양관련 지식부족 등이 노인의 영양문제를 유발하는 요인이다.

한국보건사회연구원 '2020년 노인실태조사 결과' 에 따르면 만성질환이 노인의 평균 1.9개로 그 중 고혈압이 56.8%로 가장 높게 나타났고 그 다음 당뇨 24.2%, 고지혈증 17.1%, 골관절염 또는 류마티즘관절염 16.5%, 요통 및 좌골신경통 10%의 만성질환을 앓고 있는 것으로 보고되었다. 2016년 국민건강영양조사 만성질환을 연령별로 분석 시, 허리둘레를 기준으로 진단한 비만이 60세 이상 노인에서 유병률이 타 연령대에 비해 높았고 고혈압과 당뇨, 고콜레스테롤, 폐쇄성폐질환 또한 노인연령에서 높은 것으로 나타났다**[그림 9-11]**.

노인의 만성질환은 모두 심혈관질환으로부터 출발하므로 성인기부터 철저한 건강관리로 질환의 예방과 치료가 요구된다.

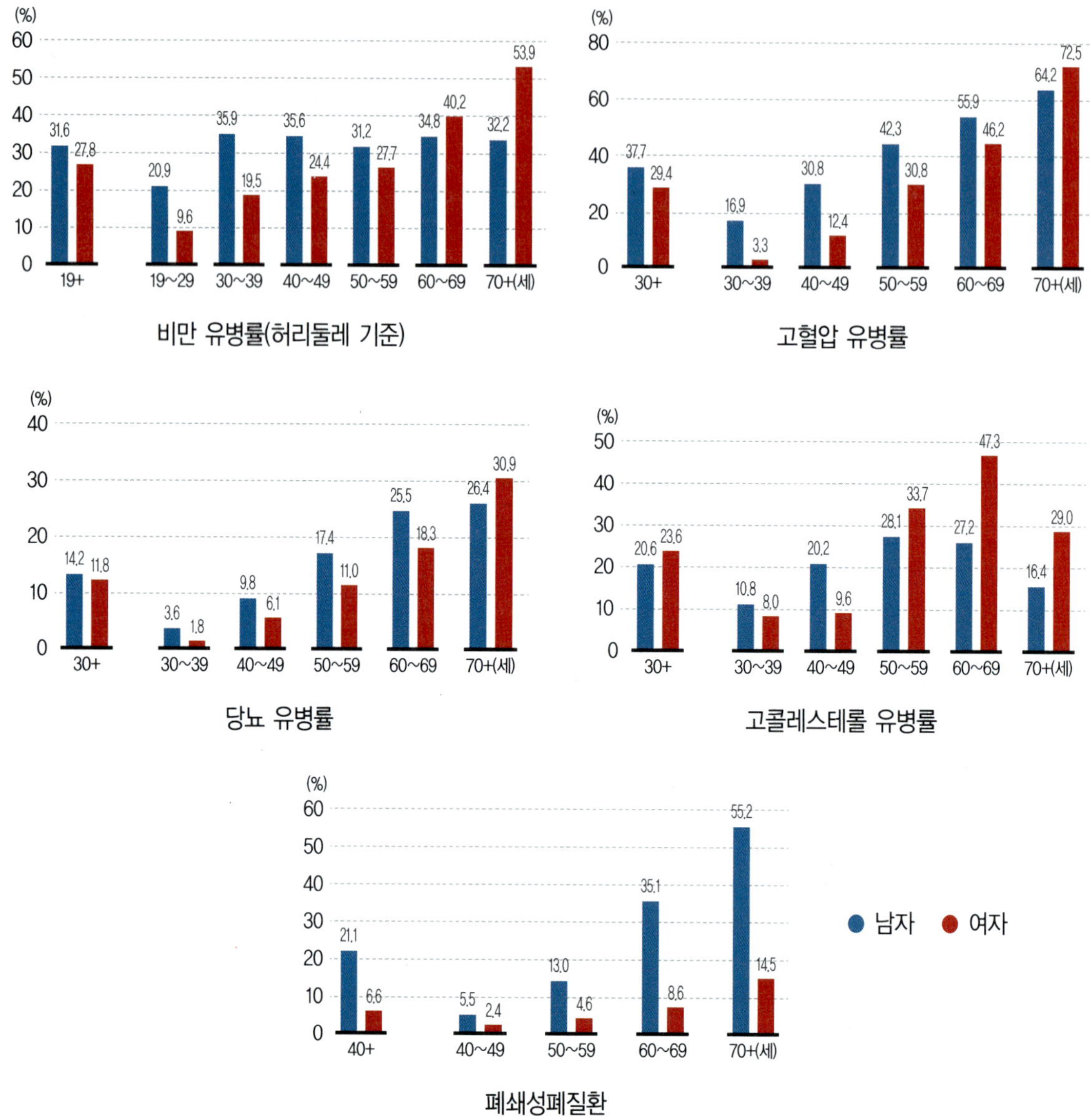

[그림 9-11] 국민건강영양조사 연령별 만성질환 유병률

(1) 만성폐쇄성폐질환

나이가 들면서 장기간 담배를 피운 사람에게서 잘 발생하는 호흡기 질환으로, 서서히 진행되며 초기엔 가벼운 호흡곤란과 기침이 가끔 나타난다. 오랜 시간 진행되면 기관지 벽이 두꺼워지고 점액 분비가 늘어나거나 또는 폐포가 얇아지고 늘어나 숨을 내쉴 때 공기가 충분히 빠져나가지 못해 호흡 곤란이 심해지면서 심장기능도 떨어지게 된다.

2019 건강보험심사평가원의 보도자료에 의하면 OECD 자료와 비교 시 인구 10만 명당 만성폐쇄성폐질환(chronic obstructive pulmonary disease, COPD) 입원율이 2015년 기준 우리나라 평균 214.2%로 OECD 평균 190.6%보다 23.6% 높으며 유병률은 OECD 10%인 반면 우리나라 40세 이상 13.6%, 65세 이상 30.5%로 높은 수준이다. COPD는 의료자원 소모가 많은 질환으로 예방과 관리가 중요하다. 만성폐쇄성폐질환의 문제는 폐기능이 50% 이상 손실되기 전까지는 증상이 나타나지 않아 초기에 진단이 어렵지만 증상이 일단 나타나면 급속히 악화되어 어떠한 약물치료로도 폐기능을 호전시킬 수 없다는 것이다.

만성폐쇄성폐질환의 가장 큰 주요 원인은 담배이므로 첫 번째 치료로는 금연이 우선이고 두 번째는 폐손상을 방지하는 데 도움이 되는 항산화제가 풍부한 현미나 호두 등을 평상시 충분히 섭취하는 것이 중요하다. 세 번째로는 실내 공기의 청결과 1일 30분 정도, 1주일에 3회 이상 걷기운동으로 호흡곤란을 완화시켜 주는 것도 도움이 된다. 한번 손상된 폐기능은 다시는 회복되지 않기 때문에 조기진단과 병의 악화를 막는 치료가 매우 중요하다.

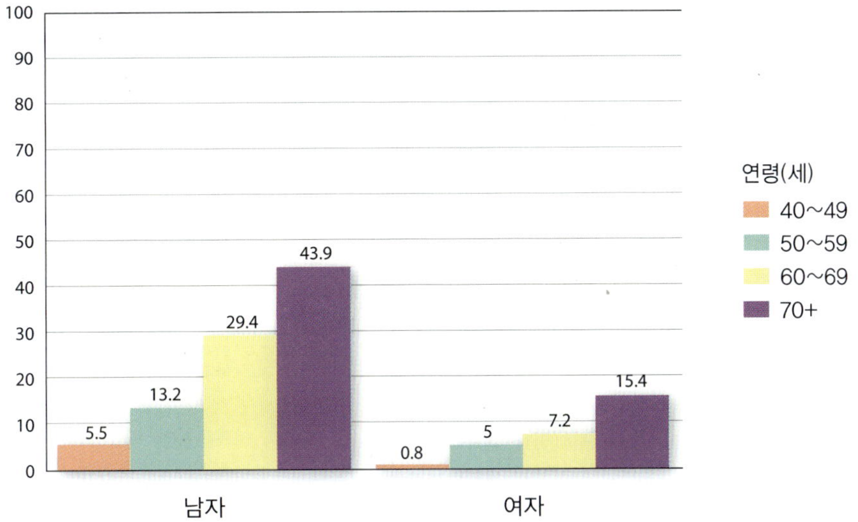

[그림 9-12] 만성폐쇄성폐질환 유병률

(2) 황반변성

황반은 눈의 안쪽 망막 중심부에 위치한 신경조직이며 시세포의 대부분이 있어 물체의 상이 맺히는 곳으로 정상적인 시각기능을 유지하는 데 황반의 건강유지가 중요하다. 황반의 기능은 노화, 유전적인 요인, 독성, 염증 등에 의해 감소하며 점차 시력이 떨어지다가 심할 경우 시력을 완전히 잃기도 하는데 이런 질환을 연령관련 황반변성(age-related macular degeneration, AMD)이라 한다.

노화 등의 원인으로 인해 망막층에 영양물질을 공급하고 망막세포에서 나오는 대사물질을 제거하는 역할을 하는 맥락막의 혈관이 망막세포 부분까지 뚫고 나와 매우 약하고 터지기 쉬워 황반 부위에 손상을 입히게 된다. 황반변성은 65세 이상 인구에서 법적 실명의 빈도가 가장 높은 질환으로, 치료하지 않고 그대로 방치하면 시력이 빠르게 저하되어 많은 환자들이 진단 후 2년 내에 실명에 이르게 된다. 이의 예방을 위해서는 고도의 다중불포화지방산이 들어있는 황반이 산화스트레스에 의해 손상되지 않도록 하고, 황반의 황색 색소는 루테인과 제아산틴으로 구성되어 있으므로 식이성 루테인을 충분하게 섭취하면 도움이 된다.

(3) 노인성 치매

치매(dementia)란 다발성 인지기능장애로 기억력 감소뿐만 아니라 대화능력, 시공간 감각능력, 계산능력 등이 지속적으로 떨어져 사회생활에 지장을 일으키며 정도가 심해지면 결국 기억력을 완전 손실하게 되는 신경계통의 진행성 불치병으로, 노망이라고도 한다. 치매의 원인으로 가장 흔한 증상은 보통 노인성 치매로 알고 있는 알츠하이머병과 혈관이 터지거나 막혀 생기는 혈관성 치매, 알코올로 인한 알코올성 치매 등이 있다.

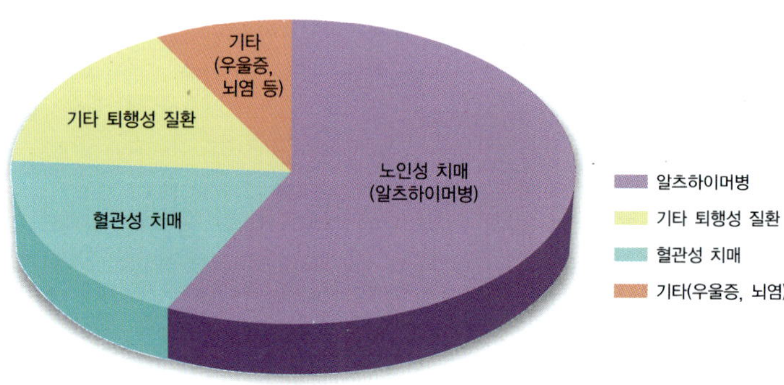

[그림 9-13] 치매의 원인

1) 알츠하이머병

전체 치매환자의 50~60% 정도가 해당되며 노화에 따른 뇌세포 기능상실로 아밀로이드 베타 단백질(amyloid-β protein), 타우 단백질(tauprotein)과 같은 이상 단백질들이 뇌

속에 쌓이면서 뇌신경세포가 죽어가는 퇴행성 신경질환이다. 질병의 진행속도는 개인마다 차이가 있고 신경세포의 손상으로 인해 기억이 흐려져 정신 집중을 못하고 쉽게 혼돈에 빠지며 성격이 변하여 참을성이 없게 되거나 목적 없이 여기저기 헤매기도 한다. 또한, 판단력도 흐려지고 의사소통이 어려우며 독립적인 생활을 전혀 할 수 없는 상태에 이르게 된다. 알츠하이머병(Alzheimer's disease)의 원인으로는 다음과 같다.

① 노화

대부분의 65세 이상 노인에게서 발병하며 연령이 높을수록 위험도가 높아진다. 역학 조사에 의하면 65세 이후 5년씩 연령이 증가할수록 치매 유병률 및 발병률이 2배 이상 증가한다.

② 가족력

일란성 쌍둥이 경우 한 형제가 알츠하이머 환자이면 다른 형제의 발병률은 40~50%이며 부모가 모두 알츠하이머인 경우 자손이 80세까지 걸릴 확률은 54%로 한쪽 부모만 알츠하이머일 때보다 1.5배, 부모가 정상일 때보다 5배 위험도가 더 증가하였다.

③ 여성

여성이 남성보다 13% 정도 위험률이 높다.

④ 환경 요인

독성 유해물질, 섭취하는 음식물의 종류, 감염 여부 등의 다양한 요인이 복합적으로 작용할 것으로 추측한다.

⑤ 아포지단백 E 유전자형

정상인보다 발병위험이 3~10배 높다.

⑥ 두부외상

머리를 심하게 다쳤거나 경미하지만 여러 차례 머리를 반복해서 다친 경우 위험률이 높아진다.

⑦ 우울증

기억력 장애나 치매 발생 위험도를 높일 수 있다.

지능장애인 알츠하이머는 퇴행성 질환으로 설탕, 당지수가 높은 정제당, 포화지방이 많은 동물성 식품의 과도한 섭취, 오메가-3지방산이 풍부한 어패류와 곡류, 두류, 종자유 같은 식물성 식품의 감소된 섭취, 뇌의 아세틸콜린양 감소와 관련이 있으며 인슐린 저항성, 감소된 혈관내피세포의 산화질소생성감소, 활성산소과잉, 염증대사산물, 호모시스테인, 에스트로겐 결핍에 의해 촉진된다. 따라서 치매를 예방할 수 있는 것으로는 항산화성 영양소인 비타민 B_6, B_{12}, 비타민 E, 비타민 C, 엽산, 오메가-3지방산, 레시틴의 섭취가 있으며 여성은 식물성 에스트로겐(채소, 곡류, 두류), 남성은 테스토스테론 및 생식호르몬(dehydroept and rosterone, DHEA)이 치매 예방과 치료에 좋은 역할을 한다고 보고되고 있다.

2) 혈관성 치매

혈관성 치매는 고혈압, 뇌경색, 뇌졸중 등에 의해 발병되어 뇌의 손상이 생기는 치매이다. 혈관성 치매의 위험인자로는 뇌졸중, 고혈압, 당뇨병, 고지혈증, 흡연, 비만, 가족력, 심장병, 운동 부족 등이 있다. 혈관성 치매는 뇌혈관성 질환이 축적되어 나타나므로 혈관성 위험인자에 대한 치료가 매우 중요하다.

3) 파킨슨 병

중뇌의 흑질에 존재하는 도파민 분비 신경세포의 소실로 인해 발생하는 신경퇴행성 질환으로 떨림, 경직, 느려진 동작, 자세 불안정 등의 증상으로 나타난다. 발생 원인으로는 도파민 분비 세포를 파괴하는 물질의 체내 유입, 유전적 경향 등이 있으나 가장 중요한 발생인자는 연령의 증가와 관련이 있는 것으로 알려져 있다.

Tip **치매환자를 위한 식생활 지침**

① 균형 잡힌 식사로 적정체중을 유지한다.
② 비타민과 무기질의 공급을 위하여 채소와 과일을 충분히 섭취한다.
③ 변비를 예방하고 탈수를 막기 위하여 수분을 시간을 정해 놓고 충분히 섭취한다.
④ 비타민 E와 콜린, 무기질 등의 공급을 위하여 콩 및 콩 제품을 충분히 섭취한다.
⑤ 단백질 급원식품으로 육류 대신 불포화지방산이 많은 생선과 콩 및 콩 제품을 이용한다.
⑥ 음식의 간은 싱겁게 한다.
⑦ 술을 마시지 않는다.
⑧ 담배를 피우지 않는다.
⑨ 가능한 스스로 식사를 할 수 있는 능력을 유지하도록 도와준다.
⑩ 식사 내용은 인식력과 체력이 하루 중 가장 좋은 때인 점심에 중점을 두는 것이 식사량을 높이는 데 도움이 될 수 있다.
⑪ 한 번에 주는 음식 수는 적게 주어 혼돈을 최소화하고 한 가지 음식을 먹고 난 후 다시 다른 음식을 내놓는다.
⑫ 치매환자는 뜨거운 것을 피할 수 있는 판단력이 부족하므로 적당한 음식 온도를 유지하도록 점검한다.
⑬ 가능한 식사시간을 규칙적으로 하고, 조용한 분위기를 유지하며 식사에 대한 감독과 보호가 필요하다.
⑭ 조용하고 안정된 분위기에서 식사를 하도록 한다.

생애주기 영양학

CHAPTER

10
운동과 영양

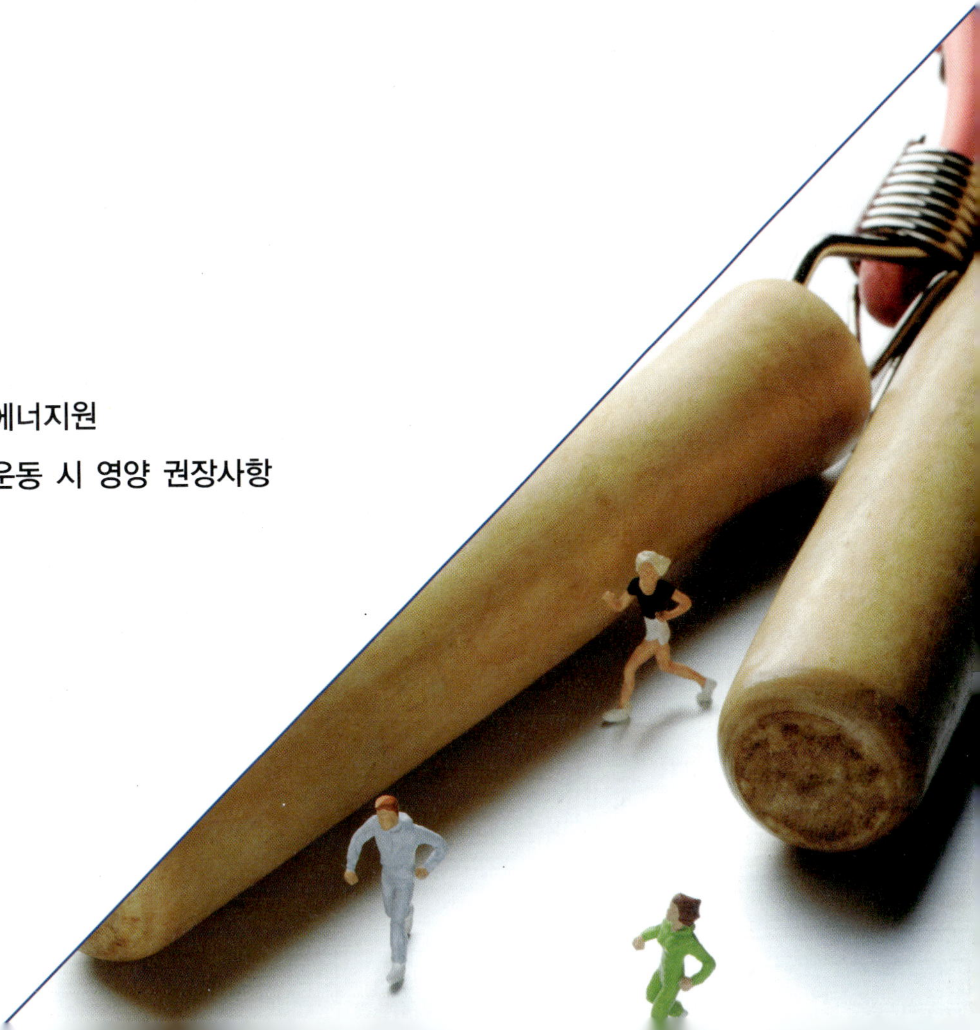

운동은 에너지대사과정을 통해 유산소 운동(aerobic exercise)과 무산소 운동(anaerobic exercise)으로 구분한다.

유산소 운동은 최소 30분 이상 신체활동을 지속할 때 섭취한 산소를 이용하여 지방을 에너지원으로 사용하는 운동을 말하며 유산소 운동의 효과로는 체지방 감소, 지방대사개선, 수축기 혈압 감소, 최대 산소 섭취량(VO_2max)과 심박출량 증가 등이 있다. 대표 운동으로는 걷기나 달리기가 있다.

무산소 운동은 짧은 시간 고강도 운동 시 산소를 이용하지 못하고 근육 내 글리코겐이 분해되면서 에너지원으로 이용되는 운동이다. 골밀도 강화와 근신경계 발달 효과가 있으며 대표 운동으로 단거리 달리기, 웨이트 트레이닝(weight training)이 있다.

김과 고(Kim & Go, 2013)의 연구 결과와 최(Choi, 2011)의 연구에 따르면, 유산소 운동과 무산소 운동의 효과는 서로 다르므로 두 가지 운동을 병행하여 서로 보완하는 복합운동은 부갑상샘호르몬, 인슐린 등 대사 관련 호르몬에 효과적이며 골다공증 노인에 있어서는 장기간 유·무산소성 복합운동이 골반, 척추, 체간 및 T-score에 유의한 차이를 보였다. 또한, 혈압과 총콜레스테롤, 중성지방, LDL-콜레스테롤, HDL-콜레스테롤 수치도 유의한 차이를 보인다고 하였다.

에너지대사과정을 통하여 운동의 지속시간과 종류에 따라 탄수화물, 단백질, 지방의 활용성이 달라지므로 선수들의 경기 전과 경기 중 경기력 향상을 위해 영양관리가 매우 중요하다.

1. 에너지원

유산소성 에너지 소비 운동은 탄수화물과 지방에 의존하지만 단백질을 이용하기도 하는데 운동강도 및 지속시간에 따라 다양하게 이용된다.

가벼운 운동강도(최대산소섭취량 기준 50% 수준)에서는 지방의 이용비율이 높고, 속도 또는 운동강도를 증가시키면(최대산소섭취량 기준 50% 이상 수준) 탄수화물의 이용비율이 증가한다. 최대산소섭취량 기준 70~80% 수준의 고강도 운동 시에는 에너지원의 80%를 탄수화물로 이용한다. 장시간 운동 시에는 탄수화물의 체내저장량이 고갈되면 다음으로 지방이 에너지원으로 대체되어 마라톤 경기의 경우 후반부에는 지방의 이용이 높아지게 된다.

무산소성 에너지 즉, 1~2분 이하의 짧은 시간과 빠른 움직임이 있는 고강도 운동의 주어진 스피드에서 증가된 저항을 극복하는 데 사용되는 에너지는 95%가 탄수화물에 의해 공급된다. [표 10-1]은 운동지속시간에 따른 유·무산소성 에너지원의 사용비율에 대하여 제시하였다.

표 10-1 최대 운동 시 지속시간의 차이에 따른 유·무산소성 에너지원의 상대적 비율

시간	10초	1분	2분	4분	10분	30분	60분	120분
유산소성	15	30	50	70	85	95	98	99
무산소성	85	70	50	30	15	5	2	1

(1) 탄수화물과 운동

근육에 저장된 글리코겐은 운동초기나 운동강도가 증가함에 따라 탄수화물의 주요 에너지 제공자 역할을 한다.

1) 고강도 운동 시

저장된 근육 글리코겐이 우선적으로 에너지를 공급하며 고강도 유산소성 운동 시 탄수화물대사를 우선 사용하는 것은, 에너지 공급이 지방과 단백질에 비해 2배 정도 빠르며 지방에 비해 산소 소비 단위당 6% 정도 더 많은 에너지를 생산하기 때문이다.

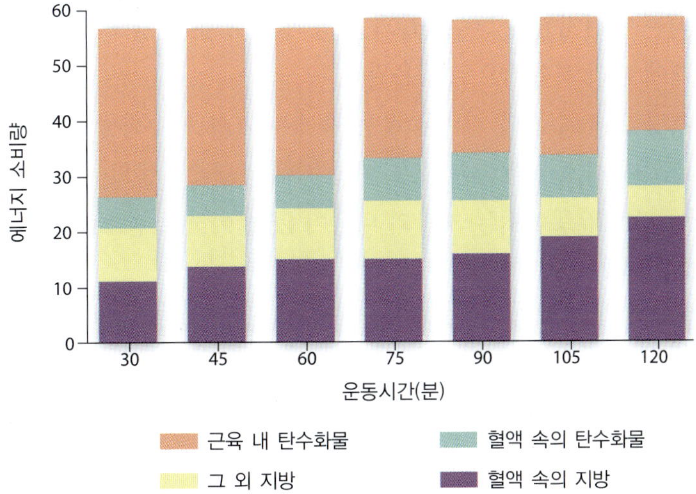

[그림 10-1] 운동 시간에 따른 다량 영양소 에너지 소비량

2) 중강도 운동 시

운동 시작 후 20분 동안 간과 근육 글리코겐은 에너지 요구량의 40~50%를 공급하고 나머지 에너지는 단백질과 근육 내 지방에 의해 공급된다.

3) 저강도 운동 시

지방이 주 에너지원으로 사용된다. 운동이 지속되고 근육 글리코겐 저장이 감소될 때 간의 혈중 글루코스가 에너지의 주요 공급원이 된다.

(2) 단백질과 운동

탄수화물과 지방이 에너지원으로 역할을 잘 수행하기 때문에 일반적으로 단백질이 운동 시 주요 에너지원으로 사용되지 않지만 특정 조건에서는 단백질이 주요 에너지원으로 사용되기도 한다.

지구력 운동선수의 경우 탄수화물 저장 즉, 글리코겐이 약 33~35% 고갈되었을 때 단백질 분해가 증가하여 에너지원으로 사용하거나 포도당으로 전환된다. 따라서 운동 전과 운동 중 양질의 단백질 공급이 충분이 이루어져야 하며, 적절한 탄수화물 섭취도 체내단백질 사용을 줄이는 데 도움이 된다. 또한 지구력 선수에게 고탄수화물 식사는 단백질 보존 효과를 주기도 한다.

(3) 지방과 운동

운동 중 사용되는 에너지원은 탄수화물과 지방 형태로 운동 강도와 시간, 식사섭취, 개개인의 훈련 상태에 따라 복합적으로 이용된다.

최대 산소 섭취량 25% 수준의 가벼운 운동 중에는 20% 탄수화물, 80% 지방으로 에너지원이 충당되며 최대 산소 섭취량이 65% 이상 시에는 탄수화물의 사용이 점차 증가하고 85% 수준과 같이 강한 운동에서는 지방의 비율이 25% 이하로 감소하고 근육 글리코겐이 에너지원으로 사용된다.

지구력이 필요한 장시간 운동 시에는 혈장과 지방 조직으로부터 공급되는 유리지방산이 중요한 에너지원으로 이용되며 지방은 위에 머무르는 시간이 길어 심한 경기 직전에 지방 함량이 높은 식사는 피하는 것이 경기수행력을 높이는데 좋다.

Tip 육상운동 강도와 시간 별 사용되는 주 에너지 대사

운동 종류	시간	에너지
높이뛰기	6초 이하	• 보유ATP(운동 중 즉시 이용되는 에너지원) • 크레아틴인산(phospho-creatine)
단거리 (100m, 200m)	10~20초	• 크레아틴인산 • 글리코겐 분해물의 혐기적 해당 시작
중거리 (800m~1.5km)	2~4분	• 호기적 해당 서서히 증가 • 혐기적 해당 종결
장거리	4분 이상	• 호기적 해당으로 글리코겐 소모(장시간 지속 시) • 지방연소 시작(저강도나 중강도 지속 시)

2. 운동 시 영양 권장사항

(1) 경기력 향상을 위한 영양 권장사항

1) 경기 전

① 경기 시작 전 위의 부담을 최소화하기 위해 위를 비운다.

② 머리의 몽롱함과 피로를 피하도록 돕는다.

③ 에너지원으로 혈액이나 근육 내 탄수화물을 공급하여 2시간 이상의 지구성 운동 시 피로 발생을 감소시키고 운동능력을 향상시킨다.

④ 경기 4시간 전 탄수화물 섭취량은 체중 1kg당 4~5g이 적절하며 경기 1시간 전엔 체중 1kg당 1~2g이 경기력 향상에 도움을 준다.

⑤ 딱딱한 음식은 경기 약 3~4시간 전에 먹어야 한다.

⑥ 배고픔이 최소화되도록 소화에 필요한 충분한 시간을 가져야 한다.

⑦ 소화가 쉬운 식사 즉, 복합 탄수화물양은 많게, 지방과 단백질양은 적게 구성해야 한다.

⑧ 경기 도중 장의 움직임을 자극하는 장내 확장성 식품은 증가시키지 않도록 한다.

⑨ 수분 배설을 증가시키는 이뇨음료는 피하도록 한다.

⑩ 액상 식사는 위를 빨리 비우므로 경기 직전 섭취할 수 있다.

⑪ 경기 10분 이내 바로 직전에는 50~60g의 포도당 다당체를 40~50% 용액으로 섭취하는 것도 허용한다.

2) 경기 중

① 장거리 경기 시 탄수화물의 섭취로 혈당 농도를 재충전하고 탄수화물의 산화를 증가시키며 피로발생을 지연시켜야 한다.

② 탄수화물 섭취량은 15~20분 간격으로 약 15~20g의 탄수화물이 함유된 5~10% 용액 섭취가 좋다(예: 스포츠음료).

③ 더운 장소에서 운동 시 수분 공급을 충분히 하여야 한다. 이때, 차가운 물이 따뜻한 물보다 흡수가 빨라 도움이 될 수 있다.

④ 마라톤과 같이 장거리 달리기 운동 시 저삼투압의 염분 섭취가 좋다.

⑤ 경기가 60분이 넘으면 15~20g 탄수화물이 함유된 5~10% 음료를 15~20분마다 저혈당이 오기 전에 공급하는 것이 도움이 된다.

⑥ 농축 음료는 흡수가 느리므로 자제하는 것이 좋다.

⑦ 과당은 천천히 흡수되어 설사를 유발할 수 있으므로 경기 중에는 과당 섭취를 제한하는 것이 좋다.

3) 경기 후

① 경기 후 소모된 글리코겐의 재저장을 위해 총 열량의 70% 정도의 고탄수화물 식이로 소모된 에너지를 보충하는 것이 바람직하다.

② 장거리 육상, 수영, 격렬한 테니스 경기 선수들은 경기 후 휴식과 함께 7일 이상의 고탄수화물 식이를 통하여 정상 수준의 근육 글리코겐 수준으로 회복시킨다(체중 1kg 당 약 8~10g의 탄수화물 섭취).

③ 격렬한 운동 후의 당분 섭취는 근육 글리코겐 축적을 빠르게 도와주는데 단백질을 포함한 탄수화물 음식이 더 효과적이다.

(2) 운동 선수들의 피로 발생 감소와 예방을 위한 영양섭취

① 장시간의 무산소 또는 유산소 운동 후 발생한 피로는 글리코겐 소모가 원인이므로 당분 섭취를 통해 에너지를 보충하는 것이 피로 발생 감소에 도움이 된다.

② 피로를 감소시키기 위해서는 운동으로 생성되는 피로물질인 젖산을 체외로 빨리 배출시켜야 한다. 이 처리 과정에 비타민 B군(B_1, B_2, B_6), 판토텐산(pantothenic acid)과 니아신(niacin)이 도움이 된다.

③ 운동 또한 신체에 가해지는 일종의 스트레스로, 부신피질은 스트레스에 직접 영향을 받는 기관이다. 이 기관은 비타민 C를 대량저장하고 있는데 스트레스를 받으면 이

기관의 비타민 C 저장량이 급격히 감소한다. 따라서 비타민 C를 충분히 섭취하는 것이 피로 발생 감소에 도움이 된다.

④ 근육세포 내의 수축과 이완 과정에서 근육의 피로가 발생되기도 한다. 따라서 운동 시 근육의 수축과 이완에 관여하는 미네랄(칼슘, 마그네슘 등)의 충분한 섭취가 피로 발생 감소에 도움이 된다. 또한 심하게 땀을 흘렸을 때도 근육 수축이 발생할 수 있으므로 충분한 수분 섭취가 함께 이루어져야 한다.

⑤ 운동선수들에게 흔히 나타나는 스포츠성 빈혈로 인해 피로가 증가할 수 있으므로 이를 예방하기 위해 평소에 단백질과 철분을 충분히 섭취하는 것도 도움이 된다.

Tip 글리코겐(glycogen) 부하법

근육에 다량의 글리코겐을 부하하는 방법으로 높은 에너지를 소비하는 장거리 선수의 지구력을 향상시킬 수 있는 장점이 있다.

예를 들면 장거리 선수의 지구력 향상을 위해 시합 1주일 전에 달리기, 수영, 역도 등의 특수종목을 1일 2회 실시해 전신의 근육과 간의 글리코겐을 가능한 전부 고갈시킨 후 3일간 탄수화물이 거의 없는 고지방, 고단백 식사로 글리코겐 합성을 제한한다. 그 후 3일간은 고탄수화물 섭취로 간과 근육의 글리코겐 저장량을 1.5~2배 증가시키는 방법이다.

(3) 영양 부족 증세를 나타낼 가능성이 있는 운동 종목

운동 종목에 따라 영양과 관련하여 부족 증세를 나타낼 경우가 있으므로 주의하여 식이 섭취를 하여야 한다. 운동종목은 [표 10-2]에 제시하였다.

표 10-2 영양 부족을 나타낼 가능성이 높은 스포츠들

기준	스포츠 종목
저체중: 낮은 체지방 상태를 만들기 위해 만성적으로 낮은 에너지 섭취량을 보여야 하는 경우	체조, 경마 기수, 발레, 댄싱, 리듬체조, 피겨스케이팅, 에어로빅
경쟁적 체급 경기: 원하는 체급경기를 위해 급격히 체중을 감소시키는 경우	유도, 복싱, 레슬링, 조정, 스키점프
저지방: 가능한 최저 지방을 보유하기 위해 급격히 체중 감량 하는 경우	보디빌딩
채식주의 운동선수들	지구성 종목들

(4) 운동성(스포츠성) 빈혈

철분은 산소 에너지 체계에 중요한 역할을 하며 특히, 지구력 운동선수들의 최적의 신체 공급을 유지하기 위해 충분한 철분의 섭취가 요구된다.

운동선수들의 철분 결핍은 성별과 관계없이 다양한 이유로 나타나는데 주로 운동을 심하게 하는 여성과 청소년, 채식주의자, 장거리 달리기 선수들이 철분이 부족한 경우가 많다.

존스(Jones, 1997)의 논문에 의하면 장거리 경주자들은 반복적으로 땅에 발바닥이 닿으면서 적혈구 파열과 혈색소 유출이 이루어져 이 잔해가 신장을 통해 배출되며 역도 선수의 경우도 근육의 기계적 충격으로 근육세포의 파열을 초래해 근육색소를 유출한다.

또 다른 연구에서는 달리기 선수나 사이클 선수들이 통증조절용으로 섭취하는 아스피린이나 항염증 의약품으로 인해 장벽세포 파괴와 출혈이 발생해 혈액 손실이 증가한다고 보고하였다. 또한 철분은 운동 중 흘리는 땀으로 배출되므로 손실을 막기 위해 충분한 철분 섭취가 중요하다.

운동선수들에게 나타나는 철분 손실로 인한 철 결핍성 빈혈은 혈색소의 감소로 인하여 경기력을 감소시키는 것이 문제가 되고 있으며 이러한 운동성(스포츠성) 빈혈은 혈색소 농도는 정상범위보다 낮지만, 다른 철분 지수는 정상으로 일반 빈혈과는 차이가 있다.

지구성 운동의 효과로 혈장량과 적혈구 수가 증가되나 혈장확장이 증가하면서 적혈구가 상대적으로 희석현상을 보여 혈색소 농도가 감소하게 되어 빈혈증상을 보이므로 선수들의 지속적인 관찰과 적절한 식이와 철분 보충이 필요하다.

철분 외 운동과 관련된 미네랄의 기능과 급원식품은 [표 10-3]에 제시하고 있다.

표 10-3 선별된 미량 미네랄의 운동과 관련된 기능 및 식품 급원

미네랄	기능	대표 식품 급원
아연	에너지대사에 관여되는 몇 가지 효소의 구성요소: 탄산탈수효소(carbonic anhydrase)를 위한 보조요인	굴, 맥아, 쇠고기, 짙은 색을 띠는 가금류 고기, 전곡류, 간
구리	시토크롬산화효소(cytochrome oxidase) 합성을 위해 필요하며 철 사용을 위해 필요, 세룰로플라스민(ceruloplasmin)을 구성하며 과산화물제거효소(superoxide dismutase)를 구성한다.	간, 신장, 조개류, 전곡류, 콩류, 땅콩류, 달걀
크롬	인슐린 활성 향상	버섯, 자두, 땅콩류, 전곡류의 빵 및 시리얼, 양조용 이스트
셀레늄	글루타티온 과산화효소(glutathione peroxidase)와 함께 항산화제로서의 기능, 비타민 E기능 보조	해산물, 신장, 간

Tip 호흡률

19세기 초, 폐에서 기체 교환의 측정부터 운동 중 사용되는 대사물질을 평가하는 방법을 고안하였는데 탄수화물, 단백질, 지방의 구성성분의 차이로 인해 탄소와 수소가 이산화탄소와 물로 완전 산화하는 데 필요한 산소의 양이 달라져 대사 과정 시 사용된 기질이 소비된 산소에 비례해 이산화탄소의 생성량을 결정하게 된다. 이것을 호흡교환율(RQ)이라 하며 호흡교환율은 휴식이나 유산소 운동 시 에너지를 위한 대사 작용으로 사용된 영양분을 예측하는 좋은 지표가 된다. 다량 영양소의 호흡교환율은 [표 10-4]와 같다.

표 10-4 호흡교환율

호흡교환율	지방(%)	탄수화물(%)
0.70	100	0
0.75	83	17
0.80	67	33
0.85	50	50
0.90	33	67
0.95	17	83
1.00	0	100

* 탄수화물의 호흡률=1, 단백질의 호흡률=0.818, 지방의 호흡률=0.7

참고문헌

- 강서정, 유산소운동이 비만과 골감소증 여성의 골밀도, 골대사관련 호르몬, 체력에 미치는 영향, Journal of Sport and Leisure Studies. Vol. 51, pp. 645~655, 2013
- 교육부, 2019년도 학생 건강검사 표본통계 발표, 2020
- 구재옥, 서울 · 경기지역 성인 여성의 골밀도와 혈압, 칼슘섭취의 상관성 연구-2011년 국민건강영양조사를 중심으로, 대한지역사회영양학회지 18(3): 269~282, 2013
- 구재옥, 김정희, 변기원, 손정민, 이정원, 이종현, 최영선, 생활주기영양학, 파워북, 2013
- 구재옥, 박서연, 30~50대 여성의 연령별 신체조성분과 식행동, 생활습관 관련 요인 연구, 대한지역사회영양학회지 17(4): 440~449, 2012
- 구재옥, 임현숙, 윤진숙, 이애랑, 서정숙, 이종현, 손정민, 고급영양학, 파워북, 2013
- 구재옥, 임현숙, 정영진, 윤진숙, 이애랑, 이종현, 이해하기 쉬운 영양학, 파워북, 2008
- 구재옥, 생활주기영양학, 효일문화사, 2006
- 구재옥 외, 영양교육의 이론과 실제, 파워북, 2010
- 국가암정보센터, 연령군별 암 발생률, 2019
- 권이종, 개정판 청소년 교육개론-신세대의 이해와 지도, 교육과학사, 2004
- 김나현, 도성탁, 신창호, 유경혜, 정무상, 정지영, 채기수, 최명재, 생명과학을 위한 생화학, 지구문화사, 2011
- 김미경, 왕수경, 신동순, 권오란, 생활속의 영양학 제2판, 라이프사이언스, 2011
- 김영표, 고영찬(2013), 유 · 무산소성 복합운동 유형이 대사호르몬에 미치는 영향, 체육과학 연구 제19권 제1호 pp21~30, 2013
- 김재호 역, 생물화학, 청문각, 2001
- 김혜영, 식이요법, 지구문화사, 2011
- 노나연, 남소영, 강희숙, 이지은, 이수경, 제1형 당뇨병 소아청소년의 영양지식, 식 태도, 식행동에 대한 실태조사, 대한지역사회영양학회지 18(2): 101~111, 2013
- 문수재, 김혜경, 홍순명, 이경혜, 이명희, 이영미, 이경자, 안경미, 이민준, 김정연, 김정현, 개정판 알기 쉬운 영양학, 수학사, 2012
- 박명윤, 노인영양과 복지, 광문각, 2006
- 박명윤, 이건순, 웰빙 라이프를 위한 노인 영양과 복지, 광문각, 2006
- 박태선, 김은경, 현대인의 생활영양, 교문사, 2011
- 보건복지부, 국민건강영양조사 2019 결과집
- 보건복지부, 국민건강영양조사 2020 결과집
- 보건복지부, 성인을 위한 식생활 지침과 실천 지침, 2021
- 서광희, 서정숙, 이복희, 이승교, 최미숙, New 임상영양사를 위한 고급영양학, 지구문화사, 2011
- 서광희, 서정숙, 이승교, 정현숙, New 영양학, 지구문화사, 2011
- 손숙미 외, 영양교육 및 상담의 실제 제2판, 라이프사이언스, 2010
- 손숙미, 임현숙, 김정희, 이종호, 서정숙, 손정민, 임상 영양학, 교문사, 2012

- 송윤주, 정효지, 김영남, 백희영, 서울지역 일부 아동 및 청소년의 성장발달 및 식생활 비교연구: 체조성 변화와 비만실태(I) 서울대 생활과학 연구소, 한국영양학회지, 39(1): 44~49, 2006
- 송윤주, 정효지, 김영남, 백희영, 서울지역 일부 아동 및 청소년의 성장 발달 및 식생활 비교 연구: 식품 및 영양소 섭취 실태(Ⅱ), 한국 영양학회 39(1): 50~57, 2006
- 식품저널, 콩은 알츠하이머 질환도 예방한다, 2006
- 안명수 외, 식생활 관리, 수학사, 2008
- 안홍석, 이지윤, 김순기, 철 결핍성 빈혈 여고생의 철분이용률 평가 및 철분영양지표에 영향을 미치는 영양요인 분석, 한국영양학회지 32(7): 787~792, 1999
- 오정원, 우리나라 성인의 당질 섭취가 혈청 중성지방 수준에 미치는 영향, 한국영양학회지 37(6): 448~454, 2004
- 유주연, 진양호, 배세정, 중학생의 섭식장애행동과 학업적응도의 관계 연구, 대한 지역사회영양학회지 17(6): 707~713, 2012
- 이명천, 김기진, 김미혜, 박현, 이대택, 조정호, 차광석, 홍성찬 역저, Melvin H. Williams, 건강과 운동기능 향상을 위한 스포츠 영양학 제6판, 라이프사이언스, 2003
- 이명천, 김명기, 김영수, 윤병곤, 이건재, 이대택, 차광성 역, 스포츠영양학, 라이프사이언스, 2012
- 이상선 역, New 영양과학, 지구문화사, 2008
- 이승교, 원향례, 정은희, 생애주기영양학, 라이프사이언스, 2013
- 이연숙, 구재옥, 임현숙, 강영희, 권종숙, 이해하기 쉬운 인체생리학, 파워북, 2012
- 이옥형, 아동 · 청년발달, 집문당, 2002
- 이충일, 한상덕, 양정수, 유신환, 황부근, 한국 노년의 건강-지식, 습관 및 체력에 관한 연구, 도서출판 소화, 2001
- 이형주, 장해동, 이기원, 이홍진, 강남주, 기능성식품학, 수학사, 2011
- 장훈, 박민경, 백희영, 정효지, 성 성숙 속도가 다른 사춘기 초기 여자 어린이의 체 구성 및 식생활 비교, 한국 영양학회지 40(1): 58~68, 2007
- 정영숙, 정신지체 아동의 식품기호도 및 ADHD관련 요인이 식생활 행동 유형에 미치는 영향, Journal of Emotional & Behavioral Disorders 2013, Vol. 29, No. 1, pp. 125~144, 2013
- 정탁준, 청소년기의 인지적 특성과 도덕교육적 함의: '상상적 청중' 과 '개인적우화' 를 중심으로, 한국윤리학회 2016.Vol.1.no.111. p189~214
- 조용태, 아동학의 이해, 2003
- 조지은, 박혜련, 전수빈, 김진실, 박고은, 이영, 임영숙, 황진아, 한국 청소년의 사회인구학적 요인과 식품섭취빈도와의 관련성 연구, 대한 지역사회영양학회지 18(2): 165~176, 2013
- 지영주, 김영혜, 청소년의 비만도에 영향을 미치는 요인: 2011년 청소년 건강행태 온라인조사를 중심으로, 대한비만학회지 Vol.22 No.1: 39~49, 2013
- 질병관리청 국가건강정보포털, 소아 비만환자를 위한 신호등 식이요법, 2020
- 질병관리청 국가건강정보포털, 소아/청소년 식이영양, 2021
- 질병관리청 국가건강정보포털, 보건복지부, 대한의학회, 대사증후군 진단 기준, 대사증후군 관리를 위한 생활습관 개선 목표
- 질병관리청 국민건강영양조사, 2016 건강행태 및 만성질환 통계, 2017

- 질병관리청, 국민건강영양조사, 소아청소년 성장도표 연령별 신장 · 체중(통합 성장곡선), 2017
- 질병관리청 국민건강영양조사 국민건강통계플러스, 김도연, 박수연, 김윤정, 오경원, 우리나라 성인의 비만 유병 및 관련요인, 2021
- 질병관리청 국민건강영양조사 국민건강통계플러스, 우경지, 박수연, 김윤정, 오경원, 건강 주제별 요약 통계 No.04, 우리나라 성인의 고혈압 유병 및 관리지표 현황, 2021
- 질병관리청 국민건강영양조사 국민건강통계플러스, 김윤정, 박수연, 오경원, 우리나라 성인의 당뇨병 유병 및 관리 현황, 2021
- 질병관리청 국민건강영양조사 국민건강통계플러스, 윤성하, 이지혜, 오경원, 에너지섭취 및 적정섭취 현황, 2021
- 질병관리청, 2020 국민건강통계, 2022
- 질병관리청, 주간 건강과 질병 제14권 제40호(2021.9.30.), 나트륨 섭취량 추이, 연령별 나트륨 섭취량, 2021
- 질병관리청, 제8기 국민건강영양조사 결과집, 2020
- 질병관리청, 제17차(2021) 청소년건강행태조사 통계, 2022
- 질병관리청, 대한소아과학회, 2017 소아청소년 성장도표
- 질병관리청, 대한소아청소년과학회, 소아청소년 성장도표 신체발육 표준치, 2017
- 최필병, 장기간의 복합운동이 골다공증 노인의 신체부위별 골밀도와 심혈관질환 위 험요인에 미치는 영향, 한국노년학회, 31(2): 355~369, 2011
- 최혜미, 김정희, 이주희, 김초일, 송경희, 장경자, 민혜선, 임경숙, 변기원, 송은승, 여의주, 이홍미, 김경원, 김희선, 김창임, 윤은영, 김현아, 21세기 영양학, 교문사, 2012
- 타나카 나오토, 복지도시 만들기 디자인 한신 대지진으로의 검증, 学芸出版社, 1995
- 통계지리정보서비스, 인구피라미드, 2022
- 통계청, 장래가구 추계, 2017
- 통계청, 장래인구 추계, 2020
- 통계청, 독거노인 비율 조사, 2022
- 한국보건사회연구원, 2020년 노인실태조사 결과, 2021
- 한국영양학회, 한국인 영양소 섭취기준, 한국인 영양소 섭취기준위원회, 2020
- 한영선, 임신 전 체질량 지수와 임신 중 체중증가에 따른 임신결과 및 생화학지표와의 관련성, 한양대학교 석사논문, 2010
- 한정순, 김갑수, 김영현, 김현오, 김현주, 박선민, 안창순, 한성희, New 생애주기영양학, 지구문화사, 2012
- 허규진, 남소영, 이수경, 정상진, 윤지현, 한국 소아 · 청소년의 고열량 저영양 식품 섭취와 비만, 대한지역사회영양학회지 17(2): 226~242, 2012
- American Psychiatric Association(APA). 2000. Diagnosis and statistical manual of mental disorders(4th ed., text rev.). Washington, DC: American Psychiatric Association
- Apperly FL. The relation of solar radiation to cancer mortality in North America. Cancer Res.1941(1): 191~195
- Bailey DA, Mckay HA, Mirwald RL, Crocker PRE, Faulkner RA. A six-year longgitudinal study of the relationship of physical activity to bone mineral accrual in grwoing children: The university of Saskatchewan bone mineral accrual study. J Bone Miner Res 14(10): 1672~1679, 1999

- Bauernfeind JC. The safe use of vitamin A. International Vitamin A Consultative Group, Nutrition Foundation, Washington, DC, 1980
- Bentrup, A(2011). Food affects behavior, Natural News. Retrieved from http:// www. naturalnews. com
- Bonjour JP, Theintz G, Buchs B, Slosman D, Rizzoli R(1991): Critical years and stages of puberty for spinal and femoral bone mass accumulation during adolescence J Clin Endocrinol Metab, 73(3): 555~63
- British Medical Journal, 337: a2332, 2008
- Brouns, F. Nutritional needs of athlets. New York: John Wiley & Sons, 1993
- Brown JE, 2010
- Choi MK, Lee WY, Park JD (2005): Relation among mineral(Ca, P, Fe, Na, K, Zn) intakes, blood pressure and blood lipids in Korean adults. Korean J Nutr 38(10): 827~835
- Christiansen C, Krabbe S, Rodbro P: Effect of puberty on rates of bone growth and mineralization. Arch Dis Child 54: 950~953, 1979
- Courtney Reynolds, William C Mabie, Baha M Sibai. Pre-eclampsia: Pregnancy-Hypertensive Disorders. Armenian Medical Network. 2006
- Deluca HF. Overview of general physiologic features and functions of vitamin D Am J Clin Nutr 2004;80:1689S-96S)
- Elvira Larque, Hans Demmelmair, Alfonso Gil-Sanchez, Maria T Prieto-Sanchez, Jose E Blanco, Ana Pagan, Fabienne L Faber, Salvador Zamora, Juan Jose Parrilla, Berthold Koletzko, Placental transfer of fatty acids and fetal implications, The American Journal of Clinical Nutrition, Volume 94, Issue suppl_6, December 2011, Pages 1908S-1913S
- Deng PY, Li YJ(2005). Calcitonin gene-related peptide and hypertension. Peptides. Review. 26(9): 1676~85
- Encyclopedia BRITANNICA online korea
- Georgieff MK. The effect of maternal diabetes during pregnancy on the neurodevelopment of offspring. Minnesota Medicine 89(3): 44~47. 2006
- Gloth FM III, Alam W, Hollis B(1999). Vitamin D vs broad spectrum phototherapy in the treatment of seasonal effective disorder. J Nutr Healyh Aging.3: 5~7.
- Goto K, Ishii,N ,Kizaka, T. &Takamatsu, K(2005). The impact of metabolic stress on hormonal responses and muscular. Med. Sci. Sports Exerc, 37(6): 955~963
- Grimston SK , Morrison K, Harder JA, Hanley DA(1991). Bone mineral density dyring puberty in western canadian children. Bone Miner 19: 85~96, 1992
- Ha JS, Lee HJ (1996): Effect of middle-school student's food behavior on health condition and degree of study accomplishment Korean J Human Ecol 33(1): 225~242)
- Hatum S, Ozkan B, Orbak Z.Vitamin D-deficiency rickets in early infancy. J Nutr 135: 279~82, 2005
- Hong MS, Pak HO, Sohn CY (2012): Comparative study of food behaviors and nutrients intake according to the bone mineral density of female university students. Korean J Food Nutr 25(1): 156~162

- Hong SM, Kim EY, Kim SR (1999): A study on iron status and anemia of female college students of Ulsan city. J Korean Soc Food Sci Nutr 28(5): 1151~1157
- Hyeong-Gyeong Son, Yeon-Kyung Lee(2010). Development and Evaluation of an Elementary School Nutrition Education Program to Prevent Breakfast Skipping, Korean J Community Nutr 15(6) : 740~749
- Institute of Medicine. Weight Gain During Pregnancy: Reexamining the Guidelines. 2010
- IOM(Institute of Medicine(1997)). Dietary reference intakes for calcium, phosphorus, magnesium, vitamin D and fluoride. The National Academies Press, Washington, D.C. Johnson(1982)
- Jones, G. R. and Newhouse. I(1997). Sport-related hematuria: A review. Clinical Journal of Sports Medicine 7:119~25
- Judith E. Brown, Janet Isaacs, Bea Krinke and Ellen Lechtenberg. Nutrition through the life cycle-4th Edition. 2010
- Judith Sharlin and Sari Edelstein. Life cycle nutrition-An evidence based approach. 2010
- Kanis JA, Melton LJ Ⅲ, Christiansen C, Johnston CC, Khaltaev N(1994). The diagnosis of osteoporosis. J Bone Miner Res 9:1137~1141
- Kessler, R. C., Adler, L., Barkley, R., Biederman, J., Conners, C. K., Demler, O. et al. (2006). The prevalence and correlates of adult ADHD in the United States: Results from the national comorbidity survey replication. American Journal of Psychiatry, 163, 716~723.2006
- Kim SH (1999): Children's growth and school performance in relation to breakfast. J Korean Diet Assoc 5(2): 215~224
- Klusmann A, Heinrich B, Stöpler H, Gärtner J, Mayatepek E, and Von Kries R. A decreasing rate of neural tube defects following the recommendations for periconceptional folic acid supplementation. Acta Paediatr. 94 (11): 1538~42. 2005
- Koo S, Kim YO, Kim MK, Yoon JS, Park K (2012): Nutrient intake, lifestyle factors and prevalent hypertension in Korean adults: results from 2007-2008 Korean national health and nutrition examination survey. Korean J Community Nutr 17(3): 329~340
- Kretchmer N, Zimmermann M. (1997). Infancy and nutrition. In: Kretchmer N, Zimmermann M, editors. Developemental nutrition. 1st ed. Boston MA: Allyn and Bacon; pp. 30.
- Lee HY, Kim HW(2011): Current status and explanatory variables of eating problem among female middle school students. Korean J Youth Stud 18(5): 413~433.
- Lew E.A(1985), Mortality and weight: insured lives and the American cancer society studies. Annals International Medicine.10. 1024~1029
- Lippincott williams & wilkins(2006). Guideline for exercise Testing and prescription(7th Ed). American Colleage of Sports Medicine
- Lips P, Hosking D, Lippuner K, Norquisr JM, Wehren L, Maalouf G, Ragi-Eis S, Chandler J(2006), The prevalence of vitamin D inadequacy amongst women with osteoporosis: an international epidemiological investigation. J Intern Med 260:245~254.

- Maccoby EE, Jacklin CN(1987). Gender segregation in childhood. Adv Child Dev Behav. 1987;20:239~87
- Martinez-Torres C, Layrisse M (1973): Nutritional factors in iron deficiency-food iron absorption. Clin Hematol 2: 339
- Massey LK, Liebman M, Kynast-Gales SA(2005). Ascorbate increase human oxaluria and kidney stone risk. J Nutr 135:1673~1677.
- Michael F Holick(2004). Sunlight and vitamin D for bone health and prevention of autoimmune diseases, cancers, and cardiovascular disease. Am J Clin Nutr 2004;80)
- Mussen, 1979. Mussen, P.H.(1979). The psychological development(2nd Ed.). N. Y.:Holt, Rinehart and winston
- Ornoy A, Ergaz Z. Alcohol abuse in pregnant women: effects on the fetus and newborn, mode of action and maternal treatment. International journal of environmental research and public health 7 (2): 364~79. 2010
- Padilla, G.V., Ferrell, B., Grant, M. M., & Rhinder, M.(1985). Defining the content domain of quality life for cancer patients with pain, cancer Nursing, 13(2), 108~115.
- Pipes PL and Trahms CM(1993), Nutrition in Infancy and Chidlhood, 5th ed. p.3
- Pittas AG, Dawson-Hughes B, Li T,et al. Vitamin D and calcium intake in relation to type 2diabetes in women. Diabetes Care.2006;29:650~656)
- Reichel H, Koeffler HP, Norman AW. The role of the vitamin D endocrine system in health and disease. N Engl J Med 1989;320:980~91
- Rostand SG(1979). Ultraviolet light may contribute to geographic and raciak blood pressure differences. Hypertension. 30:150~156
- Salem N Jr, Litman B, Kim HY, and Gawrisch K. Mechanisms of action of docosahexaenoic acid in the nervous system. Lipids 36 (9): 945~59. 2001
- Schardt, D(2000). Diet and behavior in children. Nutririon Action, Retrieved from http://www.cspinet.org
- Sheman WJ, Maglischo EW(1991). Minimizing chronic athletic fatigue among swimmers: special emphasis on nutrition. sports Sci Exchange, Gatorade Sports Sci Inst ;35(4)
- Siegel C, arker B, Kunstadter M(1982). Conditioned oral scurvy due to megavitamin C withdrawal. J Perioddontol 53:453~455
- Sook-Hyun Jeong, Jin-Hee Park, Hye-Ok Lee, Ryowon Choue(2007). Effects of Nutrition Counseling on Quality of Diet, Iron Status and Hematic Parameters in College Women Who Have Self-Recognized Anemic Symptoms. Korean J community Nutrition 12(1) : 68~79.
- Suter PM, Sierro C, Vetter W (2002): Nutritional Factors in the control of blood pressure and hypertension. Nutr Clin Care 5: 9~19
- Vaskonen T (2003): Dietary minerals and modification of cardiovascular risk factors. J Nutr Biochem 14:492~506)

- Verena Sengpiel, Elisabeth Elind, Jonas Bacelis, Staffan Nilsson, Jakob Grove, Ronny Myhre, Margaretha Haugen, Helle Margrete Meltzer, Jan Alexander, Bo Jacobsson and Anne-Lise Brantsæter. Maternal caffeine intake during pregnancy and risk of fetal growth restriction: a large prospective observational study. British Medical Journal. November 3, 337:a2332. 2008
- Whitening SJ, Vatanparast H, Baxter Jones A, Faulkner RA, Mirwald R, Bailey DA(2004)Factors that affect bone mineral accrual in the adolescent gross spurt. J Nutr 134:696s~700s
- Yeon JY, Sung CJ (2011): A study on dietary mineral intakes, urinary mineral excretions, and bone mineral density in Korean postmenopausal women. Korean J Community Nutr 16(5): 569~579
- Yoon-Jae Yeoh, Ji-hyun Yoon, Jae-Eun Shim, Sang-Jin Chung(2008). Factors Associated with Skipping Breakfast in Korean Children: Analysis of Data from the 2001 National Health and Nutrition Survey. Korean J Community Nutrition 13(1) : 62~68
- Zuzana Adamova, Sifa Ozkan, and Raouf A. Khalil. Vascular and Cellular Calcium in Normal and Hypertensive Pregnancy. Curr Clin Pharmaco.l 4(3): 172~190. 2009
- 강동구 보건소 www.gangdong.go.kr/health
- 건강보험심사평가원 www.hira.or.kr
- 국가암정보센터 www.cancer.go.kr
- 대한비만학회 www.kosso.or.kr
- 서울 아산병원(ASAN medical center) www.amc.seoul.kr
- 센텀병원 www.wbch.co.kr
- 식품의약품안전처 www.mfds.go.kr
- 질병관리청 www.kdca.go.kr
- 질병관리청 국가건강정보포털 health.kdca.go.kr
- 통계청 kostat.go.kr
- 한국보건산업진흥원 www.khidi.or.kr
- KoreaMedicare www.kormedi.com
- Obesity and the Economics of Prevention: Fit not Fat - Korea Key Facts www.oecd.org/els/health-systems/obesityandtheeconomicsofpreventionfitnotfat-koreakeyfacts.htm 2014.02
- OECD Health policies and data www.oecd.org/els/health-systems
- USDA Food composition data base ndb.nal.usda.gov/ndb 2016
- World Cancer Research Fund www.dietandcancerreport.org
- The third Korea youth risk behavior web-based survey(KYRBWS) 2006-2007. Seoul: Ministry of health and welfare, Korea centers for disease control and prevention and Ministry of education, science and technology, 2008
- Nicklas TA, Myers L, Reger C, Beech B, Berenson GS. Impact of breakfast consumption on nutritional adequacy of the diets of young adults in Bogalusa, Louisiana: ethnic and gender contrasts. J Am Diet Assoc 1998;98:1432-8

- Kleemola P, Puska P, Vartiainen E, Roos E, Luoto R, Ehnholm C. The effect of breakfast cereal on diet and serum cholesterol: a randomized trial in North Karelia, Finland. Eur J Clin Nutr 1999;53:716-21
- Ashwell M. An examination of the relationship between breakfast, weight and shape. Brit J Nursing 2010;19: 1155-9
- Wolfenden L, Wiggers J, Tursan d'Espaignet E, Bell AC. How useful are systematic reviews of child obesity interventions? Obes Rev 2009 Jun 1. [Epub ahead of print
- WHO, A global brief on hypertension. Geneva: WHO, 2013, 8-15
- Barlow SE; Expert Committee. Expert committee recommendations regarding the prevention, assessment, and treatment of child and adolescent overweight and obesity: summary report. Pediatrics 2007;120 Suppl 4:S164-92

저자소개

김서현

- 미국 미시간주립대학교 식품영양학과 박사
- 장안대학교 건강과학부 식품영양학과 조교수

유경옥

- 충남대학교 영양학 이학박사
- 우송대학교 외식조리영약학부 식품영양전공 초빙교수

김정미

- 영남대학교 식품영양학과 영양학전공 이학 박사
- 대구과학대학교 식품영양조리학부 교수, 학부장

박수진

- 경희대학교 동서의학대학원 임상영양학 박사
- 미국 UC Davis Research Fellow
- 세명대학교 바이오식품영양학부 교수

| 최신 개정판 |

생애주기 영양학

발 행 일	2015년 2월 25일 초판 발행 2022년 8월 24일 2개정판 발행
지 은 이	김서현·유경옥·김정미·박수진
발 행 인	김동필
펴 낸 곳	도서출판 효일
주 소	서울시 중랑구 신내역로3길 40-36
전 화	02) 928-6643
팩 스	02) 927-7703
홈 페 이 지	www.hyoilbooks.com
E m a i l	hyoilbooks@hyoilbooks.com
등 록	2022년 2월 24일 제2022-11
I S B N	978-89-8489-501-0

* 무단 복사 및 전재를 금합니다.

값 23,000원